U0062399

探索与实践：中国传媒大学信息工程学院教学研究与改革论文集

编委会

Exploration and Practice

探索与实践

中国传媒大学信息工程学院
教学研究与改革论文集

中国传媒大学 出版社

目录

◆ **课程改革** ◆

◆ 教学管理 ◆

◆ 人才培养 ◆

课程改革

电视原理实验课程改革探索

杨爽　赵薇　章文辉

（中国传媒大学信息工程学院广播电视工程系）

摘　要　为了使学生在掌握好基本实验技能的基础上，更加深刻地理解理论知识，发挥其学习的主观能动性，全面提高学生的综合素质，本文介绍了在电视原理实验课的教学内容、教学方法等方面所进行的有益的教学改革探索和一些经验与体会。

关键词　电视原理　实验课教学　教学内容　教学方法

电视原理是中国传媒大学工科本科专业重要的专业基础课程和重点建设的特色课程，自电视原理课程建设初期，中国传媒大学就先后建立"彩色电视中心实验室"、"彩色电视图像质量评价实验室"和"电视测量实验室"，培养出来的毕业生有较强的动手实践能力，深受广电领域用人单位的欢迎。随着数字电视的发展，我校又建设了一批现代化的数字电视实验室。目前，拥有教育部211工程投资建设的"数字高清晰度电视实验室"，广电总局投资建设的重点实验室"电视原理实验室"、"多媒体技术实验室"、"数字视频测量实验室"、"数字视频压缩编码处理实验室"、"电视图像质量评价实验室"等。实验室的建设为电视原理课程的实验提供了良好的基础保障。

实验教学是电视原理教学过程中一个不可或缺的重要环节，根据电视原理教学内容和教学大纲要求，同时结合多年来我校积累的丰富电视原理实验教学经验，我们对电视原理的实验教学内容、实验设置、实验编排、实验教学方法等方面进行了如下改革，使我校的电视原理实验教学独具特色，得到广大师生和各级领导的高度评价。

一、调整教学内容，实验课程的设置贴近理论课教学进度

电视原理实验课的开设依附于电视原理理论课的教学，是一种验证型的教学模式。它将课堂上所学的理论知识与实验课的实践相结合，通过测量测试对书本上的原理结论进行验证，从而达到巩固理论知识的目的。所以在电视原理实验课程的内容和进度的安排上，我们尽量配合理论课教学进度，避免实验课的内容超前于理论课，造成学生在没有学习原理的情况下盲目进行实验测试，使得教学效果大打折扣。为了更好地与理论课教学相配合，我们将实验课的教学内容进行调整，按照理论课的进度安排相应的实验课教学，使学生能够通过实验课更好地理解消化所学的理论知识。

二、改革实验课教学方法，完善实验课教学过程

实验过程是保证实验质量的重要前提。老师不应只安排和完成实验内容，还要精心设计实验过程。为了充分利用有限的时间和条件，控制各环节的进度，在本次改革中，我们尝试把实验报告的电子版提前发给学生。在实验报告中，要求学生课前充分预习，而不是盲目地进入实验室，还要求学生初步了解实验目的和原理、实验环境的使用、操作方法和实验步骤等。这样在教师授课过程中，可以通过提问以检查预习的情况，还可以鼓励学生自由发言，大家共同探讨实验原理，充分利用课程时间。通过课前预习，保证了学生在实验前有足够的理论储备，使学生在实验中思路清晰，能及时发现问题，其分析问题和解决问题的能力也得到增强，也就更易于取得实验的成功。

三、利用多媒体手段，充分调动实验过程中的学习主体

电视原理实验课的设置是为了给学生提供将所学的理论知识付诸实践的机会，所以让学生充分熟悉每次实验所应用的理论知识至关重要。在以往的电视原理实验教学中，会单独设置示教实验课，以教师讲授、示范为主，目的是让学生能够根据教师调试出的实验现象，分析其中的理论。然而，这种方式失去了实验课学生为主体的本质。所以在2008至2009学年第一学期，每次实验课均设置示教部分，并且以影像的形式播放给学生。示教影像内容是按照每次实验课内容，先通过实验现象复习相关的理论知识，然后介绍该次实验所用到的设备名称和使用方法，强调每个实验环节的观察要点及注意事项，突出观察重点、实验的最终效果等。每段影像会根据实验的难易程度，尽量给学生留出足够的观察时间，以便每个学生都能够独立完成实验。[1]这种教学方式大大增加了学生动手操作的机会，使我们的教学取得了事半功倍的效果。

四、细化学生分组，提高教师的工作效率和实验设备的利用率

电视原理课程是面向本科三年级学生开设的专业基础课程。学生人数逐年递增，但教师、设备和教室条件有限。每次授课，学生多而仪器少，并不是每个学生都能得到动手操作的机会，教师也不能照顾到每个同学，达不到预期的教学效果。为了让学生们更大限度地拥有动手机会，经过商讨，将学生分组，2006－2008年度每组15人，2008－2009年度每组8人进行实验。这种实验方式，不仅最大限度地保证了学生的动手机会，提高了学生的积极性，而且提高了实验设备的利用率。再配合影像示教的教学方式，教师负责随时解答学生在实践过程中出现的各种问题，这样不但减轻了老师的工作量，调动了老师的工作热情，提高了老师的工作效率，更重要的是能够给学生提供更细致的实验指导，提高了实验教学的质量。

五、利用网络教学，开设综合性、创新性实验

为了提高学生的动手能力和创新能力，我们在电视原理精品课程网络课件中开设了网络实验教学部分，以给有兴趣的同学提供更多的实践机会。网络实验开设了 3 个不同类别共 15 个网络实验。第一类是演示类的实验教学，如彩色分光和三基色混色实验，通过实验演示帮助学生更好地理解抽象难懂的概念和原理；第二类是学生动手实验，如电视传像原理实验，学生通过参与完成这些实验，可以提高和锻炼实验动手能力，培养正确的实验思维方法；第三类是综合性创新性实验，通过开设综合性设计实验，可以激发学生的学习兴趣和创新意识。

上面介绍的是我们对于电视原理实验课程的改革情况，其中主要包括该课程教学内容、教学手段和教学方法的一些改革。通过教学实践，其中一些改革措施在一定程度上缓解了实验室配置和设备短缺的情况，激发了老师们的积极性，并且已经收到了较好的教学效果，改变了学生以往对实验课投入时间精力不足的现象，端正了学生对实验课的认识，激发了学生设计实验的积极性，达到了深化改革实验教学模式和教学手段的目的。[2] 通过这些改革措施，无论是在理论应用方面还是实践基本功方面，学生都有了明显提高。

参考文献

[1] 龚红仿,杨宏杰,程思蔚. 数据结构实验课教学改革与实践.《计算机教育》,2007(12).
[2] 樊振军,周惟公,郝会颖. 关于物理实验课改革的探讨.《实验室科学》,2008(3):83—84.

电子商务与信息安全课程改革的一些设想

张宜春　杨成　牛亚青

（中国传媒大学信息工程学院数字媒体技术系）

摘　要　本文根据笔者的教学实践经验，指出了当前教学活动中存在的主要问题，通过结合国际通行的新型教学方法和思路，从教学方法、课程体系、教学手段等多个方面，提出针对电子商务与信息安全课程的教学改革建议和意见。

关键词　电子商务与信息安全　教学改革　互动式教学

一、引言

电子商务与信息安全这门课程是我校信息工程学院的考查课，也是一门双语教学课程。按照教学大纲的要求，本课程旨在介绍最新的电子商务和 Web 安全的实现技术、解决方案及商业应用，帮助学生建立起电子商务和信息安全知识结构，掌握电子商务和信息安全技能。由于电子商务和信息安全这门课程是选修课，课时量仅为 32 课时，而本门课程又是一门综合性非常强的课程，如何让学生在较短的时间内，对开展电子商务所涉及的各个方面的安全技术都有所了解，形成对信息安全技术的浓厚兴趣，促进学生对信息安全相关技术的框架理解，并能够联系到将来的工作实际，则是笔者一直都在思考的问题。

二、当前教学活动中存在的问题

电子商务和信息安全这门课程作为一门选修课程，每年选修人数在信息工程学院都比较多，可以达到近 300 人之多。但是在平时的教学过程中，却经常出现学生上课注意力不集中和缺勤的现象。根据笔者在课余的师生交流和沟通，认为主要存在以下几个问题：

1. 课程内容设置有重叠之处

比如，这门课在讲述信息安全基本情况时，就会联系到网络安全，而按照网络安全的基础逐步剖析，则一定会讲到基本的网络层次设计。而网络的基本层次设计是计算机网络这门课程的基础,因此,学生在重复听到相同的内容时,就会出现倦怠情绪。这些重叠的内容还包括网站的设计和开发等,以及 Web 程序设计等相关课程。

2. 课程内容重点与学生的兴趣点不完全吻合

根据笔者的观察,学生最感兴趣的内容是病毒防范、黑客攻击和密码学历史。而在本门课程中,最重要的知识点是电子商务开发所具备的各类安全协议、用户的身份认证等内容,这些内容尚未在学生心目中形成共鸣。而作为选修课,也不能分配出相应的时间进行实验做出效果验证,学生无法看到协议运行的实效,所以兴趣逐渐下降。

3. 教材涵盖知识不足

本课程选用的教材是由美国著名出版社 O'Reilly & Associates 出版的、著名学者 Simson Garfinkel 和 Gene Spafford 合著的 *Web Security* , *Privacy & Commerce*(2nd Edition,清华大学出版社影印版),以及著名学者 Marilyn Greenstein 和 Todd M. Feinman 的 *Electronic Commerce : Security* , *RiskManagement and Control*(机械工业出版社影印版,管理科学专业精品教材)。但是,所选教材是 2001 年成书的,至今已经有 7 年时间,而信息安全技术和趋势在这 7 年里面已经有了较大的发展,因此存在一定的知识点缺失。缺少的主要内容就是网络音视频数据保护的相关知识,而这部分内容是学生们比较感兴趣,也是与今后就业有着直接关系的。

三、教学内容的改进

依照教学大纲的要求,并结合社会发展的实际需要,以及学生的兴趣点,笔者认为,应该从学生兴趣和课程目标两个方面对现有课程内容进行改进,实现学生学习兴趣和效率的最大化和知识点涵盖的最优化。

具体来说,应该从以下几个方面对现有课程内容进行改革。

1. 删除部分课程内容

应当删除部分课程内容,特别是同其他课程内容出现重合的部分。因此,在授课时可以删除网络基础知识、网站设计部分,避免同其他课程内容的冲突,也使得本课程能够讲授更多学生尚未学习过的内容。

2. 精简部分课程内容

按照以往的教学大纲,密码学技术、密码学应用、密码学协议、数字证书和身份认证这四个大知识点一共需要占用 20 个课时,要占到全部课时量的一大半。而这部分知识由于缺乏实验,单纯讲授细节达不到效果,反而使学生产生厌倦感。因此,笔者认为,可以在改变本部分内容教学方法的前提下,缩短这部分内容所占用的课时量,便于省出时间涵盖其他方面的知识点。

3. 添加部分新的知识点

由于以往选用的教材对于视音频内容保护方面涵盖较少,因此,应该把部分新的知识内容包含进本课程之中。这些内容包括数字版权管理技术、知识产权保护技术、软件代码的安全漏洞等。

4. 适当扩充部分课程内容

应当适当扩充部分课程内容,以提高学生的兴趣。这部分内容包括计算机病毒原理、计算机安全防护措施和网络攻防技术。

除了对教学内容进行调整之外,还应该增加部分参考书籍和参考文献,特别是下列书籍,对学生形成完整的信息安全观念有重要作用:

Charles P. Pfleeger. *Security in Computing*. Prentice Hall.

Mark Stamp. *Information Security-Principles and Practice*. Wiley.

Eberhard Becker, Willms Buhse, Dirk Gunnewig, Niels Rump. *Digital Rights Management*.

石志国,薛为民,尹浩.《计算机网络安全教程》,北京交通大学出版社.

四、教学方法的改进

双语教学是目前高等院校教育改革的主要内容之一。电子商务与信息安全作为信息工程学院的专业基础课,同时也作为数字媒体时代媒体内容网络传播与交易的重要内容之一,其教学方法、手段自然要与应用相结合。同时作为一门双语教学课程,对英文专业知识的培训和对听说读写能力的培养也自然成为一个基本要求。笔者认为从英语掌握和兴趣引导两个方面,应该采取渗透式双语教学、反推式教学、课上与课下的科研创新互动、课堂互动、案例教学法等具体教学方法的有机结合,提高教学效果,增强学生学习的积极性,锻炼其创新思维和动手实践能力。

1. 渗透式的双语教学方式

根据目前我校开展双语教学的实际情况,以及学生英文水平参差不齐的特点,电子商务与信息安全课程采用开放式的渗透式双语教学方法。课程以英文原版教材为基础,配以中文相关教材,在日常课程学习中,以提高学生英文水平为目的,将专业词汇学习与学科知识学习融合在一起,将扩大专业词汇量与教学计划的实施同步,渗透的深度视学生水平和学习进展而定。

在渗透式教学中,随着课程的讲解,用英文给出常用专业术语,并有意把它们与汉语融合在一个语言系统中,使学生耳熟能详,并在不同的语境中体会语汇应用的差异。频繁接触、反复使用，配合课件中的多媒体要素和具有特殊意义的语境，可使学生顺利完成从短期记忆到长期记忆的转变。随着学生专业词汇量的扩大，配合课后作业，学生网上搜索英语专业信息和浏览英语专业文献的速度，专业资料英译汉、汉译英的水平都随之提高，易于掌握国内外的最新研究成果和学术发展趋势、动态、研究方法及理论，进而启发思维、开阔视野、丰富知识结构。

同时本课程与后续的媒体内容安全、密码学等课程，以及其他的双语课程形成有效的衔接，专业语汇的学习渗透到各门课程里，分散在大学 4 年里。通过这种渗透式的衔接，使专业语汇及相关外文前沿知识的学习对学生不再是不可承受的压力，使学生的每节课都置身在渗透环境中，经历由少到多、由量变到质变的过程。

2. 反推式教学

根据课堂反映，在讲授密码学安全协议时，由于涉及大量密码学协议细节，内容往往艰涩难懂。这时，可以采用反推式的方法来进行讲解。

所谓"反推式"教学，就是避免以往知识体系从基础开始，逐步向高级延伸，最终得到完整系统的"正推式"步骤，而是先从系统着手，不断剥茧抽丝，逐渐深入技术实质。这种教学方法也是有先例的。比如在讲授计算机网络时，可以从计算机网络的基础应用着手，讲解为什么会有电子邮件，然后从应用层逐层往下讲，最终讲到物理层。这样的讲述方法符合学生感性理解的世界，易于引起学生的共鸣。

同样，在讲授密码学协议时，我们可以首先设计出一个简单的密码学协议，在课堂上要求学生发现其中的漏洞，然后再修补漏洞，制订新的协议，然后再寻找发现漏洞，再修补，不断地重复这个过程，最终得到安全的密码学协议。在这个攻击—修补—再攻击—再修补的过程中，学生可以主动地思考，从而激发挑战困难的动力，最终掌握密码学协议的细节。在这样的教学过程中，学生不仅能够保持较为浓厚的兴趣，还可以认识到密码学协议设计存在的问题，便于其在更高层次上理解技术概念。

3. 课上与课下的科研创新互动

科研与教学的有机结合，是信息技术学科专业课程的重要教学方法。对于电子商务与信息安全课程，一方面通过课上教学环节对基本的理论和方法进行介绍和讲解，另一方面通过课堂提出延伸性问题。这样可以启发学生主动思考，督促学生课后利用学到的知识和专业词汇进行更深入的讨论，鼓励学生对问题的本质加以探究，并给出创新性的解决方法。同时可以在后续课程中给予一定时间进行课上的讨论交流，并结合大学生创新实践小组、国家大学生创新实验项目等，形成课上和课下的良好互动，促进学生学习的积极性和主动性，推动学生创新能力的培养，并使得课程教学真正与其他教学环节融为一体，提高学生培养的一致性和有效性。

由于参与本课程授课的老师都有同课程相关的科研项目，鼓励学生参与教师的科研项目，一方面可以弥补课时量的不足，给学生更多的学习时间和机会，另一方面，只有动手参与,才能把"被动地掌握知识"变成"主动掌握获取知识的能力"。

4. 课堂互动

在教学过程中,积极鼓励学生大胆指出教学中可能发生的失误、难以理解的部分和听课过程中产生的问题。此外,还专门提供了课堂讨论时间,交流和讨论有助于创造师生互动的课堂气氛。促进课堂互动,是提升双语课程教学效果的有效手段。在电子商务与信息安全课程的教学实践中,课程教师也要不断摸索适合学生特点的新型课堂互动模式。同时,为引导学生更好地接受双语教学模式,应切实提高学生信息安全技术领域内的英语听说读写能力。具体包括以下内容:

(1)进行课堂提问。课堂提问是引发师生互动的良好方式。教师结合课程内容进行有计划的提问,有助于促使学生在学习过程中能够跟上讲课的节奏并不断思考,有助于督促学生主动学习、启发引导和锻炼学生的外语口语表达能力,有助于教师及时检查教学效果并根据学生的反映而适时调整教学进程和方法。

(2)进行师生角色反串,避免教师单向讲授。为避免单一讲解的枯燥,对于外文教材中不太重要或不是核心的内容,事先留给学生课后阅读,在课堂上让学生以个人或小组为单位对所阅读的章节进行归纳总结,教师给予必要的指导和归纳。

(3)组织学生讨论。以小组为单位,在教师的启迪下学生就案例展开讨论,提出见解,然后教师进行点评。

(4)重视与学生的沟通。通过座谈和问卷调查等方式,定期收集学生的感受和教学建议,并据此来调整教学进度,及时进行指导。

5. 案例教学

因为本课程并不是基础课程,而是专业选修课,所以如何激发学生的学习兴趣是最为重要的。在这门课程中,虽然由于课时量较少,无法引入大量的学生实验,让学生得到有关信息安全的感性认识。但是在课堂教授中,仍然可以用各类生动的例子来进行演示和讲解,激发学生的好奇心。

比如,在讲解网络攻防技术时,可以用虚拟机的方式,演示黑客如何通过 telnet 远程登录非法主机,并获得口令的过程。又比如,在讲解口令安全性时,可以使用口令破解软件攻击某个口令,让学生直观地认识到设置不安全的口令会导致的不良后果。

另外,在讲授密码学协议时,可以利用操作系统内置的网络安全协议和组件,进行部分网络安全协议和技术的课堂演示,以帮助理解复杂、抽象的安全协议。

还有,在讲授信息安全管理时,可以通过列举失败的案例,通过故事的方式,让学生对"信息安全三分技术,七分管理"的实质有深刻的认识。

五、总结

电子商务和信息安全作为一门双语教学的专业选修课程,在实际教学中,必须从社会发展和学生兴趣相结合的出发点进行改进,不断与时俱进,贴近学生实际,打破教学过程中存在的内容和方式定势,丰富教学内容和教学手段,做到以提高学生兴趣为主,吸收先进知识,完善教学方法,在传授基本知识的过程中,培养学生良好的双语阅读能力、独立思考能力,为其今后的发展打下坚实的基础。

多媒体系统设计课程自主学习模式探讨

徐品

（中国传媒大学信息工程学院数字媒体技术系）

摘　要　多媒体系统设计是本科多媒体方向的专业必修课，该课程的宗旨是培养学生的多媒体软件的开发能力。本文首先介绍了该课程的特点，它既不同于传统的课堂教学的课程，也不同于普通的实验课程，注重培养学生的自主学习模式，提高学生的创新能力。本文提出了自主学习模式的五个阶段，可以使学生在循序渐进中领会创新的方法，发挥潜能。最后，本文还提出了该课程实行自主学习模式对教师的四点要求，教师素质的提高是自主学习模式成功的保证。

关键词　大学生素质教育　自主学习模式

一、引言

多媒体系统设计是本校信息工程学院电视工程系本科多媒体专业必修的一门专业课程，也是一门实践性很强的课程。该课程以理论与实践结合，重在培养学生的动手能力与设计能力、创造性思维和独立解决问题的能力，使学生通过本课程的学习掌握多媒体软件设计的基本方法和能力。

在我校，不仅要求多媒体专业的本科生有一定的多媒体软件的使用能力，更重要的是应具有一定的多媒体软件的开发能力。因此，对于多媒体专业的学生，本课程具有非常重要的意义。这不仅是因为多媒体系统设计与其他基础课程关系密切，更为重要的是多媒体软件开发能力的好坏直接关系到学生毕业以后能否胜任软件开发的工作。

本课程的教学对象是信息类的非计算机专业的大学四年级学生。学生初步具有C++语言基础，但没有学习数据结构、数据库、软件工程等课程，更缺乏实际的软件开发训练。因此，本课程需要从VC++的基本概念讲起，先做一些基于MFC的图形、视频、音频播放的练习，再学习使用微软的多媒体开发工具DirectX。最后，学生用已掌握的开发工具，发挥自己的创造性设计多媒体软件系统。

本文将着重介绍我们如何通过多媒体系统设计的教学提高学生自主学习和动手的能力，并在学习过程中培养学生的学习兴趣和创新能力。

二、专业课的教学模式

1. 专业课的特点

作为本科大四的专业课，大多数课程具有综合性强、应用性强、理论与实践结合紧密等特点。以多媒体系统设计为例，本课程是一门基础课程多、应用实践性强、概念多、技巧性强的课程，要求学生学习多媒体设计的基本原理、概念和技术方法。由于本课程所用到的多媒体技术涵盖了 VC＋＋编程技术、MFC 绘图技术、DirectDraw 多媒体显示技术、DirectShow 多媒体播放技术、网络流媒体技术等，所以不仅在理论上具有相当的难度，在实际开发过程中也要求有很高的技巧，其中涉及很多实践经验少的本科学生不易掌握的概念和方法。

2. 专业课的教学模式

作为本科大四的专业课，本课程是本科毕业设计的"奠基"课程，也是进入研究生学习或走上工作岗位前的一次"热身"学习。

作为工科学科教育，最重要的是培养具有动手能力和自主学习能力，并有一定创新思维的工程师，而不是缺乏实践能力的理论家。对于大学本科学生来说，前三年主要是基础课和专业基础课的学习，主要教学模式是课堂教学。大四的专业课教学（至少是部分实践性很强的专业课）不应该再沿用这种从书本到实验的课堂教学模式，但从查阅资料、研究课题到撰写论文的研究模式还是不适合刚上四年级的学生。本科生的毕业设计和研究生的课题研究属于研究模式，而本科生的专业课学习应该处于从学习模式到研究模式的过渡。即对于大四的专业课学习应该有一个介于课堂教学模式和研究模式之间的教学模式，我们称之为自主学习模式。

自主学习模式一般是指在教师的指导下，发挥学生主观能动性，积极主动地完成教师交给学生的学习任务。这种方法在远程教学中用得比较多。在师生双方难以见面的远程教学环境中，自主学习模式是一种无奈和被迫的选择。然而，从实际效果来说，自主学习模式促进了学生学习的主动性，提高了学生分析问题和解决问题的能力。如果远程教学的这种自主学习模式与教师面对面的辅导相结合，就能够收到课堂教学模式所达不到的教学效果。

三、自主学习模式的实践过程

从上面的讨论我们可以知道，我们这里提出的自主学习模式与远程教学中采用的自主教学模式是有所区别的，有些文章称之为教师指导下的自主学习模式，或简称为指导—自主学习模式。下面以多媒体系统设计课程为例，说明这种自主学习模式的实践过程。

首先，我们应当确定本课程学习应该达到的目标：

(1)掌握多媒体的基本开发技术;

(2)初步具备多媒体软件的开发能力;

(3)自主开发新的多媒体功能。

根据这个目标,我们提出自主学习模式的五个阶段。

1. 前期准备阶段

一是复习 C++语言尤其是一些重要概念,使用举例的方式将编程经常用到的概念复习一遍。二是学习使用 MFC 开发工具,着重基本概念的理解和灵活运用。这是编程的基础。

2. 练习阶段

比如开发一个画图板软件,实现画线、圆形、矩形等简单功能。教师结合这个画图软件的代码,向学生介绍软件开发常用的方法,包括构建软件中的数据结构、开发动态库的方法等。

3. 学习多媒体开发知识阶段

以一个多媒体软件为例来介绍多媒体开发工具 DirectDraw,讲解其开发方法和注意的事项,让学生参照使用。如果学生程度好,还可以多举一些例子,如网络通信功能和数据库访问功能。

4. 学生自主学习阶段

以前期多媒体技术为基础,给定选题范围,让学生自主选题。最好两人或三人组成小组,学习合作开发。此时教师应与学生一起共同讨论课题内容和各人的分工与相互合作,向学生提出建议。当明确课题和分工后,学生就可以根据自己的课题要求自主查阅资料,写出设计路线,并着手编写程序。在这个阶段中,教师的作用是引导和答疑,对学生设计的可行性进行评估,避免设计内容太容易或太难。

5. 测试总结阶段

教师按照设计要求进行验收,指出不足之处,并要求学生写出设计报告,对整个工作进行总结。为了培养学生的逻辑表达和演讲能力,在条件许可的情况下,可让学生进行汇报演讲。教师可对学生演讲的形式和内容进行指导,锻炼学生的演讲能力。

四、自主学习对教师素质的要求

学生进行自主学习,教师不是单纯地讲课,还要担负组织、管理、引导、辅导等任务。因此,在自主学习模式下,由于缺乏统一规范的学习教材,因此对教师的要求更高。以多

媒体系统设计课程为例,要求教师应具备如下素质:

1. 与课程相关的理论知识

由于自主学习模式不再是教师讲什么学生听什么,而是以教师引导答疑为主,所以要求教师在与课程相关的知识方面做到有问必答,能与学生共同探讨课程中的问题,使学生对有关问题产生探索的兴趣。比如,开发多媒体软件要用到 C++语言和 VC++开发工具,所以作为指导教师,应该精通 C++语言和 VC++方面的知识。否则很难指导学生掌握开发工具,也就谈不上指导学生进行软件开发了。

2. 与课程相关的实践经验

因为要指导学生进行实践活动,作为指导教师没有相关的实践经验是不行的。因此,教师相关的科研经历就显得尤为重要。虽然学生是自主学习,但教师的经验性点拨可使学生少走弯路,知道什么方案是可行的,难度有多大,需要做哪些准备等等。

3. 项目组织能力

为了让学生学会团队协作开发程序,教师还必须具有项目的组织能力。教师不仅要教会学生如何设计项目,更重要的是如何分工协作,共同完成任务。具体到本课程来说,是要教会学生用动态库的方法在技术上分解模块,使得协作各方各负其责,又在总体上合为一体。

4. 新技术学习能力

多媒体技术发展很快,为了指导学生能够尝试新的技术,教师也要不断学习,完善自己,及时将新的技术介绍给学生。

多媒体系统设计课程实践性很强,这种教学方法目前并不多见,也没有现成的教科书,要靠教师自己去摸索,根据学生的软件开发能力,引导学生选择符合他们接受能力的课题。

五、结束语

目前,各高校都在开展素质教育方法的研究,这方面有不少成功的经验。我们认为,高校具有实践性质的专业课特别适合开展自主学习的实验。我们将自主学习看做是课堂学习模式到研究模式的一种中间过渡形式。我们采用前期讲课、中期实验、后期自主设计这样三个阶梯五个阶段的教学模式,让学生逐步过渡到研究模式,为毕业设计做心理与技术上的准备。

自主学习对教师的要求比课堂教学高,对学生的评分难以把握。如何规范自主学习的教学模式,避免出现对学生"放羊",或难度过高而挫伤学生的积极性,是今后探讨的重点。

嵌入式计算机系统课程建设研究

田沛　朱兵　温淑鸿　苗方　宋金宝

(中国传媒大学信息工程学院电子信息工程系)

摘　要　随着嵌入式技术的迅猛发展,嵌入式计算机系统课程建设的重要性日益凸显。本文从课程建设的理念与思路、课程特色等四个方面介绍了中国传媒大学该门课程的建设研究情况。

关键词　嵌入式计算机系统　课程建设

一、前言

近年来,我国嵌入式系统产品发展十分迅猛,中国嵌入式系统市场估计每年将直接创造千亿元的效益,所带动的相关工业产值超过万亿元,成为中国信息产业新的市场增长点。与巨大的市场潜力和产业需求相比,我国嵌入式系统工程人才培养相对落后,并进而影响到该产业的快速发展。在这种背景下,许多高校的计算机、电子、软件等专业针对市场需求,开设了嵌入式系统相关课程。在 IEEE 计算机协会和 ACM 共同制订的 2004 版计算机类课程体系中,嵌入式系统已经被列为核心课程之一。中国传媒大学信息工程学院于 2005 学年开设了嵌入式计算机系统课程。在几年的时间里,笔者对这门课程的建设进行了相关研究,下面从四个方面介绍该课程的建设研究情况。

二、课程建设的理念与思路

1. 课程建设的理念

嵌入式计算机系统课程的建设理念为:求新、务实、抓重点、重能力。即跟踪嵌入式系统的最新发展,不断优化课程结构,及时更新教学内容,保持教学的先进性和主流性;在教学中,兼顾理论,重在实践,注重学生实践动手能力、综合设计能力和创新能力的培养。

2. 课程建设的思路

嵌入式计算机系统课程的建设思路分为以下几点:

(1)保持教学内容的合理性和先进性

嵌入式计算机系统技术发展非常迅速,新的技术、新的器件层出不穷。本课程的建设思路是:跟踪嵌入式计算机系统技术的最新发展,跟踪国内外名牌大学的相关课程以及国内精品课程,研究最新的相关教改论文,及时更新教学内容,保持教学内容的合理性和先进性。

(2)以系统级设计为中心,以嵌入式软件设计为重点

现代嵌入式计算机系统越来越复杂,功能越来越强大,系统级设计变得日益重要。因此我们课程建设的基本思想是以系统级设计为中心,以嵌入式软件设计为重点,以当前最流行的嵌入式 Linux 系统为软件平台,使学生能够熟练掌握相关嵌入式计算机系统工具,利用嵌入式计算机系统工具和系统级设计思想、设计方法,高效地学习嵌入式计算机系统的设计、开发知识。

(3)加强教材建设

根据课程的具体内容,编著适合的教材。

(4)优化师资队伍

合理配置师资队伍,以多种手段提高教师教学水平和教学质量。

(5)实现网络第二课堂教学

利用网络技术,增加教学手段。

三、课程特色及与国内其他大学同类课程的比较

表　嵌入式系统课程调研情况

学校名称	学时设置	理论学时	实验学时	硬件平台	操作系统
北京航空航天大学	48	24	24	ARM(Xscale)	Linux、WinCE
浙江大学	64	28(前 7 周)	36(后 9 周)	ARM、FPGA	Linux、WinCE
北京大学	60	16	44	ARM	Linux
四川大学	48	48	另外安排	ARM	Linux、WinCE
天津大学	32	16	16	ARM	WinCE
北京工业大学	124(两门课)	64(实验室授课)	60	ARM(Xscale)	WinCE

为了更好地建设本门课程,我们调研、参考了北京航空航天大学、北京大学、天津大学、浙江大学、清华大学、西安交通大学、北京工业大学、电子科技大学、四川大学、西南交通大学、中山大学等多所大学的嵌入式系统课程。调研的重点是课程内容安排、采用的硬件平台、操作系统、学时及分配,部分调研情况见表。

根据我校的行业特点和专业定位,并借鉴兄弟院校该门课程的建设经验,中国传媒大学嵌入式计算机系统具有如下的课程特色:

1. 兼顾理论,重在实践

作为一门实践性很强的课程,本课程在不断更新国内外理论知识的同时,非常重视加强实践环节:一是在理论授课部分,讲解了一些设计实例,这些设计实例具有很强的

实践性。二是课程设计了大量的实验,实验课时占到了整个课程的三分之二,实验课本身加强了指导力度,由骨干教师加多名具有较强实践能力的助教组成指导队伍,负责整个实验期间从理论到具体操作的各个环节的指导工作,采取小班实验教学。

2. 具有较强的实用性和前沿性

课程内容较大程度地体现了嵌入式领域的热点,是企业界普遍关心的核心技术,具有较强的实用性,有利于培养业界需要的人才。课程的前沿性则表现在:一、课程的主讲教师是从事嵌入式系统研究与开发一线的科研人员,能够及时地根据技术发展动向调整教学大纲和教学计划,及时地将最新的技术和设计理念引入到课程中。二、及时地对国内外一些著名大学(目前国内主要是北京航空航天大学、浙江大学,国外是卡耐基·梅隆和普林斯顿大学)相关课程的开设情况进行跟踪分析,对我们的课程安排适时调整。

3. 与本科毕业设计紧密结合

上学年,我们开设了十多个嵌入式系统相关本科毕业设计题目。2009 年,基于本课程开设的本科毕业设计题目超过了 20 个。随着课程建设的发展,以后基于本课程开设的本科毕业设计题目将会越来越多。

四、课程结构与内容

1. 课程基本情况

(1)学时设置 48
(2)理论学时 16
(3)实验学时 32
(4)硬件平台 ARM
(5)操作系统 Linux

2. 课程内容

(1)理论课教学内容

为了更好地体现课程理念和特色,并从有利于学生能在嵌入式系统开发中尽快入门的角度考虑,经过不断的调研并结合自身的教学实践,我们逐步确定了嵌入式计算机系统课程的主要教学内容。具体的教学内容安排如下:

①嵌入式计算机系统概述(2 学时)

②Linux 系统使用(4 学时)

③Linux 下的 C 编程(2 学时)

④嵌入式开发平台的搭建(2 学时)

⑤嵌入式系统的移植(4 学时)

⑥嵌入式驱动开发(2 学时)

(2)实验课教学内容

在实验内容上,经过几年来的教学实践,我们已经形成了一种层次化、模块化的实践教学体系。目前实验内容主要分为两个模块:①软件实验,主要目的是使学生熟悉 Linux 操作系统,并能在 Linux 系统中编写基本的应用程序。②硬件实验,学生可以利用硬件实验箱设计完成比较实用的系统,如一个 LED 灯的驱动显示实现等。

具体的教学内容安排如下:

①Linux 安装及基本命令使用(4 学时)

②Linux 基本命令使用和 Linux 下编辑器的使用(4 学时)

③Linux 下的 Shell 编程(4 学时)

④Linux 下的 C 编程(4 学时)

⑤嵌入式开发平台的搭建(4 学时)

⑥Bootloader 和 Kernel 的编译(4 学时)

⑦文件系统的编译及各模块的编写(4 学时)

⑧驱动程序的编译(4 学时)

五、教学方法与教学手段

1. 教学方法

在教学方法上,充分调动学生学习的积极性和参与性,将传统的教学手段和现代教育技术相结合,强调理论教学与实践教学并重,在实践教学中培养学生的实践能力和创新能力。作为一门实践性极强的课程,在教学中我们强调学生的主体地位,坚持"学生为主体,教师为主导"的思想。具体来说,我们采用了以下几种教学方法:

(1)思路式教学方法

在教学过程中,引导学生结合已学的知识和本课程知识,分析和解决问题。引导学生分析问题、抓住问题的本质,尝试用不同的方法解决问题,在解决问题的过程中,培养学生正确的思维方式。

(2)小结式教学方法

每一小阶段理论知识的学习后,都有相应的实践课程,帮助学生理解、验证所学的知识。教师根据学生的报告,找出存在的问题,分析问题,并给出解决的方法。在这一过程中,学生可以牢固地掌握基本知识,学会思考和解决问题。

(3)项目式教学方法

为了全面培养学生的独立设计能力,实验课设置了贴近实际的小项目的分析设计内容。在这个过程中,引导学生参与设计过程,使学生加深理解前面学到的理论知识,增加设计经验,增强独立设计的能力。

2. 教学手段

同时,我们采用了多种教学手段进行教学。具体如下:

(1)传统教学手段和多媒体教学手段相结合的方法

采用多媒体教学手段,可以迅速准确地进行展示,大大提高课堂教学的效率,因此本课程全部采用电子课件。但是现代化的教学手段不能替代教师在教学中的主导地位,因此我们选择现代化教学手段和传统教学手段的有机结合,发挥两者各自的优点,达到优势互补。

(2)理论讲解和专项实验相结合的方法

实验可以综合运用所学的有关专业知识,在实验中巩固和提高所学理论知识,增强解决实际问题的能力。

(3)电子课件和应用软件演示相结合的方法

根据本课程的特点,在教学中把电子课件和应用软件相结合。在讲授时,针对具体的工具软件进行演示,使学生对相关知识有感性的认识和理解。

(4)网络教学手段

网络教学是课堂教学的重要补充,目前本课程建立了公共邮箱来交流学习资料和答疑。在未来的课程建设中,我们将建设课程网站,将教学内容制作成视频资料,将其与课件、实验指导、习题库及一些资源链接放在课程网站上。利用网络平台及时与学生进行学习情况的交流,收集意见、答疑解惑,就课程进展及时发布预习信息及参考资料等,充分发挥网络突破空间、距离限制的优势,让学生能够最大限度地利用学习资源,自主地学习和提高。

参考文献

[1]王志军,杨延军,段晓辉,赵建业,张云峰.解构北京大学嵌入式系统课程建设.计算机教育,2006(5).

[2]慕春棣.清华大学研究生嵌入式系统课程教学——嵌入式系统软/硬件综合设计.计算机教育,2004(9).

[3]刘红.探索以"嵌入式系统设计"课程为核心培养应用型人才的模式.计算机教育,2007(2).

[4]韩德强,孙燕英.北京工业大学"嵌入式系统"精品课程建设.计算机教育,2006(8).

[5]崔金钟,卢显良.通过国家竞赛促进"嵌入式系统"课程实验教学的改革.计算机教育,2007(9).

[6]段敬红,王磊,段刚龙.嵌入式系统实验教学建设与实践体系的建立.电气电子教学学报,2007(3).

[7]徐欣,于红旗,卢启中."嵌入式系统设计技术"课程教学研讨.高等教育研究学报,2004(2).

[8]凌明,王学香,钟锐.电子类专业嵌入式系统课程体系建设探索.电气电子教学学报,2007(5).

[9]李凤云.计算机本科专业嵌入式系统课程体系研究与实践.高教论坛,2007(4).

[10]许童羽,孙国凯,陈春玲.电子信息工程专业强化"嵌入式系统"课程教学的思考.沈阳农业大学学报,2005(7).

[11]仲伟波,包亚萍,付跃文,李义丰.关于嵌入式系统教学的几点思考.实验室研究与探索,2006(12).

[12]李耀波,杜丽敬,徐洋.高校嵌入式系统课程群规划的探讨.科技信息,2007(19).

[13]牛小玲.嵌入式系统实验教学的探讨.实验室科学,2006(4).

[14]尚利宏.北京航空航天大学"嵌入式系统设计"精品课程建设.计算机教育,2006(8).

[15]李珍香,李国.以嵌入式系统应用为目的的计算机硬件系列课程实验教学探讨.实验室科学,2008(5).

[16]邓耀华,吴黎明,汤秀春,朱高峰.单片机课程改革与嵌入式教学的思考.广东工业大学学报,2005(9).

[17]潘晓宁.高职高专院校嵌入式系统课程教学方法的探讨.职业教育研究,2007(8).

视频测量技术实验教学探索与实践 *

许江波　章文辉

（中国传媒大学信息工程学院实验中心）

摘　要　视频测量技术是一门理论与实践、原理与应用紧密结合的课程，是中国传媒大学重要的专业特色课程。本文介绍了视频测量技术实验现状，分析了目前存在的主要问题，提出了相应的措施。

关键词　视频测量技术　实验教学　教学改革

随着数字技术和网络技术的发展，广播电视数字化的进展十分迅速。我国广播电视正处在从模拟向数字转换的关键时期，广播电视技术新体系逐步形成，建立一套与之相适应的行之有效的测量方法尤为重要。视频测量技术是一门理论与实践、原理与应用紧密结合的课程，是中国传媒大学重要的专业特色课程。视频测量技术实验课程的教学目的是使学生能够通过一系列视频测量实验，掌握广播电视测量系统的基本理论和实际应用技术，养成实事求是的科学实验态度，成为具有较强实践能力和创新意识的高素质工程技术人才。

一、视频测量技术实验现状

1. 实验教学条件

视频测量技术是一门理论与实践、原理与实验结合十分紧密的课程。随着电视技术的发展，信息工程学院建设了专门用于本科视频测量实验的视频测量实验室。

视频测量实验室的主要仪器有：VM700T 视频综合测试仪、PVM－14M4E 图像监视器、WFM601M 数字波形监视器、AJ－D610 数字摄像机、TSG271 测试信号发生器、TSG300 测试信号发生器、TSG422 测试信号发生器、DVG－MPEG 信号发生器、TL5430 视频处理器、AJ－D455 数字录像机、AD－953 码流分析仪、DVMD－MPEG 测试解码器等。这些实验室设备及条件，为视频测量实验提供了良好的基础保障。

2. 实验开设内容

在视频测量的实验教学中，我们坚持实验教学是理论教学的延伸，也是培养学生动

＊　资助项目：中国传媒大学优质示范课程建设（YZSF2009－38）。

手实践能力和创新能力的重要手段。以培养学生实验能力和实验创新能力作为视频测量实验内容的切入点,优化实验教学体系、整合实验资源,探索建立灵活多样的课程体系,激发学生实验兴趣。

开设的实验内容如下:

(1)监视器调整与反射损耗测量(综合性、设计性实验)

重点内容:学习图像监视器的日常调整方法;了解反射损耗的意义及对图像的影响,掌握电缆延时法测量反射损耗;通过测量信号的幅度和时间参数,学习使用视频综合测试仪和测试信号发生器。

(2)摄像机指标测量(综合性、设计性实验)

重点内容:掌握摄像机各项指标的概念和测量方法、电视线和频率带宽的换算,以及摄像机基本操作、调整方法。

(3)模拟复合视频信号测量(综合性、设计性实验)

重点内容:通过实验,全面掌握模拟复合视频信号测量的原理和方法,进一步了解并学会使用测量仪器的各种功能。

(4)模拟分量视频信号测量(综合性、设计性实验)

重点内容:通过实验,掌握模拟分量视频信号测量的特殊方法,了解色域失真的含义和测量方法,学会使用数字波形监视器。

(5)数字分量视频信号测量(综合性、设计性实验)

重点内容:通过实验,了解并掌握 SDI 串行数字视频信号的测量,包括正程视频数据和逆程辅助数据的测量。

(6)压缩数字视频信号测量(综合性、设计性实验)

重点内容:通过实验,了解 MPEG-2 数字电视码流的结构,掌握码流分析及相关码流参数测量的基本方法、应用码流分析仪进行实际系统测量分析的方法。

我们编写了实验大纲和实验指导书,实验指导书包括了详细的实验内容、实验目的、实验仪器、实验要求、思考题和实验报告要求等。

3. 实验教学形式

对于每个实验,我们采用先集体示教再分组实验的方式。集体示教采用 PowerPoint 多媒体电子教案,对实验的基础知识进行复习,使同学们能够将理论与实践联系起来,然后给同学们讲解本次实验主要设备的使用方法及注意事项。

为了达到较好的实验效果,我们采用分组的形式进行实验,每组 3 人,每组每个实验的时间为两个小时,目的是使每位同学都能实际动手操作。由于实验设备价格昂贵,且只有一套实验设备,同时又要与同学们的上课时间错开,所以师生们都放弃了晚上和周末的休息时间,扎根到实验室中。尽管比较辛苦,同学们的反映很不错,认为提高了他们理论联系实际的能力。

4. 教师队伍及授课对象

目前,视频测量技术专任实验教学人员共 2 人,其中高级实验师 1 人、讲师 1 人。实验教学以两名实验教师为主体,同时考核聘用优秀的低年级硕士研究生担任实验辅导工作。因此,我们可以承担视频测量实验的全部教学任务。

授课对象包括大四广播电视工程专业数字电视方向的同学、自动化专业全体同学及电子信息工程专业选修该门课程的同学。

二、存在的问题及解决措施

1. 实验设备紧缺

实验设备特别是电子测试设备价格昂贵,同一时间几门实验课程都会用到同一台关键设备。有时为了错开设备的使用时间,调整了实验时间,造成先做实验后上理论课的情况,影响了学生们的实验效果。所以,应该适当加大实验室资金投入力度。实验室是现代大学的心脏,是大学基础中的基础,作为支撑实验运行和持续发展的仪器设备尤为重要,由于测试设备更新速度快,需要加大实验设备的投入力度。

2. 实验时间利用不充分

每次实验课程之前需要 2 个小时的示教,示教中的理论知识在上理论课时已经讲过,所以可以充分利用网络资源,将每次实验的相关理论知识及设备使用方法录制成实验视频,放在服务器上。选了该门课程的同学,可以输入学号登录服务器预先观看视频,进入实验室后直接实际动手操作设备进行实验,从而充分利用实验时间,提高设备的利用率。

3. 实验教学内容不完善

需要加大数字及高清电视测量实验,也需要加大测试设备的投入。我国广播电视正处在由模拟向数字转换的关键时期,数字广播电视技术新体系逐步形成。加大数字视频测量实验的比重,使同学们掌握系统数字视频测量原理和测量方法,从而培养出既有扎实理论基础知识又有较强实践动手能力的创新型技术人才。

三、总结

实验是学生从理论到实践的第一步,是学生走向科学研究和技术开发的必经之路。通过合理的实验教学定位,让学生在实验室得到充分的实践锻炼,有利于缩短学生从理论到应用的周期。

同时我们也体会到,实践能力和创新能力培养是实验教学中的 ·个难点。需要实践经验丰富的实验教师;需要教师密切关注广电行业的发展动态和最新科研成果,定期修订实验教学大纲和实验指导书,精心设计实验内容;需要教师无怨无悔地投入极大的精力和时间;当然,更需要学校投入足够的资金、设备、场地等硬件设施。

数字电视技术实验课程体系建设方向探索

马海燕　杨莉　章文辉

（中国传媒大学信息工程学院实验中心）

摘　要　本文分析了数字电视技术实验课程体系所存在的问题，根据实际情况，提出了一个网络实验平台＋硬件设备实验＋系统设计实验＋软件设计实验的建设方案。该方案可以有效解决现有实验课程体系中存在的一些问题，有助于进一步完善课程体系、提高实验效果，强化实验课在实践引导方面的作用。

关键词　数字电视技术　实验建设

数字电视技术是一门专业特色非常强的品牌专业课程，作为我校优质示范课程项目，其突出特点在于专业前沿理论与实践结合方面，实验的设计与实施直接影响到该课程的授课效果。因此，主讲教师在努力完善理论授课部分的同时，更应注重配套实验课程体系的建设。

一、数字电视技术实验课程现状

目前，数字电视技术课程已开设 6 个实验共 12 学时，实验内容取材于专业知识在数字电视广播系统中的典型应用。学生以小组为单位进行实验，在实验过程中，学生要动手连接设备搭建实验系统，并按指导书中的实验步骤操作设备、分析实验结果。比如，第一个实验是数字卫星电视接收系统，具体内容实际上就是大家平时所说的"架锅"。学生对该实验普遍表现出浓厚的兴趣，他们在动手操作的同时，会主动地在脑海中搜寻相关理论，并提出、分析自己的疑问，在答疑解惑的过程中逐渐建立起理论与实践的联系。目前的实验课在辅助理论教学方面起到了积极的作用，但从国家对培养高素质创新型专业人才的要求来看，整个实验课程体系还存在不足。

1. 设备不足限制实验效果

主要实验设备有 Ku 波段卫星信号接收天线、QPSK 卫星接收、TS 信号发生器、MPEG－2 编码器（算通）、TS 接收卡、TS 发送卡、MPEG－2 复用器、QAM 调制器、MPEG－2 解码器（算通）、频谱分析仪。这些设备价格普遍较贵，整套下来至少五六万元，目前只有一套。为了让学生充分动手实践，我们分了小班（5—6 人/组）。具体采取实验教师示教＋研究生小班辅导的形式，但这样做仍然存在很多问题。首先，示教与实验相隔较长时间,学生实验的积极性和对实验的熟悉程度均有不同程度的减弱,实验指导工作强度大、重复率高,研究生辅导质量随时间呈下降趋势。其次,实验涉及的设备很多,连线复杂,前面组的学生可能还会自己动手连线,但后面的学生因为主动性减弱,会跳过这一步骤,实验效果大打折扣。另外,频繁连接和开关机或者一些非正常操作容易影响实验设备的使用寿命。最后,在实验系统搭建起来后,学生根据实验指导书调整设备参数、观察和分析结果,在此过程中,即使每组只有 5—6 人,也只有个别同学操作面板,其他同学的实验积极性因设备条件受到抑制。

2. 内容单薄限制实践创新能力提高

本实验课大纲要求为 16 学时,但目前只开设了 12 学时。实验内容主要围绕数字卫星电视接收实验和数字有线电视前端系统实验两大块进行设计,但几乎全是基于系统的验证性实验。这些实验能帮助学生较好地建立起理论与实际间的联系,但缺少培养学生实践创新能力的环节,也没有针对专业技术更深层次的实践环节。单薄的实验内容限制了实验课更高层次作用的发挥,已经成为进一步培养和挖掘学生实践能力的一大瓶颈。

二、实验课程体系的建设方案与思路

实际上,设备问题困扰着很多专业实验课,有些课程因为设备不足干脆放弃实验,所幸的是我们还有一套设备。目前要做的是如何更好地利用这套设备为课程服务,结合我们的设备和课程需要开发仿真实验平台是最好的解决办法,当然最理想的状态是能实现硬件的网络共享操作。根据本课程实验现状和目前对设备的了解情况来看,实现硬件共享相对比较困难,创建辅助性的网络实验平台相对比较实际,而且对整个实验课程体系都有较强的促进作用。

针对实验内容单薄的问题,必须重新规划实验项目。我们考虑在整合原有硬件设备实验的基础上,增加系统设计和软件设计两类实验的比例,覆盖应用设计、应用操作和底层实现三个方面。

结合当前实际情况,我们提出了网络实验平台+硬件设备实验+系统设计实验+软件设计实验的建设方案(如图所示)。

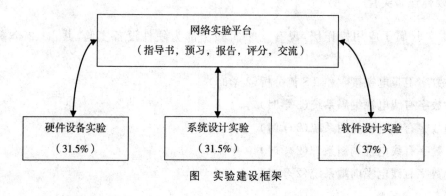

图　实验建设框架

1. 网络实验平台

建设一个辅助实验的 Web 实验平台非常必要,学生可以在该平台上顺次完成以下工作:

(1)浏览并下载实验指导手册;

(2)实验操作步骤练习;

(3)完成与实验相关的选择题和思考题;

(4)提出实验准备过程中的疑问;

(5)实验后提交实验报告。

这个平台可以督促学生在实际实验之前加强实验准备工作,弥补因示教与实验时间不同步导致的实验质量和效率下降问题,通过交互动画模拟系统连接练习,减轻对设备的损耗,起到全面辅助实验教学的作用。另外,从开发难度和周期方面来考虑,该平台的建设具有较强的可行性。

该平台的具体功能如下:

(1)扩展学生了解和熟悉实验内容的渠道

实验讲解材料应基于文本、图片、音频和动画等各种形式,使学生更好地理解实验内容、原理和步骤。

(2)加强管理

学生和教师分别使用自己的账号登录平台。学生进入"实验预习"环节,提前熟悉实验内容和基本操作。其中"实验基本操作"部分利用交互动画模拟本次实验系统连接,学生操作连接直至连接正确才能通过预习,系统对学生的预习情况给予评分并反馈给教师。实验结束后,学生需要在该系统内逐步填写并提交实验报告。

(3)促进思考和交流

提问环节督促学生在实验前后独立思考与实验相关的问题,有助于增强学生主动性、提高专业兴趣,并提供一个学生与实验教师交流的平台。

后期还可以考虑在该平台内实现预约实验、硬件仿真、软件实验仿真环境、硬件共享操作等扩展功能,当然这需要更多的技术支持和更长的开发周期。

2. 硬件设备实验

此类实验属于应用操作层,现有 6 个实验全部为硬件设备实验,共占 12 个实验学时:

(1)数字卫星电视接收和 TS 流分析(2 学时)

(2)数字有线电视编码系统(2 学时)

(3)数字有线电视复用系统(2 学时)

(4)数字有线电视调制系统(2 学时)

(5)数字有线电视前端系统(2 学时)

(6)校园有线电视前端系统(2学时)

目前的实际情况是硬件设备实验条件不足,在人力、财力、时间方面投入大但实验成效少。另外,实际上围绕硬件设备的可拓展实验空间小,致使目前的实验内容过于简单,实验课时不饱满。因此,不论是从充实实验内容的角度,还是从优化实验课程体系的角度来看,都应该减少目前验证性实验的学时数。我们认为,可以将原来的 6 个验证实验进行整合,保留并完善以下 2 个具有代表性的实验项目:

(1)数字卫星电视接收和 TS 流分析(2学时)

(2)数字有线电视前端系统(3学时)

整合后的第一个实验侧重于接收端系统,第二个实验侧重于前端系统。实验内容基本上起到串联数字电视技术这门课程的作用,可以使学生对 DVB-S 和 DVB-C 这两个数字电视传输体系有更全面、更感性的认识。另外,第二个实验实际上融合了之前的(2)—(5)这 4 个实验,内容跨度大、知识点多,所以将该实验设为 3 学时。这两个实验分别安排 1 个学时用于示教。

3. 系统设计实验

此类实验属于应用设计层。实验指导书中已明确给出前面实验所用的系统连接,学生只需按照既定的实验图连接系统即可。大部分学生对为什么这样连接缺乏思考,但这种思考恰恰是工程类课程更需要的东西。

知识点本身是零碎、枯燥的,单纯的思考缺乏动力,这也是学生在理论课程学习方面提不起兴趣的主要原因。如果能提供特定的应用环境,可以使学生在应用需求下自主思考,更好地掌握和应用专业知识。

因此,我们考虑增加 2 个系统设计实验,模拟提出系统方案的全过程,构建理论和实际的结合点,提供一个让学生独立思考、探索知识的环境。学生分工协作,推选负责人主管整个实验项目,开会共同讨论系统需求和设计注意事项,分头查找资料进行调研,分别提出自己的设计方案,各小组整合方案,提交系统设计方案(具体到设备厂商型号接口),最后负责人讲解方案。从数字电视实际应用和占用时间方面综合考量,暂提供以下几个系统设计实验以供选择:

(1)校园有线电视前端+校园有线电视网双向改造

(2)数字视频技术实验室的网络化改造

(3)实验室网络视频直播系统分析与设计

(4)实验室网络监控系统分析与设计

这类实验的灵活度较大,可控性较差。在设计实验指导书时,除了要考查具体的技术因素外,还应该把这些因素也考虑在内。

4. 软件设计实验

前两类实验主要还是停留在技术应用层面,软件设计类实验则定位于下层,有助于学生深入理解原理的实现细节,而且不受设备限制,是本实验课程需要加强的部分。目前本科生考研比例越来越高,良好的软件开发技能也是继续深造的必备素质。本课桯应该在这方面为学生奠定良好的专业技能基础。数字电视技术的发展方向很多,软件设计类实验的选题还是应该立足于本课程专业知识,适当考虑与其他专业技术的结合。出于这种考虑,我们下一步着手开发从内容到操作性都较好的软件设计实验项目。以下提出一些备选题目,可选做其中的 2—3 个:

(1)调试 MPEG－2 编码器代码

(2)TS 流分析软件的设计

(3)TS 流信号发生器

(4)TS 复用软件设计

(5)基于以太网的 TS 流传输

(6)针对已有提供 IP 功能的设备,设计实现接收端软件

三、结束语

以上,我们根据中国传媒大学数字电视技术实验课程体系的现状和需求,提出了一套切实可行的建设方案。该方案致力于合理配置实验资源、优化实验体系结构、强化实验管理,充分发挥实验课程在培养学生专业素养和创新实践能力方面的重要作用。尽管在我校实现整套建设方案的硬件条件目前还不够成熟,但该方案对指导我校的实验课程体系建设方向具有重要的实践意义。

数字影视制作技术课程教学改革与实践*

杨宇　孟放

（中国传媒大学信息工程学院广播电视工程系）

.

　　摘　要　本文首先介绍了中国传媒大学广播电视工程专业的特点和数字影视制作技术课程对于该专业的必要性，接着，本文分析了该课程教学和实验环节中的问题，最后提出了开放实验室、课程压缩、平行教学法等课程改革措施。

　　关键词　影视制作　广播电视工程　专业　教学　实践

　　影视制作课程在全国各高等院校都有开设，在影视专业本科学生的教学中，该课程被分解成多门课程——基础课、专业基础课和专业课。而在其他非艺术院校或艺术院校非影视专业，由于课程体系设置的限制，这类课程的课时一般很有限。如何在有限课时内，让学生最大限度地掌握影视创作语言，并熟练使用摄录编设备，成为教学环节中最大的问题。

　　中国传媒大学广播电视工程专业是我国较早培养高层次广播电视工程技术人才的基地，有几十年的专业建设历程，已为我国广播电视领域输送了大批优秀的广播电视工程技术人才。虽然广播电视工程专业属于工科专业，但是由于该专业具有广电特色，开设影视制作类课程十分必要。该专业需要一门技术与艺术相结合、理论与实际相结合，培养学生在数字环境下进行影视制作的课程——数字影视制作技术。

　　一方面，广播电视工程专业的课程任务重，分配给该课程的课时少。另一方面，相对其他工科专业来说，数字影视制作技术课程对该专业又更为重要。因此，如何在广播电视工程专业开设数字影视制作技术课程就更加值得探讨。

一、课程开设的必要性

　　随着全球广播电影电视数字化风暴的到来，我国乃至全球的广播、电影、电视领域都需要大量的数字人才。这对于中国传媒大学信息工程学院广播电视工程专业来说是一

＊　资助项目：北京市教改项目"创新型数字媒体技术人才培养模式研究与实践"，校级质量工程项目"广播影视制作创新性复合人才实验区"。

次难得的机遇,对于我们教学工作者来说也是不小的挑战。面对"数字转换"带来的人才需求,全院上下都及时调整思路,对课程进行革新,以适应快速变换的广电行业的发展。

广播电视工程专业主要是为我国广播电视行业培养专业技术人才的工科专业。一方面,在一般性的工科基础课以外,该专业专门设置了面向广电行业的大量专业基础课和专业课,比如电视原理、数字视频制播技术、电视摄录编技术、数字电视技术、数字图像处理等等,而且课程内容也是逐年翻新,以适应技术革新;另一方面,该专业也设置了一定量的影视制作课程,以适应毕业生的就业需要。

广播电视工程专业的毕业生主要就业于广播电视领域。有些学生毕业后在电视台技术部门工作,他们会经常参与电视节目的拍摄、制作或直播工作,虽然他们操作控制的是高精尖的数字设备,但是归根结底,他们的拍摄手段、编辑技巧、画面衔接和切换方法都与影视制作知识相关。即使不参与节目的直接制作,电视台技术人员也要经常和影视艺术创作者打交道,为了工作需要,他们需要了解影视制作相关知识,才能与创作者有共同语言。有些毕业生则就业于广播电视设备制造、销售公司,他们有一项重要的工作就是了解客户的需求,而他们的客户也正是影视制作者。还有不少学生毕业后直接从事影视制作工作。学生的就业情况直接反映了人才市场需求的情况,由此可见数字影视制作技术是一门非常重要的专业课。

从这几年的教学效果来看,学生们非常重视这门课,在完成实验作业时表现出了极大的热情。而且学生也反映,找工作时,这门课程确实为他们在面试、笔试环节中增加了不少筹码。

二、课程教学与实验中存在的问题

1. 设备有限,不能人手一机

我院可被学生借用的数字摄像机只有 5 台,对将近 50 人的大班来说,使用起来非常紧张,人均设备占有率相比其他艺术院校或院系有很大差距。比如,北京电影学院 3 年前的专业设备配置已经达到每个系 40 台 DV 设备,中央美术学院数码及影视媒体专业学生总数 50 人左右,配备了十余台摄像机,我校电视学院数字摄录编设备则超过 50 套。更有专业院校要求学生自备 DV 设备以保证教学效果。由于本专业其他课程中基本不使用摄像机,因此,没有必要为了一门课程增加学院和学生的负担。所以我们需要合理安排,最大限度地利用现有条件,提高摄像机的使用率。

2. 课程覆盖面广,课程时间有限

数字影视制作技术课程涵盖的知识面非常广。从大的方面说,该课程涉及电视摄像、电视画面编辑、电视照明、视频特技与动画、音频编辑等。虽然学生已在其他课程中学习了摄像机、录像机、电子编辑机、切换台、非线性编辑机等设备的原理与技术,也做过直播类的实验,但是因为这些课程设置的主要目的是让学生了解电视信号的处理过程,

因此学生从这些课程的实验中了解影视创作部分的内容是非常少的,而且学生也不能充分了解和使用摄录编设备的各种功能。虽然学生在一年级时有摄像与灯光技术选修课,二年级时有画面编辑基础专业基础课,但是由于这两门课程没有设置实验课,不能让学生理论联系实际。学生只能通过课程了解一些常用名词和理论技巧,而对于如何自己制作节目,还是一无所知。因此,数字影视制作技术这门课的内容就需要包括摄像技巧(摄像机的基本使用、构图、镜头处理)、视听语言、画面编辑、至少一种非线性编辑软件、至少一种数字合成软件,还需要设置若干拍摄实验。

教学计划分配给这门课程的学时数为 64 学时,其中 16 学时课堂授课、48 学时实验课。与其他学院对比,这个学时数实在太少了。视听语言、电视画面编辑课程的学时数一般为 32 学时,摄像技术、非线性编辑软件制作、数字合成软件制作类相关课程的学时数一般为 32 学时至 64 学时不等。这些课时数加到一起,就变成相当庞大的数字了。

3. 理论与实际脱节

由于设有影视编辑基础这样的前续课程,数字影视制作技术课程设置的基础知识的讲授时间非常有限,而且这部分的教学一般设置在学期的前几周,然后学生就专心学习设备的使用方法和技巧,最后学生自拟题目拍摄大作业。这样分阶段地教学时,学生容易学了后面忘前面,等到拍大作业时,理论知识已经模糊不清。学生们热情澎湃,没有很好地计划分镜头本,就已经开始拍摄了。拍摄时间过了大半,学生们的热情也减了下来,逐渐大家各有各事,有的应聘,有的准备考研,等到大家把拍好的素材送到后期制作时,才发现前期设想得不周到,这时再补拍已经没有时间了。学生们带着遗憾交了作业,但是更大的遗憾是,作业里涵盖了太多问题——镜头、画面构图、声画衔接、镜头语言、节奏、结构等等,可学生还是不明白到底哪里出了问题。而且,如此安排时间,学生创作周期过长,一个学期每组只能出一个作品,学生把精力都放在了剧情设计上,拍摄过程和制作过程反而会被忽视。

4. 学生自学部分过少

以往课程用了大量时间去介绍设备的使用,学生不必课下自学。这样不但使学生实践的机会减少了,而且抑制了学生自学能力的培养。毕竟学生毕业后在工作岗位上使用的设备不会与我们教学中使用的设备完全一样,如果学生一味依赖课堂,则无法适应设备更新飞速的广电行业。

三、课程教学与实验的改革措施

1. 开放实验室

为了解决数字摄像机数量不足的情况,我们在组织学生实验时,把大班分成多个小组,保证每个小组只有 4 至 5 人,刚好可以满足一个拍摄小组包括导演、摄像师、演员和剧务等基本编制,3 台设备轮换使用。但是广播电视工程的学生一般课业比较繁重,尤其是大四学生,选修课比较多,学生实验时间并不能统一,也就无法统一安排摄像机轮换时间。因此,我院实验中心采用开放实验室的方法,为学生提供灵活的借用设备的时间,每次借用设备之前只需提前预约。这样,学生在本课实验和其他课程之间也就不存在时间冲突了。

2. 压缩课程

对于课内时间有限的问题,我们采用了课程内容压缩的方法。压缩课程内容是有前提的:首先,学生接受信息的能力必须强,第二,这部分内容的教学要求不能太高。这与影视专业学生的课程不同,也与公共选修课不同。影视专业的相关课程教学要求高,课时量又比较充足,教师有充足的时间把理论讲透,不必要进行课程内容压缩。公选课则需要面对全校来自不同专业、理解方式和水平不同的学生,那么理论的讲授就必须细致。就广播电视工程专业而言,学生生源素质高,理解能力好,对新知识掌握速度快,而且我们要求学生在课堂上对影视创作的理论知识了解即可,不必要详细掌握。因此课上每讲一个新知识点,就使用某部影片的几个镜头举例,学生看过例子马上就能明白,那么就可以继续进行下一个问题,这样讲课节奏快、效率高。

另外,压缩课程教学,容易使学生因为课上内容过多而感到疲惫,为此,选择影片进行案例分析时就要特别注意。我们需要把每次的课程内容分成多个部分,每一个部分精选一部影片的某些镜头,这样,一次课就要准备十几部影片。学生感到疲惫时,我们正好拿出不同的影片做例子,学生会有新鲜感,就会忘记疲惫,继续全情投入到学习中。而且在最后整理知识架构时,学生可以通过影片进行知识点的分类,又好记,又好用。当然,我们不可能像填鸭一样,把所有理论全部填给学生。对于学生前续课程讲过的内容,我们只将理论提出,简单举例;要求学生认真掌握的,我们就会在课堂上布置随后的拍摄实验题目,让学生带着问题通过实践学习。

3. 采用平行教学法

在教学进度上,我们把理论知识分成大块:(1)镜头;(2)运动剪辑;(3)声画配合;(4)时间与空间的压缩扩展;(5)结构与转场。对于摄录编设备使用方法的课程则穿插在所有理论知识块之间,而且这部分内容的课时也进行大比例的压缩,我们只讲最重要、最常用的部分。而其他部分,让学生在拍摄制作小组作业时自学,并有教师辅导。

在讲完镜头的种类后,我们加入摄像机原理与应用实验,接着让每组学生拍摄静止镜头、运动镜头、柔焦镜头作为实验作业。讲完运动剪辑后,我们让学生拍摄几组主体运动的镜头,然后直接在线性编辑机上进行编辑,而线性编辑机的使用方法只用不到 1 学时的时间讲完,其余内容让学生一边编辑节目、一边发现问题、解决问题。声画配合部分的理论知识讲完后,我们会安排非线性编辑软件的实验,相应软件的教学时间只有 4 学时,然后再留下声画配合的作业,让学生课后用非线性编辑软件完成,而且要求学生以非编项目文件的格式上交作业。讲完时间与空间的压缩扩展后,我们再次安排拍摄作业,然后要求学生再次用非编软件进行后期制作,进一步巩固非编软件这部分知识。最后,讲专场、结构、节奏等内容,再安排 2 种不同的数字合成软件的实验,其中一个软件 8 学时,另一个软件 4 学时,安排的作业则与转场和结构有关,而后期制作则要求学生利用数字合成软件进行。

这种平行的教学方法可以让学生在学习过程中始终保持新鲜感。我们在近几年的教学中发现,在向学生讲授摄像、线编、非编软件和合成软件时,学生总是在遇到问题而且自己解决不了以后,对老师的讲解记忆效果最好。因此,我们就要给学生留足问题。学生在制作实验作业时会发现大量问题,一般会先尝试自学,因此学生通过做作业可以提高自己的自学能力,以及独立处理问题的能力。实在自己解决不了的问题,老师帮忙解决了,学生又会印象非常深刻,不容易忘记。

4. 作业适量

通过近几年的教学实践,也通过与其他兄弟学院的老师进行交流和经验总结,我们总结出数字影视制作技术课程的拍摄作业量不能太少,也不能太多,而且必须限制作业题目。以往的课程只留一个拍摄 10 分钟的作业,从时长看,这个作业量并不小,只是次数太少了。一次作业,学生刚刚发现问题,还没解决,就结课了,对学生没有太大帮助。一般来说,一个学期拍摄作业量不能超过 5 部,因为一学期影视院校的专业学生最多也就能拍四五部 DV 作品。广播电视工程专业的学生本身课业就比较重,没有时间拍太多作品。因此,我们一般会布置 3 次至 4 次短片创作。作业内容的设置上也是让学生循序渐进,从最基本的镜头组接开始,逐渐练习使用蒙太奇、转场技巧、节奏调整、特技等。每一次作业长度控制在 2—5 分钟。这样学生有热情做作业,时间也合适。

四、课程展望

数字影视制作技术还需要在以后的教学实践中进一步完善。随着三维技术在电视电影中的广泛使用,FBX 作为三维元素的文件交换格式逐渐流行起来,今后数字影视制作中会有更多的三维特效,因此,我们计划在以后的课程中引入三维特效知识。不过,这部分新知识的引入又会占用不少课时,相信通过不断的研究和探索,我们会有新的方法解决这些问题。

利用PSpice仿真软件加强电子线路课程教学

肖怀宝　李晓茹　史萍

（中国传媒大学信息工程学院通信工程系）

摘　要　本文从PSpice软件及电子线路课程的特点出发，以教育教学理论为基础，论述了电子线路课程教学中引入PSpice软件的必要性、可行性及良好的实施结果。

关键词　电子线路　PSpice软件　课程　教学

一、前言

电子线路课程（线性电子线路与非线性电子线路）是电子工程类、信息工程类、通信工程类、电子技术类、自动控制类、电气工程类、机电工程类、计算机科学类等工科电类及其他相关专业本科生的专业技术基础课，是学生学习后续专业课程及今后从事相关工作的重要基石。尤其是随着信息社会的发展，电子线路课程的重要性也日益凸显，每两年举行的全国大学生电子设计竞赛及北京地区大学生电子竞赛就是很好的体现。因此，研究如何改革和加强电子线路课程的教学具有重要的实际意义。但需要说明的是，这里讨论的电子线路课程重点在模拟电子线路，而不包括数字电路，因为PSpice软件虽然也能对数字电路进行仿真，但在技术上对比其他专门数字电路仿真软件并无突出优势。

二、电子线路课程引入PSpice仿真软件的必要性

此前，电子线路与PSpice软件属于两门课程，而且后者属于选修课程。电子线路主要包括理论教学和实验教学，而PSpice软件的教学主要强调软件的熟悉与运用。由此所带来的问题主要表现在以下几个方面：

第一，电子线路课程尤其是线性电子线路课程，主要讲授晶体管特性及各种放大电路，涉及管子的内部结构及由此得出的管子参数、管子参数对电路功能的影响、环境温度等对电路功能的影响等等。在以前的教学过程中，教师往往通过语言描述等手段来讲解这些内容，学生对此普遍反映内容抽象、难以接受，而且往往一听而过，很难留下深刻的印象。虽然采用传统的硬件实验方法可以求出放大电路静态工作点、增益、频率响应等，但在元件参数的改变以及温度变化对电路性能的影响等方面实现起来则较为困难，教学

效果不是很理想。而采用 PSpice 仿真软件能够很方便地对上述问题进行仿真,因为它不需要任何实际的元器件和测量仪器,所以易于突破实际实验手段的某些限制,而且分析过程形象直观,有利于加深对电子电路基本概念、基本特性的理解,也有利于解决教学过程中的难点和疑点。

第二,传统纸质教材难以展现的理论知识的探究过程可以通过计算机等进行模拟,进而可以在课堂上进行展示。在过去电子线路课程的教学中,由于课时等方面的限制及缺乏表现过程的手段和方法,对过程的教学相对较少,因此学生在学习过程中也往往局限于记住结论,缺乏对过程的理解,从而导致对学生创新思维培养不够。因为过程教育是研究型教学方式的主要特征,它强调科学原理的形成过程,强调教学内容的呈现方式要面向过程,将学科概念等得以产生的起因和发展过程展示给学生,让学生在这个过程中产生发散思维、提出疑问,从而激发学生自主学习和探究的动机,增强学生自身参与知识建构的主动性,在过程中培养学生的创新能力。

第三,电子线路是工程性很强的课程,其所涉及的理论知识在实际电路设计中有着广泛的应用。如果不使用相关的仿真软件,很难在课堂上讲解一些应用实例,也很难要求学生运用所学的理论知识去分析解决实际问题,由此造成理论和实践脱节。另一方面,随着集成电路技术的高度发展和计算机技术深入到各个领域,以计算机辅助设计为基础的电子设计自动化技术已渗透到电子系统和专用集成电路设计的各个环节,并已发展成为电子学领域的重要分支。它引发了电子电路分析与设计方法的重大变革,使得传统的人工设计方法越来越不适用。所以,在电子线路中引入 PSpice 仿真软件的相关内容,对培养学生的仿真意识具有重要作用。

三、PSpice 仿真软件的特点

为了解决上述问题,国外很多大学已将 PSpice 仿真软件引入到电路系列课程中,作为教学内容的一个重要组成部分。

PSpice 软件使用自由格式语言,计算仿真快速准确。它相当于一个电路模拟实验台,能够代替面板、示波器等整个电子实验室的功能,使用它可以做各种各样的电路实验和测试,也可以进行参数优化设计与分析。它以电路理论、数值计算方法、计算机技术为基础而实现仿真,不仅支持文本输入,而且还支持图形输入。它拥有庞大的、高精度的元器件模型库、种类齐全的测试仪器仪表等,具有激励信号编辑功能。它具有 D/A 接口的 I/O 电路,可以进行多种电路的仿真分析,以及数字电路和数模混合电路的分析。它具有 Probe 曲线后处理程序,可以协助用户快速精确地观察电路曲线,并具有软件测量功能,可以测量各种各样的基本电路特性。它还可以定义多重窗口,在不同窗口显示不同信息,以利于电路特性的比较,使用户能够轻松地判断电路是否合乎要求。它采用模块化和层次化设计,具备良好的人机界面和控制方式,以下拉式菜单的方式操作,为输入文件建立、结果显示、出错提示、信息查询、状态设置、参数修改以及文件存取等提供了方便的工具。正是由于 PSpice 具有这些特点，使其无论在教学中还是在工程实践中，都是一个得力的工具。

四、利用 PSpice 仿真软件加强电子线路课程教学

在电子线路课程中引入 PSpice 仿真软件后，可采用更为先进的教学模式，将理论分析和计算机仿真实验结合在一起，加强理论知识与实际应用的联系。但是，不论是电子线路的理论部分，还是 PSpice 软件知识，都包含很丰富的内容，那么如何对内容进行调整和取舍、如何在有限的课时之内将理论知识的讲解与仿真工具的利用有机地结合起来，这些都是值得研究的问题。课题组深入研究了信号系列课程的教学规律和内容体系，充分调研了其他高校应用 PSpice 的经验，在此基础上，提出以下几个方面的建议：

1. 利用 PSpice 软件加强学生对电子线路课程中管子特性和功能电路的理解和掌握

电子线路课程涉及多种晶体管、功能电路，在介绍这些内容时，学生容易感到枯燥难懂。授课过程中，可采用理论讲解与软件仿真相结合的方式。在理论讲解的同时，使用软件仿真管子的特性曲线及电路在实现功能时的信号变化。这样既可以使学生对所学的知识有感性认识，同时又可以巩固和加深对管子特性的理解及掌握。

可以利用 PSpice 软件提供的元件库提取不同型号的管子，利用 Parts 模块来观察不同管子的特性曲线（需要注意的是，如果使用的是 PSpice8.0 评估版，则只能观察晶体二极管的特性曲线）。由于传统的教学方式对管子特性的分析很难采取直观的讲解，所以常采取"管为路用"（管子的特性是为了实现具体的功能电路）的策略，只要求学生掌握晶体管的几个常用参数及其外部特性的近似数学表达式，而对管子的其他重要参数的变化对管子性能的影响往往采取回避或者一带而过的处理办法。采用 PSpice 软件后，这些问题将迎刃而解。因为 PSpice 软件有强大的参数扫描功能，能把管子参数变化对电路的影响用曲线精确地描绘出来。

2. 利用 PSpice 软件培养学生分析问题、解决问题的能力

在电子线路课程中，为了巩固课堂上的教学效果，通常要求学生课下完成一定数量的作业。但在传统的教学方式下，考虑到计算量和复杂度，作业往往是经过专门设计的一些简单的验证性、推理性习题，缺乏综合性尤其是设计性，因此难以培养学生的创新思维，不利于提高学生运用所学理论知识分析问题、解决问题的能力。在引入 PSpice 软件后，则可以让学生尝试进行电路的设计分析，对于复杂的数学计算交由计算机去解决，而只要学生探究元件参数对电路性能的影响，从而选择合适的工作点，以确保设计的电路符合实际需要，让学生在设计过程中运用所学知识解决所遇到的问题。

3. 利用 PSpice 软件培养学生的仿真意识

如前所述,电子线路是工程性很强的课程,因而,在教学过程中就应该有意识地去培养学生的工程素质。虽然在以往的教学过程中,也意识到培养学生工程素质的重要性,如培养学生的工程估算能力等等。但是,在现代信息社会中,随着电子技术的发展,电子产品设计生产的周期越来越短,如果用传统的搭硬件电路——测试——再修改设计——再测试的方法来设计电子产品,从时间与成本来说显然是不符合市场经济发展规律的。所以,需要在基础课的教学中注意培养学生的仿真意识。以前的教学对此强调不够,学生在毕业设计(包括研究生毕业设计)中往往不进行仿真就搭电路,搭完电路测试时才发现原来的设计不符合要求,于是推倒重来,这样既浪费时间又浪费经费。

所以,我们希望通过电子线路课程与 PSpice 软件的结合,用一些设计性的例题及习题来有意识地培养学生的仿真意识。

五、结论

电子线路课程是电气信息类专业中不可缺少的专业基础课程,加强该系列课程的教学对于学生后续课程的学习以及将来的就业都有着极其重要的意义。PSpice 软件是目前在电路仿真软件方面最精确、最流行的仿真工具之一,广泛应用于科学研究和工程实践中。在电子线路课程中引入 PSpice 后,可采用更先进的教学模式和更科学的课程内容体系,有助于提高教学水平,推动教学方法和教学手段的改革。更重要的是,PSpice 软件内容的引入,可使理论教学与实际应用联系得更加紧密,同时还能帮助学生加强对基本概念、原理、方法的理解以及对主要教学内容的掌握,提高学生的学习兴趣、培养学生的创新思维和仿真意识,为后续课程的学习打下坚实的基础。除此之外,还可使学生在学习专业基础课的同时,逐步掌握在教学、科研等方面都有着广泛应用的 PSpice 仿真软件,为今后的实际工作打下一定的基础。尤其值得一提的是,经过线性电子线路课程两轮的教学实践表明,在该课程中引入软件教学,把原来的线性电子线路与电子线路 CAD 两门课程整合在一起,减少了 1 个课时,但综合教学效果却更好,这是本次教改最大的成果。

参考文献

[1]秦毅男,廖晓辉.基于 PSPICE 的电工电子实验教学改革与实践.实验室教学,2005(2).

[2]高春侠,张磊.PSPICE 软件在电力电子教学过程中的应用.电力系统及其自动化学报,2008(3).

[3]杜怀昌,黄玲玲,贺涛.线性电子线路.兰州大学出版社,2003.

[4]何香玲,郑钢,范秋华.PSpice 软件在基础实验教学中的应用.现代电子技术,2005(8).

[5]王苹.基于 PSPICE 的高频电子线路的仿真教学.巢湖学院学报,2007(3).

[6]谢先武,陈琪光.教学改革浅谈.江西教育科研,2005(9).

谈中国传媒大学单片机教学改革

温淑鸿　柴建平

（中国传媒大学信息工程学院电子信息工程系）

摘　要　中国传媒大学单片机原理课程主要讲述 MCS51 单片机的结构、汇编语言指令、程序流程、I/O 扩展等内容，嵌入式计算机系统主要讲述如何在嵌入式系统上移植 Linux 操作系统、开发应用程序，而操作系统的移植离不开汇编语言指令。本文比较了两门课的共同点和差异后，指出单片机原理以 ARM 处理器为例来讲述单片机的结构、汇编指令；嵌入式计算机系统以单片机原理的内容为基础，继续深入下去，主要介绍操作系统的移植，及在操作系统下应用程序的开发，不再介绍单片机的硬件结构和汇编语言指令。这样安排，两门课不重复讲述单片机汇编语言结构、汇编语言指令部分，嵌入式计算机系统将是对单片机原理的提升，会使学生对单片机的学习理解更上一个台阶。

关键词　MCS51　ARM　汇编语言　Linux 操作系统

一、单片机的发展

单片微型计算机因其具有集成度高、运算速度快、体积小、运行可靠、价格低等特点而在过程控制、数据采集、机电一体化产品、家用电器、智能化仪表和网络技术中得到大量使用。国内高校在计算机工程、软件工程、工业自动控制、机械电子工程、精密仪器、电工电力电子、电子工程等专业开设了单片机原理或者相关课程。中国传媒大学单片机原理课程主要讲述 MCS51 单片机的结构、汇编语言指令、程序流程、I/O 扩展等内容。

随着单片机硬件的发展，从 8 位/16 位单片机发展到以 ARM 处理器 CPU 核为代表的 32 位嵌入式处理器。除 ARM 微处理器核以外，几乎所有的 ARM 芯片均根据各自不同的应用领域，扩展了相关功能模块，并集成在芯片之中，我们称之为片内外围电路，如 USB 接口、IIS 接口、LCD 控制器、键盘接口、RTC、ADC 和 DAC、DSP 协处理器等。设计者应分析系统的需求，尽可能采用片内外围电路完成所需的功能，这样既可简化系统的设计，同时可提高系统的可靠性。

单片机的处理能力越来越强，单片机的应用软件技术也发生了巨大的变化，从最初使用汇编语言进行应用程序开发演变到用 C 语言开发，不但增加了程序的可读性、结构性，而且有利于跨平台的移植。另外一些复杂的系统开始在单片机上采用操作系统，这样可以提高开发人员的开发速度,节约开发成本。嵌入式操作系统替代传统的由手工编制的监控程序或调度程序,成为重要的基础组件。更重要的是,嵌入式操作系统对应用程序可以起到屏蔽的作用,使应用程序员面向操作系统级开发应用软件,并易于在不同的 ARM 核的嵌入式处理器上移植。嵌入式技术是当今最流行的一门新技术,具有广阔的发展空间。目前国内很多高校都在开展和计划开展嵌入式计算机系统课程,主要讲述在 ARM 处理器中如何移植操作系统。

二、ARM 与 MCS51 寄存器工作模式对比

MCS51 有 A、B、R0－R7、SP、PC、DPTR 共 13 个寄存器,除 PC、DPTR 是 16 位以外,其余寄存器都是 8 位。ARM 处理器共有 37 个寄存器,其中 31 个通用寄存器,6 个状态寄存器。这些寄存器安排为部分重叠的组,其中通用寄存器可以分为 3 类:不分组的 R0－R7、分组的 R8－R14、程序计数器 R15。ARM 处理器支持 7 种处理器模式:用户模式、FIQ 模式、IRQ 模式、管理模式、中止模式、未定义模式、系统模式,在软件控制下可以改变模式,外部中断和异常也可以改变模式。大多数应用程序在用户模式下执行。在用户模式下,程序不能访问某些被保护的系统资源,也不能改变模式,除非中断和异常发生。除用户模式外,其他模式称为特权模式,在特权模式下,可以自由地访问系统资源和改变模式。这种区分便于操作系统和应用程序的执行。每种处理器模式使用不同的寄存器组,在任何一种模式下,仅有 16 个通用寄存器(R0－R15)、1 或 2 个状态寄存器是可见的。MCS51 没有这种模式的区分。

三、ARM 与 MCS51 汇编指令对比

在 MCS51 中,除了自加 1 指令外,其他算术逻辑运算只能在累加器中运行,运算中的两个操作数其中一个来自 A,运算结果也只能存储到 A。在 ARM 处理器中,没有累加器的概念,运算中的两个源操作数可以来自任何一个通用寄存器,运算结果也可以存储到任何一个通用寄存器中(部分指令如乘法指令限制了程序计数器 R15 的使用)。另外,ARM 指令的第二个操作数还可以同时进行移位操作。

四、ARM 与 MCS51 堆栈对比

堆栈可分为两种:向上增长和向下增长。数据进栈时,堆栈指针向高地址方向生长,为递增堆栈;数据进栈时,堆栈指针向低地址方向生长,为递减堆栈。堆栈指针指向最后压入堆栈的有效数据,称满堆栈;堆栈指针指向下一个数据项存入的空位置,称堆栈。这样就有 4 种组合:满递增、空递增、满递减、空递减。ARM 支持这 4 种组合,R13 通常用作堆栈指针,称为 SP,每种异常模式都有自己的分组 R13。MCS51 中,SP 用于堆栈指

针,是满递增型。以 ARM 为例,可以讲述所有 4 种形式。

五、ARM 与 MCS51 条件指令对比

在 ARM 处理器中,程序状态寄存器的 N、Z、C、V(Negative,Zero,Carry,Overflow)位称为条件标志位。条件标志位可以通过以下两类指令修改:第一类是比较指令,第二类是算术运算、逻辑运算和数据传送指令,这类指令可以通过在指令中是否加入 S 来允许是否根据运算结果更新条件码标志。在 MCS51 中,没有专门的比较指令,算术逻辑运算或者数据传送类指令无条件地更新标志位,不能像 ARM 指令可以由用户自己选择该指令是否设置标志位。

在 ARM 处理器中,几乎所有的 ARM 指令都有一个可选的条件码,只有程序状态寄存器 CPSR 中的条件码标志满足指定的条件时,带条件码的指令才能运行。在 MCS51 中,只有几条指令是根据状态寄存器的条件码进行分支,比如算术逻辑运算、数据传送指令都是无条件执行的,而在 ARM 中可以选择是否执行该指令。

六、ARM 与 MCS51 片选线及 IO 对比

在 ARM 芯片上,都有几根存储器片选线,而我们讲述的 MCS51 都没有片选线。这样在扩展时,我们会优先考虑使用芯片的片选线;只有片选线不够时,再考虑采用地址线进行译码。

ARM 芯片的 I/O 管脚通常都有多种用途或者仅仅用作通用 IO,这需要通过编程来选择是作为其他功能还是作为通用 IO,作为通用 IO,还要选择输入输出方向。我们讲述的 MCS51 单片机,管脚功能是固定的,不需要编程,在需要用作输入时,先输出高电平,以便高低电平能够正确读入。

七、ARM 与 MCS51 定时计数器对比

对于定时计数器,MCS51 单片机可以用于计数内部时钟或者外部脉冲。而 ARM 处理器通常可以产生波形,除了使用 CPU 进行初始化以外,波形的周期性重复是不需要 CPU 的干预的。在 MCS51 单片机内部,波形的产生必须借助 CPU 的干预,使用通用 IO 管脚来输出。

八、ARM 与 MCS51 其他 IO 接口对比

我们讲述的 MCS51 仅仅提供了通用异步串口,而大部分 ARM 芯片都提供了异步串口、同步串口、SPI 接口、I2C 接口、USB 接口。这些接口的应用相当普及,介绍单片机

扩展,就有必要介绍这些接口,但我校的教学大纲目前没有介绍这些接口。目前 ARM 芯片的通用串口通常都支持红外数据通信功能,而红外数据和蓝牙接口是很基本的近距离无线数据通信手段,但我们的单片机原理课程没有提及。

九、单片机其他常用接口

1. CAN 总线。单片机提供 CAN 总线模块,适合工业控制。

2. LCD 控制模块。单片机集成 LCD 模块,为信息显示提供了强大功能。

3. 强电控制模块。有些厂家把弱电和强电控制接口集成到单片机内部,这更加方便用户利用单片机做工业控制。

4. 集成 USB 通信模块。集成 USB 通信模块大大方便了系统和 PC 通信。

十、结论

按照现行的教学大纲,单片机原理主要讲述 MCS51 单片机硬件的结构、汇编指令、IO 等知识,而嵌入式计算机系统主要讲述如何在 ARM 处理器上移植操作系统,需要先讲述 ARM 的结构、汇编语言指令、Flash 存储器等相关知识,然后再讲述操作系统移植的相关知识。嵌入式计算机系统的知识点较多,难度大,几乎包含单片机原理的所有基本概念,只不过是以 ARM 处理器为基础,但课程讲授时间却比单片机原理少。因此如果单片机原理以 ARM 处理器为基础,嵌入式计算机系统直接讲述 Linux 操作系统的移植部分,将会使学生有更多的时间钻研学习 Linux 操作系统的移植和嵌入式图形用户界面的编程。

校内外电视原理教学体系比较研究 *
——中国传媒大学与天津大学电视原理教学体系比较分析

章文辉

（中国传媒大学信息工程学院广播电视工程系）

摘　要　通过对天津大学电子信息工程学院的电视原理教学现状的调研，获取了电视原理教学状况的资料和信息。在此基础上，论文对天津大学和中国传媒大学两校的电视原理课程的设置背景、师资队伍、选课学生、教学内容、教材建设、实验教学内容、实验室建设、实验教材建设以及精品课程建设等方面进行了比较和分析，提出了学校在建设电视原理国家级精品课程过程中课程组应注意的问题和对策。

关键词　电视原理　师资队伍　实验教学　教材建设　精品课程

一、概述

中国传媒大学和天津大学都是国内较早开设电视原理课程的高校，两校的电视原理课程教学在国内都有一定的知名度，并有着各自的优点和专业特色。为了借鉴兄弟院校电视原理教学的先进经验和优势，取长补短，我们对天津大学电子信息工程学院电子信息工程系进行调研和交流，获取了大量第一手的资料和信息，并与我校的电视原理教学情况进行了比较。

二、天津大学电视原理课程教学体系

天津大学是国内较早一批开设电视原理课程的高等学校之一，在电视原理课程教学、教材建设、数字电视机顶盒的研究开发等方面享有较高的知名度，侯正信、俞斯乐等国内知名的电视技术老专家长期在天津大学任教，对电视原理课程教学体系的形成和发展发挥了很大的作用。电视原理的课程教学有着鲜明的天津大学特色，在国内有一定的影响力。

1. 设置电视原理课程的院系情况

天津大学电子信息工程学院下设电子信息工程系、通信工程系、电子科学与技术系、

* 资助项目：中国传媒大学 2008 年教改项目"开放式创新型电视原理实验教学的研究与实践（0826－09）"。

大津市数字信息技术研究中心、电视与图像信息研究所、军用电子材料与元件研究所、天津大学专用集成电路 ASIC 设计中心、天津市集成电路设计技术培训中心以及继续教育中心。学院现有信号与通信工程、电子科学与技术 2 个一级学科博士点和信号与信息处理、微电子学与固体电子学电路与系统、电磁场与微波技术、通信与信息系统 5 个二级学科博士点。学院有 5 个硕士生招生专业：微电子学与固体电子学、电路与系统、电磁场与微波技术、通信与电子系统、信号与信息处理，2 个工程硕士领域：电子与通信工程、集成电路设计，3 个宽口径的本科生专业：电子科学与技术、电子信息工程和通信工程。每年招收各类研究生 200 余名，本科生近 400 名。现有教授 48 人，副教授 58 人，副研究员和高级工程师 13 人，博士生导师 28 名，硕士生导师 80 余名。

电子信息工程系隶属电子信息工程学院，现有信号与通信工程、电子科学技术两个一级学科博士点及博士后流动站，信号与信息处理、电路与系统 2 个二级学科博士点，信号与信息处理、电路与系统 2 个二级学科硕士点，1 个宽口径电子信息工程本科专业，以及与系平行设立的电视与图像信息研究所。其中信号与信息处理二级学科为天津市重点学科。现有教师 28 人，其中教授 15 人、副教授 3 人。[1]

2. 电视原理课程教学体系

（1）师资队伍

天津大学担任电视原理课程教学的教师共有 4 人，其中教授 1 人，副教授 1 人，讲师 2 人；教师队伍中拥有博士学位 1 人，硕士学位 3 人；教师队伍年龄情况是主讲教授接近退休年龄，其余 3 人为 40 岁以下的青年教师。教师队伍正处于新老更替时期。

（2）选课学生

电子信息工程学院有三个宽口径本科专业，每个专业每年招收 4 个班，共 13 个本科班，每个班约 30 多名学生，每届共约 400 名学生。其中，电子信息工程和通信工程两个专业是按大平台统一招生，前两年开设相同的基础课程，第三年再分专业。目前，在第六学期开设电视原理课程，电子信息工程和通信工程两个专业学生必修电视原理课程，因此，每年学习电视原理课程的学生共有 8 个班约 240 多人。学生数量上达到了一定的规模。

（3）教学内容

电视原理课程是天津大学电子信息工程和通信工程两个专业的必修课，课程总学时 44 学时，包括视觉特征与三基色原理、电视传像基本原理、彩色电视制式、数字彩色电视制式、电视信号的形成处理与记录等五章内容，涵盖了从基带视频到调制解调，从模拟电视到电视数字化，从数字视频压缩到数字电视信道编码及数字电视广播制式在内的大量内容。由于 44 课时的制约，任课老师普遍反映无法完成教学大纲中所列的教学内容。[3]

（4）教材建设

由于历史的积淀，一直以来天津大学电视原理课程组在教材建设方面颇有成效，先后 7 次出版了电视原理课程教材。其中，由俞斯乐教授主编、国防工业出版社 2007 年出版的《电视原理》（如图 1 所示）是电子信息类国家"十五"规划教材，使用量较大。该教材以彩色电视为主线，系统地讲述了视觉特性与三基色原理，电视传像基本原理，模拟与数字彩色电视制式，图像信息的获取，模拟与数字电视信号的形成、处理、传输、录放以及接收与显示的原理。同时，该教材根据电视技术向高清晰度、数字化发展的趋势，按照模数并重的原则，对全书内容进行了更新和调整。每章末附有习题和思考题，并列出参考文献。

图1　普通高等教育"十五"国家级规划教材
　　　《电视原理》

图2　普通高等教育"十五"国家级规划教材《电视原理实验》

(5)精品课程建设

目前，天津大学正在组织申报电视原理国家级精品课程的工作，网站的建设工作全部委托公司进行。

3. 电视原理课程实验教学体系

(1)电视原理实验教学

按照天津大学电视原理实验教学大纲的要求，共需要开设 10 个实验：三基色原理，电视传像基本原理，彩条全电视信号波形图的观测，彩色全电视信号的频谱分析实验，PAL 制彩色全电视信号编码器，行、场扫描电路原理，数字处理电视（DPTV）原理，MPEG－2 信源解码原理实验，DVB－C 信道解码原理实验，视频压缩编码（MPEG－2）实验。实验类型分为演示实验、综合性实验和研究型实验。[4]

图3 PAL 制彩色全电视信号编码器实验箱   图4 PAL 制彩色全电视信号编码器实验箱的
                                                        局部电路

限于实验条件,目前天津大学只能开设其中的 4 个实验,共 4 个实验课时(三基色原理、电视传像基本原理、彩条全电视信号波形图和矢量图的观测、PAL 制彩色全电视信号编码器)。与通信实验室共用实验的场地,部分实验箱是自己开发的,图 3 所示为 PAL 制彩色全电视信号编码器实验箱。

目前,天津大学电视原理实验教学没有专门的实验教学队伍,4 个学时的实验教学任务主要由课程的理论教师完成,理论教师要负责指导学生实验,没有研究生助教帮助教师指导实验。同时,实验室建设方面的投入也相对不足。

(2)电视原理实验教材建设

相对于实验建设而言,天津大学在电视原理实验教材建设方面走在了前面。实验教材采用由天津大学电子信息工程学院组织编写的高等教育“十五”国家级规划教材,是与国防工业出版社出版的“十五”国家级规划教材《电视原理》(第六版,2005 年 8 月出版)一书的配套实验指导书(如图 2 所示)。全书包括 10 个实验内容。

三、中国传媒大学电视原理课程教学体系

中国传媒大学的前身北京广播学院于 1958 年开始创办“电视工程专业”,是我国第一个培养电视技术高层次工程技术人才的基地,也是国内最早开设电视原理课程的院校之一。经过三代人近 50 年来的努力,课程内容从黑白到彩色电视、从模拟到数字电视、从标清到高清电视不断更新,已经建立了比较完善和合理的课程体系,在师资队伍建设、实验室建设、课程体系建设、教学改革中取得了丰硕成果。我校的电视原理课程教学处于国内领先水平,在广播电视领域有广泛影响。

1. 设置电视原理课程的院系情况

中国传媒大学信息工程学院设有通信工程系、广播电视工程系、电子信息工程系、自动化系、数字媒体技术系和实验中心 6 个系级机构,负责本科教学的组织实施和部分科

研;设有一个广播电视技术研究中心,该中心下设 9 个专业研究所,负责科学研究和研究生培养的组织实施。学院现有信息与通信工程、电子科学与技术 2 个一级学科,通信与信息系统、电磁场与微波技术 2 个部级重点学科,信息与通信工程 1 个博士后流动站,通信与信息系统、电磁场与微波技术、艺术与科学 3 个博士学位授予点,通信与信息系统、电磁场与微波技术、信号与信息处理、电路与系统、艺术与科学 5 个硕士学位授予点,电子与通信工程、集成电路工程 2 个工程硕士领域,通信工程、电子信息工程、广播电视工程、自动化、数字媒体技术、电子科学与技术 6 个本科专业。每年招收研究生 200 余人、本科生 480 余人,现有教授 24 人、副教授 40 人、副研究员和高级工程师 6 人、博士生导师 23 名、硕士生导师 65 名。

广播电视工程系隶属信息工程学院,现有信息与通信工程 1 个一级学科博士点,信号与信息处理、通信与信息处理、电路与系统 3 个二级学科硕士点,广播电视工程 1 个本科专业,以及与系平行设立的数字电视技术研究所。现有教师 18 人,其中教授 3 人、副教授 6 人。[2]这方面的情况与天津大学电子信息工程学院非常相似。

2. 电视原理课程教学体系

（1）师资队伍

经过多年师资队伍的不断建设,我校现已形成了一支以主讲教授负责的、政治素质高、老中青结合、结构合理、人员稳定、教学水平高、教学效果好的电视原理教学师资队伍。目前,担任我校电视原理课程教学的教师共有 12 人,其中教授 4 人、副教授 3 人、讲师 3 人、高级工程师 1 人、助教 1 人;教师队伍中拥有博士学位 2 人,硕士学位 7 人;教师队伍中年龄大于 45 岁的教师有 3 人,其余是小于 45 岁的中青年骨干教师,已经顺利完成了教师队伍的新老交替。

（2）选课学生

目前,我校在第六学期开设电视原理课程,涉及本校 3 个学院 8 个专业的学生,每学年学习电视原理课程的学生共有 300 多人。学生数量上达到了一定的规模。

（3）教学内容

我校电视原理理论课程总学时 48 学时,内容包括电视原理概论、电视传像原理、电视信号产生、电视信号的传输与接收、电视图像的显示及数字电视信号。与天津大学不同的是,我们的教学内容不包括数字视频压缩和数字电视系统,这两部分主要在后续的数字电视技术课程中介绍。因此,教学学时安排比较合理,不存在无法完成教学大纲内容的情况。此外,还有一系列的视频方面的后续专业课程,教学体系具有很强的系统性和专业性。

（4）教材建设

近年来,我校电视原理课程组狠抓教材建设,教材建设成果丰硕。自 2003 年以来,先后编著出版了《数字电视原理与应用》、《数字电视与高清晰度电视》、《电视原理及接收技术》、《数字电视广播原理与应用》、《现代电视原理》等多部电视原理课程配套教材。其中，2008 年 6 月高等教育出版社出版的《现代电视原理》为国家"十一五"规划教材，2007 年 9 月人民邮电出版社出版的《数字电视广播原理与应用》为北京市精品教材，2003 年 9 月人民邮电出版社出版的《数字电视原理与应用》获国家广电总局优秀教材二等奖，2003 年 4 月中国广播电视出版社出版的《数字电视与高清晰度电视》获国家广电总局优秀教材一等奖。目前我校电视原理课程使用的教材是《现代电视原理》（如图 5 所示）和《数字电视广播原理与应用》（如图 6 所示）。

图 5　普通高等教育"十一五"国家级规划教材
　　　《现代电视原理》

图 6　北京市高等教育精品教材《数字电视广播
　　　原理与应用》

（5）精品课程建设

我校电视原理课程组在课程负责人的带领下，非常重视电视原理精品课程的建设工作。在课题组成员的共同努力下，2005 年电视原理课程被评选为中国传媒大学校级精品课程，2006 年电视原理课程被评选为北京市市级精品课程。目前，正着手准备申报国家级精品课程。

3. 电视原理课程实验教学体系

实验教学是电视原理教学过程中一个十分重要的环节，根据电视原理教学内容和教学大纲要求，同时结合多年来我校积累的丰富的电视原理实验教学经验，我校电视原理课程组对电视原理的实验教学内容、实验设置、实验编排、实验教学方法等方面进行了深入改革，使我校的电视原理实验教学独具特色。

（1）电视原理实验教学

为了提高学生的动手能力和创新能力，2003 年课程组对实验内容进行大幅度改革，开设了 3 个不同类别共 15 个实验。第一类是演示类的实验教学，如彩色分光和三基色混色实验，通过实验演示帮助学生更好地理解抽象难懂的概念和原理；第二类是学生动手实验，如电视传像原理实验，学生通过参与完成这些实验，可以提高和锻炼实验动手能力，培养正确的实验思维方法；第三类是综合性创新性实验，通过开设综合性设计实验，激发学生的学习兴趣和创新意识。

根据我校电视原理的实验室条件，目前可以开设演示性、动手操作性及创新设计性三种类型的实验，实验课时共 12 学时，参加实验的学生达 240 多人，收到了一定的实验成效。

与天津大学主讲教师带实验的教学模式不同，我校电视原理课程组采取各种有效措施积极加强实验教学队伍建设，采用专职实验教师为主、主讲教师为辅的实验教学模式，目前实验队伍有高级工程师 1 名、助教 2 名。同时，还要求主讲教师参与设计实验和亲自带学生做实验。

（2）电视原理实验教材建设

目前，我校还没有配套的电视原理实验教材，主要使用电视原理实验指导手册，电视原理实验教材建设刚列入我校质量工程的三批教材建设规划。

四、结论

天津大学电视原理教学定位在信息产业的电视终端产品系统的开发。天津大学在电视原理的教材和实验配套教材建设方面存在很强的专业优势，在电视原理实验开发和研究上也有其相对较强的优势和实力。但在师资队伍建设、实验室建设和经费投入方面，就目前的情况看来相对滞后。相信随着投入的加大和重视，天津大学一定会迎头赶上。目前，天津大学正在积极组织申报电视原理国家级精品课程建设，或多或少会对我校电视原理国家级精品课程的申报工作产生一定的影响。而我校电视原理无论是在理论和实验教学内容建设、师资队伍建设和实验建设方面还是电视原理课程体系的完整性方面，都有着较强的特色和优势，而在实验教材建设方面相对落后。因此，课程组在保持自身优势和特色的同时，应重点加强实验教材建设。建议学校有关部门和专家领导全力支持我校电视原理课程体系和实验室基础设施建设，共同将电视原理课程打造成一流的国家级精品课程。

参考文献

[1]http://course.cuc.edu.cn/course/tved/

[2]http://ieschool.cuc.edu.cn/news_view.asp? newsid＝13

[3]http://202.113.13.67/colleges/electron/xueyuan.php

[4]中国传媒大学电视原理教学大纲.

[5]中国传媒大学电视原理实验教学大纲.

[6]天津大学电视原理教学大纲.

[7]天津大学电视原理实验教学大纲.

数字电路课程教学改革探讨*

沈萦华　　吕朝辉

（中国传媒大学信息工程学院数字媒体技术系）

摘　要　随着电子科学技术的飞速发展，大规模和超大规模集成电路在电子产品中得到广泛应用，数字电路课程教学的重要性日益增加。本文结合作者的多年教学经验初步探讨了数字电路课程的改革方向，从如何引导学生提高学习兴趣，如何将电子设计自动化技术与数字电路相结合，如何对课程内容进行调整等方面进行了阐述。

关键词　数字电路　学习兴趣　课程融合　课程内容改革

一、引言

数字电路是工科一门重要的基础课程，随着大规模和超大规模集成电路的广泛应用，数字电路课程的学习越显重要。在各种需要硬件知识型人才的单位的初试中，我们都可以看到对数字电路基本知识点的考核。"不积跬步，无以至千里，不积小流，无以成江海。"只有掌握了数字电路基础课程中的电路结构，才能使后续课程的学习更加轻松。所以如何引导学生对这门课产生学习兴趣，如何使学生更好地掌握基本知识、基本电路功能，如何使课程内容体系更合理等问题，成为我们需要探讨的内容。

二、数字电路课程改革初探

如何提高数字电路的教学质量？最重要的是使学生可以主动地学习，让学生从开始学习这门课程时就不是以及格和拿学分为目的，而是本着学习知识和打好基础的态度进行学习。众所周知，学习兴趣就是最好的老师，因此使学生可以主动地学习，是教师努力的目标。数字电路是理论加上实践的课程，如何更好地用实验验证理论的可行性，加深学生的理解，也是需要讨论的问题。只有解决了这两个问题，这样才能使学生更好地掌握所学的知识，并且培养良好的学习习惯。根据电子电路的发展趋势，本文初步探讨了对数字电路课程内容的改革，并将实例与课程内容相结合。以上所做的这些努力，都是为了使学生能够对数字电路这门课产生兴趣。

＊　资助项目：中国传媒大学 2009 年教学改革项目（项目编号：JXGGX0917）。

1. 将学生引入课堂

讲课是一门艺术,老师就像导演,老师只有对所讲内容和相关知识非常熟悉,有一定深度,讲课思路清晰、生动活泼、逻辑严谨,才能驾驭课堂活跃的气氛。如果在课堂上老师把自己变成演员,自己一味地进行讲授,没有与学生的互动,学生没有自己思考的机会,学生学完这门课后,只会死记硬背老师所讲的内容,不会灵活应用所学的知识进行电路的设计,日积月累就会对电路的学习失去兴趣。

为了提高学生对数字电路学习的兴趣,在比较好理解又比较重要的知识点的讲解上,我们采取了让学生走上讲台给大家讲解的方法。学生在走上讲台之前,要在课下对所要讲解的知识进行收集整理,这样就对知识点有一个很好的预习过程。在讲台上给大家讲解的过程,不仅体现了自己对知识的掌握程度,还要有很好的语言的组织和表达能力。台上站的是自己的同学,所有的学生这时都会提起兴趣听他的讲解,当遇到讲解不清的地方,下面的同学不再拘谨,这时会出现台下和台上互相讨论的局面,这样就会提起学生的学习兴趣,使学生的积极主动性更高。当然,在学生讲完之后,老师还要对刚才所讲的重点内容作针对性的总结。这样既给了学生锻炼的机会,又加强了学生对重点内容的理解。

2. 使教学与实践相结合

数字电路是实践性很强的基础课程,加强实践教学环节是提高学生学习效果的一个有力措施。目前在学习数字电路的同时,主要开设硬件电路的实验。但是硬件实验条件有限,需要学生到实验室去调试电路,这样就会造成不能及时对所学的课程进行验证。而电子设计自动化(EDA)课程又是在数字电路之后学习,学生学习完理论知识之后才开始学习如何使用软件仿真,这样的学习效果不理想。

对于数字电路的教学改革,初步设想可以把 EDA 和数字电路两学期的两门课程整合为一门课程,在讲数字电路基础理论的同时可以引入 EDA 的概念。将两门课合并为一门课程不仅可以缩短学时数,更重要的是可以使教学内容衔接得更好,使学生对知识的理解更透彻。目前基础教学和硬件实验某些环节的设置不是很合理,比如在讲到 555 定时器的时候,学生已经做过 555 定时器的实验,但是当具体问到 555 电路的功能时还不是很清楚。这说明学生在做实验的时候,可能没有仔细考虑电路的原理,而是注重电路的连接和最后的实验结果,是为了做实验而做实验。如果将现在 48 学时的数字电路和 32 学时的 EDA 合成一门 48+16 学时的基础理论加软件仿真的电路课程,结合目前电子电路发展的现状,大规模和超大规模的集成电路得到越来越广泛的应用,在讲理论的时候可以适当地侧重于可编程逻辑器件的讲解。但是目前由于数字电路和 EDA 是两门课程,所以在讲数字电路的时候,虽然书中的第八章是可编程逻辑器件,第九章是硬件描述语言的简介,但因为会和后续课程有重复,所以在数字电路中只是简单提到,不能形成一个完整的课程体系。两门课程整合后,在讲组合电路和时序电路两大重要章节的时候,可以使用 EDA 技术通过软件仿真功能对电路的功能进行波形仿真,使学生可以进一步地理解和掌握课堂所讲的基本原理和方法。正如学生所说,每当他们做完实验就会对所讲的内容更加理解,所以在数字电路教学中,实践环节非常重要。

3. 对课程内容进行调整

在目前数字电路的讲授中,对于逻辑函数的化简还要使用较多的课时进行代数化简和卡诺图化简的讲解,目前已经有软件可以很容易地实现逻辑函数的化简,而不用自己一步一步推导。当然函数化简是数字电路的基础内容,是学生需要掌握的基本知识点,因此我们可以减少些课时,让学生在课后自己做练习,把节省的课时放到后面可编程逻辑器件的讲解。目前大规模集成电路主要采用 CMOS 电路进行设计,在讲解这一章的时候可以重点讲解 CMOS 电路,对于 TTL 电路可以只讲其外部特性,这一章的总学时数不变,只做内部调整。在触发器这一章,以前的讲解更注重从内部结构引出外部特性,但在实际的应用中,还是更注重各种触发器不同的逻辑功能,所以讲课重点应该更侧重于触发器的逻辑功能及其描述方法。可以将 EDA 引入数字电路,这样在学习理论知识的过程中穿插着讲解硬件描述语言,也就是说可以将书中的硬件描述语言章节分散到各相关章节讲解,可能效果会更好。以上只是根据实际的需要对课程内容改革的一些简单设想。

4. 将实际应用引入课堂

对数字电路多年的教学,使我们感到,学生在刚开始接触这门课的时候,如果授课教师能够对学生进行很好的引导,以饱满的热情对待学生,并能将所讲的内容与实际相结合,学生通过实际的例子很容易理解老师所讲的内容,他们就会慢慢喜欢上这门课。如果刚开始时,知识点比较难懂,学生不容易学会,那么随着时间的推移,不会的知识越积累越多,他就会对这门课失去兴趣。所以对数字电路课程内容的组织和讲解上,在关键的知识点,尽量找生活中的例子让学生理解。比如在数字电路中重要的知识内容是组合逻辑电路和时序逻辑电路,如果学完这门课连这两个基本概念都不清楚,数字电路就等于没学。所以在讲解的时候,我们会引入自动饮料机的实例,告诉学生对于组合电路,系统是没有记忆的,而对于时序逻辑电路,系统是有记忆的,这样学生的印象就比较深刻。

为了适应数字电子技术迅速发展的需要,在今后的数字电路的教学中,应该给学生提供更多更好地实用新型的知识。大规模、超大规模器件将逐渐取代中小规模器件在电子产品中的应用,而现在我们的教学中,一直以中小规模器件作为主要的讲授内容。我们应该使学生学有所用,讲授的内容要适应时代的变化,使学生能够学到极具发展前途的更先进更新型的技术,在今后的教学中可以更多地讲授大规模、超大规模器件。同时,在学生掌握了一定的理论基础之后,可以在今后开设的小学期课程的学习中,尝试将科研成果与教学实践相结合,设计出一些创新性课题,增强学生的创新意识。

三、结论

随着数字时代和课程教育改革的深入,数字电路的教学工作仍存在大量有待探讨的问题。如何处理课程体系内课程的相互关系,如何细化理论、实验和设计立体化的课程体系是我们需要进一步解决的课题。

参考文献

[1]阎石.数字电子技术基础.高等教育出版社,2006.

[2]薛延侠,刘雁飞.EDA 技术在数字系统中的应用.西安邮电学院学报,2008(1):169-172.

[3]王俊,席兵,刘想德."数字电路与逻辑设计"课程教学改革初探.重庆邮电大学学报,2007(增刊):
173-175.

基于 Proteus 的单片机实践教学研究

石东新　柴剑平　王晖

（中国传媒大学信息工程学院广播电视工程系）

摘　要　Proteus 是一款非常优秀的具有单片机仿真功能的软件，将其引入单片机实践教学，对提升教学效果有很大的帮助。本文结合教学实践，论述了结合 Protues 进行实践教学的方式方法，并总结了经验。

关键词　Proteus　单片机　KeilC　实践　实验　教学

一、引言

单片机原理与应用（以下简称单片机）是一门多基础、多理论、重实践的课程。实践是这门课程的重中之重，而提高学生实践开发能力和学习效果的一个重要环节就是上机实习和训练。无论是学习汇编语言程序设计，还是学习专用控制模块和外设的连接，或者掌握单片机应用系统，不通过勤加动手难以培养学生利用已学知识解决工程实际问题的能力。传统的教学模式多为理论加实践，应该说该模式符合单片机的课程特点。然而在实际操作过程中会遇到许多问题，如实践课时少、实验设备易损及实验场地不足等问题，这些都为实验课程的开设带来了不少困难。

Proteus 软件为单片机课程实践和应用系统的开发，提供了非常好的平台。Proteus 是英国 Labcenter electronics 公司研发的 EDA 工具软件，不仅是模/数字电路的设计仿真平台，更是目前世界上最好的多种型号单片机系统的设计仿真平台。仿真过程中，用鼠标单击开关、键盘、电位计、可调电阻等动态外设模型，使单片机系统根据输入信号做出相应的响应，并将响应处理结果实时地显示在 LED、LCD 等动态显示器件上，实现了实时交互式仿真。整个过程与真实的软件、硬件调试过程非常相似。目前，全世界众多高校和科研机构都在使用 Proteus 进行教学和研究。[1]

二、实验课程安排和设计

1. 程序设计 IDE 的选择

硬件开发平台（单片机硬件仿真器）厂家往往都会提供独立研发的程序设计 IDE（集成开发环境）。如果更换硬件开发平台，则需要重新学习使用新的 IDE 环境，这就给教学的持续性带来了麻烦。所幸的是，Proteus 软件支持 51 系列单片机的 KeilC 集成开发环境。

Keil C51 μVision2 集成开发环境是目前使用最广泛的 51 单片机的 C 语言开发环境，支持软件代码的仿真，很多硬件仿真器也都支持 KeilC 开发环境。其 C 编译工具在产生代码的准确性和效率方面达到了较高的水平，在开发大型项目时非常理想。Keil C51 软件界面友好，易学易用，特点是高效率 C 语言编译和便捷的调试环境，但是 KeilC 对汇编语言也同样支持。用过汇编语言后再使用 C 来开发，更易于上手。因此，单片机的实践课程采用 KeilC 环境是一个非常理想的选择。[2]

2. KeilC 和 Proteus 的配合

KeilC 提供了丰富的调试功能，其调试工具和调试方法与 VisualC++非常类似。我们使用 KeilC 就是要完成程序的编写和调试，如果程序不涉及输入输出操作，即不考虑单片机的外围电路，那么这样的程序完全在 KeilC 中编写调试就可以。单片机课程中"MCS－51单片机指令系统"和"汇编语言设计基础"这两章都涉及 51 汇编语言，重在让学生熟悉指令，培养学生的编程能力。这一部分的全部实践内容都能在 KeilC 下很好地完成。由于是软件开发环境，学生可以在个人电脑上安装，便于自学。

单片机后续的实践内容，涉及内部的硬件功能模块和输入输出，此时就需要使用 Proteus 仿真环境。安装专用的动态链接库，可以将 KeilC 和 Proteus 这两个环境连接起来。Proteus 用于模拟单片机的硬件应用系统，KeilC 用于硬件开发平台。两个环境提供了很好的链接性，如同真实的开发一样，如 LED 的亮灭、数码管的显示和按键的输入等。Proteus 还提供虚拟示波器、逻辑分析仪等用以监测波形。总之，KeilC 和 Proteus 相结合，提供了非常好的单片机模拟实验平台。

3. 软件的学习和使用

KeilC 和 Proteus 这两款软件都非常易学易用。为了节省上课讲解的课时，我们用专门的 Flash 录制软件分别制作了 KeilC 和 Proteus 的安装和使用录像，供学生自学。每一款软件的安装录像都详细记录了软件的完整安装过程和注意事项。KeilC 使用录像则以一个汇编例程，详细讲解了环境设置、工程建立、文件加载、程序调试的每一个过程。Proteus 的使用录像记录了搭建一个单片机应用系统的所有步骤，以及 KeilC 联调的方法和虚拟示波器的使用。

4. 实践课程的安排

为了让实验顺利有序地进行，我们结合 Proteus、KeilC 的特点和单片机教学实践的内容，制作了详细的实验指导书，努力做到学生学习并按照指导手册就能将所有的实验完成。我们按照教学大纲和以前实验教学的经验，设计了将近 20 个软硬件的实验，并结合 KeilC 和 Proteus 的使用，编写了"单片机原理与应用实验指导书"。该指导书分为五部分:第一部分是"基于 KeilC 的单片机编程实验",介绍了 KeilC 开发环境并结合例程对 KeilC 的使用做了详细介绍,这 部分包括 8 个软件实验;第二部分是"单片机系统的 Proteus 设计与仿真",介绍了 Proteus 的开发环境和详细的使用方法,包括 10 个硬件仿真实验和 1 个综合实验;第三部分是"Roteus 绘制 PCB 图",这一部分结合第二部分的综合实验内容,给出了实现 Proteus 绘制 PCB 的全部流程,便于学生自学制作电路板;第四部分则是"51 单片机的 C 语言编程",给出了学习使用 C 语言编写 51 单片机程序的浅显易懂的入门介绍;最后一部分是"51 系列单片机指令系统",我们根据多年的讲义整理出 51 系列单片机指令系统的详细介绍,作为附录,提供给学生作参考使用。

值得一提的是,第二部分和第三部分分别有 8 个软件实验和 10 个硬件实验,都是比较基础的实验,但是需要熟练掌握。考虑到每个实验 2 个学时的要求,个别实验主题性比较强但又比较简单的,可以和其他实验一起做,但基本都可在 2 个小时内完成。同时,还需要教师布置学生做好课前充分的预习工作。为了让学生进一步掌握单片机应用系统的实际开发,提高难度,我们专门设计了一个电子时钟温度计的综合实验。通过这个实验,可以让学生设计搭建一个较为复杂实用的系统,基本可以涵盖单片机所学的全部知识。

实验指导书中的每一个软件实验都包括了背景知识、实验内容、实验目的、实验要求、源程序设计和实验结果这几项。除此以外,硬件实验还包括 Protues 电路设计和 Protues 仿真。其中背景知识提供了本次实验所用到的所有知识,不用借助课本,学生就能全面掌握。

三、基于 Proteus 的单片机实践教学优势

单片机实践教学引入 Proteus,为教学带来了很多的便利。

1. 解决实践不足

目前学生拥有个人电脑的情况非常普遍,Proteus 软件可以方便地安装在 PC 和便携式电脑上。学生可以进行充分的课前准备以及课下实验。以前难以开展的个性化系统设计实验也很容易实现,实验学时不足将不再是问题。

2. 解决实验设备

由于资金有限,实验室设备更新往往滞后,而且配套设备难以满足一人一套的需求,降低了学生实验的兴趣和积极性。Proteus 软件最大优势就是一台 PC 机就可以解决问题。Proteus 的软件库能够提供很多新的芯片器件,能够设计和仿真非常复杂的系统,并且一直在更新。

3. 解决场地

硬件实验需要的实验设备较多,设备体积较大,相应的每个人占用的实验场地较大。

一般院校适合硬件实验的机房不多。单片机作为工科专业必修的专业基础课,实验环节所占课时较多。并且像示波器等设备,需要较大场地,难以放置,严重影响了实验效果,不利于学生实践能力的真正提高。Proteus 软件的仿真教学仅需要一般的计算机机房就行,这在目前的高校里,没有任何困难,很容易推广。

4. 降低损耗

硬件设备需要更新,随着设备使用时间的增加,设备的老化和故障难以避免。学生对设备使用不规范,更是加速了设备的损耗和老化。引入 Proteus 后,除了使用计算机,不会带来任何附加的硬件损耗问题。

5. 解决远程教学

单片机原理课程在远程授课时,开展实验非常困难,硬件部分的实验基本无法实现。对这门实践性很强的课程来说,这是个极大的缺陷。但只要教会学生安装、使用 Proteus 软件,学生就可以按照教师的要求完成实验,通过网络检查实验结果,使学生得到良好的实践训练。

在引入 Proteus 的实际教学过程中,学生编写程序的兴趣提高了,对课程的理解也加深了。有的同学甚至参照实验指导书自学后面的实验,远远超过了教学进度。课程结束时,我们询问过不少学生,普遍认为实验效果很好。

四、存在的问题

虽然 Proteus 提供了很好的单片机仿真开发环境,但毕竟不能替代真实的开发过程,仿真程度距离真实情况还存在差距。如高速运行状态下存在信号干扰,个别单片机指令无法模拟真实的时序,仿真环境下单片机无须外部振荡电路和复位电路就可正常运行等。另外,Proteus 元件库不支持的元件也无法使用。这些原因都促使我们必须用实际硬件开发系统让学生做实验。最好的方式是,制作同仿真实验系统一致的硬件实验系统,这样,学生在仿真系统中完成的程序,就可以直接在实际硬件系统中加以验证。这种情况下硬件实验系统并不需要人手一套,这样既解决了硬件设备不足、易损的问题,又达到了学习体验实际开发的效果。

五、结论

将 Proteus 仿真环境引入单片机实践教学是件一举多得的好事,Proteus 配合 KeilC 集成开发环境,对单片机实践教学效果有了很大的提升。另外,Proteus 对数字电路课程的实践环节也有很好的效果,可以大力推广使用。

参考文献

[1]张靖武,周灵彬.单片机系统的 PROTEUS 设计与仿真.电子工业出版社,2007.

[2]李刚,李斌勤.利用 PROTEUS VSM 建立单片机虚拟实验室.重庆电力高等专科学校学报,2005
  (3):22—26.

数字视频制播技术实践教学探索 *

杨宇　杨盈昀　王世平

（中国传媒大学信息工程学院广播电视工程系）

摘　要　实践教学是当前高等学校教学改革的重要课题,本文主要分析了数字视频制播技术课程的特点和相应实践教学的必要性,介绍了该课程实践教学的现行安排,阐述了为保证实验进行而提供的资源基础,并对该课程实践教学体系改革进行了展望。

关键词　实践教学　数字视频　广播电视　教学改革

当前,广播电视技术发展迅速,广播电视领域需要大量的专业技术人才。在各大电视台,数字电视节目的制作与播出都是其核心工作内容,因此数字电视制播技术的相关知识是广播电视工程技术人才必须掌握的。而数字视频制播技术课程正是从事广播电视工程技术、多媒体技术与电视节目制作技术等相关工作的必备课程,是中国传媒大学信息工程学院广播电视工程专业的专业核心课。

由于广播电视领域对工作人员的实际操作能力要求非常高,因此在教学活动中,对学生理论结合实际的能力以及实践操作能力的培养是该门课程实践教学改革的重点。

一、实践教学的必要性

1. 课程的教学目的

数字视频制播技术课程是面向广播电视领域,培养专业技术人才的课程,其教学目的是:使学生全面而深刻地了解电视台所有的技术系统,并掌握其中的关键技术;使学生对将来电视节目制作与播出系统的发展有一定的认识;培养学生分析与设计电视节目制作与播出系统的能力以及解决实际问题的能力,为学生尽快适应将来的工作打下坚实基础;培养具有较强实践能力和创新意识的高素质工程技术人才。可见,教学目的决定了该课程的实践教学部分是课程的重要组成部分。

2. 课程涉及知识面广,难度大

数字视频制播技术课程涉及的知识内容非常广泛,包括数字视频制作与播出的各种

* 资助项目:中国传媒大学 2009 年校级质量工程项目(YZSF2009-37)。

接口技术、电视节目制作与播出系统中主要设备的工作原理(视频切换台、数字视频特技机、矩阵切换器、视频服务器的工作原理)、各种节目制作系统(一对一系统、二对一系统、演播室系统、转播车系统、数字电视网络制播系统等)、各种电视节目播出系统(传统播出系统、硬盘播出系统等)、媒体资产管理系统。另外,该课程还会用到学生以前学过的大部分基础课和专业基础课知识。虽然课程内容看起来更贴合实际应用,但实际上,每一项操作、每一个技术参数背后都有大量的理论知识。

学生先前学习基础课和专业基础课时,虽然老师在课上会重点强调基础课和专业基础课的重要性,但由于学生不能深刻理解专业知识,又没有实践经验,因此学生学习基础课和专业基础课时,感觉既枯燥又难以理解。等到本课程需要使用基础课内容时,学生又记不起来以前的知识了。

因此,学好该课程的难度非常大,学生要克服很多的知识障碍。为了提高学生的学习热情,本课程必须让学生们通过实践了解自己理论知识的欠缺,学生们只有自己亲自动手操作,独立完成课程实验,才能发现隐藏在数字电视制播工作中的各种问题,才能真正理解理论知识的重要性,这样学生才知道为什么学习,才有学习动力。

3. 相关行业需要实践性人才

广播电视行业的本科毕业生就业方向非常广泛,但总体来说,还是以应用型工作为主,例如播出控制、后期制作等。有的学生就业后的工作为系统设计、软件开发等,但他们的工作对象主要是广电行业中常用的软件或硬件设备,归根结底这类工作还是要求工作人员会应用。因此,在招聘的面试、笔试中,在相关行业挑选人才时,主考官经常考查应聘人员某台设备如何使用、某种系统如何搭建这种实践性很强的问题。如果没有良好的实践教学,学生毕业时只会书本知识,不知道常用的广播电视设备的接口,更不知道设备型号和设备的基本使用方法,这样的学生根本不能达到用人单位的要求。

因此,我们在教学过程中,必须创造实验环境,让学生熟悉各种相关系统的组成与设计方法、熟练掌握主要的广播电视设备的使用方法。

二、课程现行的实践教学安排

数字视频制播技术课程在本科第三年级第二学期开设,总学时为 48 学时,其中理论教学 32 学时、实验教学 16 学时。

我们在课堂理论教学的同时,按照课程内容、顺序安排实验课程,让学生一边学习理论课,一边动手实践,体会理论与实际的联系。实践教学主要由以下几部分组成:

1. 视音频信号接口和数字特技制作系统示教

视音频信号接口示教实验是学生学习完数字演播室信号标准和接口标准知识后进行的。学生能够通过实验熟悉数字电视节目后期制作系统的组成、各种接口的构造及性能,了解 SDI 信号的结构组成。

实验教师在对各种数字电视视频设备的功能进行介绍后,详细介绍和展示各种设备的常用系统接口,比如 BNC 接口和 XLR 接口等,并展示系统连接操作。实验教师还通过示波器进行信号的展示,分析图像信号数据中的亮度、色差、填充数据、定时基准信号、音频信号和错误检测处理数据等。然后实验教师介绍整个数字特技制作系统的构成,演示编辑机、视频切换台与数字特技机的各种功能,让学生对视频系统工作流程有所了解。这些内容都是学生通过作业温习过的,所以学生会有比较深的印象,实验环节将这些重要的理论知识实际化,学生学习起来也会很有兴趣。

2. 构建二对一电视节目编辑制作系统实验

二对一编辑系统是节目后期制作和演播室节目制作中最常见的系统,因此该系统的结构组成和搭建操作是教学当中的重点。

我们通过此项实验为学生提供搭建环境和专业指导。学生们首先接受系统构成的示教,接着就自己动手连接编辑放像机、编辑录像机、图像监视器、特技切换台、调音台、字幕机、波形监视器和监听设备等。连接过程中总会有问题出现,这时,实验教师就会给予及时指导。系统连接完毕后,实验教师引导学生对系统进行测试,查看连接问题,寻找问题根源,一边解决问题,一边回顾问题涉及的理论知识。

系统搭建时出现的问题,在电视台演播室的搭建中也可能会出现,二对一编辑系统实际上是大型节目制作系统的一个缩影。学生只有在实验中掌握了系统搭建的方法和系统检测的手段以及问题处理的思路,学生才能在真正的工作环境中快速、正确地处理实际问题。

3. 数字特技节目制作实验

电视台视频系统中的各种设备操作起来都不简单,设备按钮多、功能多,菜单复杂。尤其是特技节目制作,操作相当繁琐,学生没有经过实际操作,根本不可能掌握设备的使用。此项实验专门为学生提供了数字电视节目后期制作系统的使用环境。学生在实验中,通过操作编辑录像机、切换台、特技机、编辑控制器、字幕机、音频转换器和调音台这几种制作系统核心设备,在规定时间内完成特效制作作业。

这部分工作需要多名学生共同完成,需要学生之间有很好的合作。因此,本实验在培养学生动手能力的同时,还培养了学生的团队精神。

4. 演播室系统和播出系统示教

前几个实验都是针对数字视频系统的某个局部进行的,演播室和播出系统的实验示教则为学生提供了解电视台大型演播系统的实验环境。

在本实验中,学生们将进入真正的电视台演播室和播出中心,亲身了解广播电视第一线的工作环境,重点学习大型演播系统的结构、设备功能和工作流程。学生在实验中,也能够有机会亲自使用电视台设备,感受实际工作的责任重大与艰辛。

5. 视频制作网络系统的认识和使用

本实验是为了适应电视台节目制作网络化的趋势,为学生提供双网结构的非线性编辑制作网。通过实验,使学生深入理解视频制作网络的结构、工作流程,初步体会电视台媒体资产管理方式,并帮助学生掌握利用视频制作网络来制作包装电视节目的技术。

三、实践教学的资源保证

1. 物质资源

数字视频制播技术实验内容多,涉及的实验室也比较多。实验用到的设备属于广播级设备,价格非常昂贵,因此设备资源是非常有限的。我们在利用好现有实验室资源的情况下,结合学校资源,进行跨平台合作。目前实验课使用到的实验室包括:SONY 实验室、中科大洋实验室和视听中心。其中最后一个实验室就属于学校电视台所有,学校电视台拥有数字标清演播室和高清演播室以及播出中心系统,内置设备非常先进,完全满足实验的需要。不过,由于该部分实验的课内授课教师、实验指导教师和实验室隶属于学校的不同部门,所以我们在教学时需要与电视台、教学实验中心进行合作。

由于学生数量多,资源有限,我们还采用了多种方法提高设备的使用效率。比如,在示教课上,示波器显示面板比较小,不适合多人教学使用,我们又不可能为每位同学提供一台示波器。我们就使用标清数字摄像机拍摄示波器的显示面板,同时将拍摄的画面进行实时投影,这样学生们就可以清楚地看到示波器的显示了。又比如,在搭建二对一编辑系统实验时,可供拆装的设备只有一套,我们就合理安排实验时间,分批实验。虽然教师们辛苦一些,付出了很多的私人时间,但是保证了每位同学都能得到实践的机会。

2. 实验教师队伍

数字视频制播技术课程实验教师有强烈的责任感和团队协作精神,实验课程组都是由与数字视频制播技术课程相关的教师组成。在组建教学队伍的同时,我们还积极开展教学科研活动,推动教学改革,积极发表高质量的教改、教研论文,努力打造一支结构合理、人员稳定、知识动态更新、教学水平高、教学效果好的教师梯队。随着学院教学科研环境的改善,近几年,越来越多的青年教师加入到实践教学岗位工作中来。

除此之外,实践环节中,课程对应的主讲教师一直密切跟踪实验,负责制订实验教学大纲和实验指导书,参与实验准备。而且在实验课进行当中,授课教师也会参与进来,与实验指导教师一起管理学生实验,避免实验与课程脱节,保证了实践教学的质量。

3. 教材与实验指导

数字视频制播技术课程属于我校特色课,本课程的教材一直采用自编教材。我们重视教材建设,不断跟踪国内外数字电视新技术的发展动态,及时对教材进行更新,近5年,先后出版了数字电视技术系列相关教材4部。其中有2部教材获广电总局高校优秀教材奖,在广播电视领域有较大影响。目前此课程使用教材为获广电总局高校优秀教材奖一等奖的教材《数字电视制播技术》。

数字视频制播技术课程实验紧跟广电技术发展,我们根据当前的技术特点制作有针对性的实验指导书,并定期更新,以确保实验内容不与行业需求脱节。

四、进一步深化实验教学改革

根据数字视频制播技术课程实用性和专业性较强的特点,以及广播电视技术正处于向数字化、网络化飞速发展的现状,本课程实验教学内容的改革必不可少。

面对电视台网络改造的升温,各相关单位急需掌握此类技术的人员。我们在课程建设中,将进一步增加实践教学的环节,同时逐步加强综合性、设计性和创新性实验,创造条件多让学生参与科研活动,以培养学生的综合素质和创新精神,成为适合新世纪发展要求的高素质创新人才。

另外,我们还将配合教学内容的改革,做好新教材编著出版工作,并进一步完善实验指导书。在利用好现有实验室资源的情况下,争取多方资金支持改善数字视频制播技术实验室。

我们将大力改革数字视频制播技术实验教学的形式和内容,因地制宜,设计出综合性、设计性实验,以培养和提高学生的创新能力,探索建立多层次、开放性、创新型的数字视频制播技术实验教学体系。

大学生电子设计竞赛与教学改革

杨刚① 杨霏① 卢启斌② 杜伟韬②

①（中国传媒大学信息工程学院） ②（中国传媒大学数字化工程中心）

摘 要 全国大学生电子设计竞赛是电子信息类专业的大型学科竞赛之一，是对大学生理论知识、实践能力、创新能力的综合考查。本文作者结合自己多年辅导大学生电子设计竞赛的经历，探讨了竞赛和教学改革之间的相互关系，着重论述了电子设计竞赛对于提高学生的自主创新能力、教师的教学水平和教学课程体系改革的促进作用。

关键词 电子设计竞赛 教学改革

一、引言

温家宝总理指出，"教育是一个国家发展的基石，教育改革和发展是关系国家和民族未来的大事。"高等教育是社会的热点问题，最近 10 年我国高等教育的数量有了大幅度的提升，但教育质量仍受到质疑。结合实际，我们认为在高等教育的教学中主要存在以下两个不足：

各学科在教学时各自独立，没有能够使学生融会贯通。在教学中，大多数课程从知识点的讲述出发，但在解决实际问题时，需要学生综合各学科所学知识。各门课程缺少必要的联系，使大学生不能很好地运用所学知识处理实际问题。

人们常说，"兴趣是最好的老师。"目前，高校中很多学生对所学专业不感兴趣。大部分学校为学生提供了转专业的机会，但这个问题并不能仅仅依靠转专业解决。学校应该通过教学改革提高教学质量和教学过程的吸引力，加强专业兴趣教育和引导，培养学生的学习兴趣。

全国大学生电子设计竞赛是教育部高等教育司和信息产业部人事司共同举办，并与教学改革实践紧密结合的大型学科竞赛之一，自 1994 年举办至今，已成为电子信息类专业内影响力最大、参与人数最多的竞赛。电子设计竞赛对推动全国普通高校电子信息类专业的课程体系与教学内容的改革起到了巨大的促进作用，为培养学生的创新设计能力与优秀人才的脱颖而出创造了条件。竞赛以组为单位报名参加，每组 3 名同学。竞赛一般在 9 月份举行，赛期 4 天。在 4 天竞赛期内，参赛队员在备选题目中自行选择题目，并完成方案设计与论证、硬件设计、软件设计、系统调试、指标测试、论文撰写等一系列工作。竞赛涉及大量所学课程知识，主要有 C 语言、Matlab 语言、电路分析基础、信号与系统、模拟电子线路、数字电子线路、数字信号处理、单片机原理、可编程逻辑设计、电子测量等。电子设计竞赛是对大学生理论知识、实践能力、创新能力的综合考查。

笔者在学生时代是大学生电子设计竞赛的参赛者，在高校工作后一直作为辅导教师指导学生参加比赛，从这两种角色都深深感受到竞赛对于日常教学改革起到的促进作用。

二、竞赛对于教学改革的促进作用

全国大学生电子设计竞赛是对大学生理论知识、实践能力、创新能力的综合考查，通过竞赛可以培养学生的专业兴趣。竞赛对于高校的教学改革起到了巨大的促进作用；教学改革提高了学生的专业水平，为学生在竞赛中取得优异的成绩打下了稳固的基础。竞赛与教学改革的良性互动，促进了高校整体教育质量的提高。

1. 竞赛促进了实验课程改革

电子技术发展日新月异，中国传媒大学与时俱进地进行了实验课程改革，增加了新的课程和实验内容。中国传媒大学是高校中最早开设可编程逻辑器件设计课程的高校之一，并建立了电子设计自动化实验室。

在实验教学中，实验分为基础实验、综合设计实验和创新研究实验。基础实验是对课程知识的验证，目的是让学生熟悉电子元器件、仪器与设备，培养学生最基本的实验能力，加深学生对基本理论的理解，提高学生的学习兴趣。综合设计实验包括电子设备组装调试、软件综合设计和软硬件综合设计，目的是提高学生综合运用各学科知识解决具体问题的能力，培养学生的综合设计能力。创新研究实验是开放性实验，不限定具体题目，学生可以根据兴趣自行拟定题目，一般一个题目由 2—3 名同学自愿组合完成。通过创新研究实验，可以培养学生对于电子信息技术的兴趣，增强学生对于本领域最新技术的了解，培养学生的创新设计能力、科学研究能力，把被动接受知识变为主动学习探索知识。同时，培养学生的相互协作能力和团队精神，为今后的工作打下基础。

2. 竞赛培养了学生的创新能力

在对学校课程进行改革的基础上，中国传媒大学还设立了"电子设计兴趣小组"，在场地和经费方面给予了大力的支持。兴趣小组可以看做是创新研究实验的一种拓展，是对学生因材施教的一种培养。兴趣小组并不纳入学校的课程体系，主要面向那些对于电子技术有浓厚兴趣并有一定基础的同学。辅导老师根据技术发展和自身科研项目为学生选定大致的研究方向，学生自主完成设计、调试等工作。兴趣小组起到了培养优秀创新学生和项目孵化器的作用。学生可以积累一些在课程中没有涉及的知识，并与课程知识相互印证、相互促进。兴趣小组完成的创新作品可以参加学校的创新大赛，其中的优秀作品还可以申报"国家级大学生创新性实验计划"。

中国传媒大学实验教学、电子设计兴趣小组、创新大赛等一系列的教学活动,形成了一整套培养体系,提高了学生的实验和创新能力,为学生参加各种层次的学科竞赛(包括大学生电子设计竞赛)奠定了坚实的基础。

3. 竞赛提高了教师的教学和业务水平

在传统的教学模式中,理论课程和实验课程分别由不同的老师负责讲授。这种模式的优点是能够使教师对于所授课程内容十分熟悉,但长时间如此容易造成理论课与实验课脱节,并且不利于教师提高业务水平,最终会影响到学生的培养质量。在实验教学改革中,中国传媒大学鼓励实验课教师承担一部分理论课讲授工作,同时理论课教师承担一定的实验教学工作,并鼓励教师参与创新研究实验、"电子设计兴趣小组"和大学生电子设计竞赛的辅导工作。这些做法不但能够提高教师自身的业务水平,而且教师会在今后的教学中更注重培养学生综合思考问题的能力,更好地把课程与实践相结合。

综上所述,包括大学生电子设计竞赛在内的各种竞赛对推动中国传媒大学的教学改革起到了积极的促进作用。通过电子设计竞赛,有一批批优秀的学生脱颖而出,很多人因竞赛而对电子信息产生了深厚的兴趣,并为今后的工作打下了良好的基础。当然,获奖不是最终目的,深入持久地进行教学改革,培养学生的实践与创新能力,培养创造性的人才,全方位调动学生学习的积极性,这才是我们参加全国电子设计竞赛、进行教学改革的最终目的。

关于 EDA 课程建设与创新能力培养的思考

何晶

（中国传媒大学信息工程学院电子信息工程系）

摘　要　EDA 技术对电子系统设计产生了革命性影响，对于电子信息类专业，EDA 课程是培养学生电子系统设计能力和创新能力的核心课程。本文就 EDA 课程的建设和如何在 EDA 课程教学中培养学生的创新能力进行了探讨。

关键词　EDA　课程建设　创新能力

一、EDA 教学在电子信息类专业教学中的地位

EDA（Electronic Design Automation）技术是以计算机为工作平台，以硬件描述语言为系统逻辑描述的主要表达方式，以 EDA 工具软件为开发环境，以可编程逻辑器件为设计载体，以专用集成电路 ASIC 和片上系统芯片为目标器件，以电子系统设计为应用方向的电子自动化设计过程。随着半导体和计算机技术的不断发展，目前 EDA 技术广泛应用于电子设计的各项工作中，极大地提高了电子设计的效率，使电子系统的设计观念、设计方法发生了革命性的变化。传统的设计方法正逐步退出历史舞台，而基于 EDA 技术的芯片设计正在成为电子系统设计的主流。电子系统设计方法的这一转变也引发了高等教育教学思想的转变，对电子信息类专业的教学产生了深刻的影响。因此自 20 世纪 90 年代中期开始，EDA 教学受到了空前重视，很多学校开设了 EDA 课程，建立了 EDA 实验室。[1]现在电子设计自动化 EDA 已经成为电子信息类专业本科生一门重要的专业基础课程，是把电子信息专业理论知识和实践能力联系起来的核心课程，既培养了学生电子系统的设计能力，又强化了理论知识的应用，同时在一定程度上提高了学生的创新能力。

二、EDA 课程建设的主要内容

EDA 课程的建设主要包括以下几个方面：教学内容的建设、教材的建设和教学环境的建设。

1. 教学内容的建设

教学内容的建设是课程建设的核心，课程的内容应该具有科学性和先进性，应该反

映领域最新的科技成果。EDA 技术是一门迅速发展的新技术,涉及面广、内容丰富,且理解各异。目前,对于狭义的 EDA 概念的理解相对统一:EDA 技术就是以大规模可编程逻辑器件为设计载体,以硬件描述语言为系统逻辑描述的主要表达方式,以计算机、大规模可编程逻辑器件的开发软件及实验开发系统为设计工具,通过有关的开发软件,自动完成用软件方式设计的电子系统到硬件系统的逻辑编译、逻辑化简、逻辑分割、逻辑综合及优化、逻辑布局布线、逻辑仿真,直至对于特定芯片的适配编译、逻辑映射、编程下载等工作,最终形成集成电子系统或专用集成芯片的一门新技术。

鉴于 EDA 技术的含义,我们在教学实践中逐步确定了 EDA 课程的主要内容,包括四个部分:可编程逻辑器件、硬件描述语言、常见的 EDA 开发工具和实验开发系统。理论教学重点放在实用性上,因此对于由软件工具自动完成的逻辑编译、逻辑化简、逻辑分割、逻辑综合及优化等仅做概念性的介绍,而精选了以上四个部分作为主要的授课内容。应该说到目前为止,这种精心提炼的教学内容体系对于培养学生的实际能力还是很有效的。

由于 EDA 技术发展非常迅速,同时电子系统越来越复杂,系统级设计变得越来越重要,在课程教学中,应该更加强调培养学生抽象的描述设计能力,使学生了解当今电子系统发展的趋势、设计思想、设计方法和工具,培养学生系统级的设计能力。

2. 教材的建设

教材建设是 EDA 课程建设的重要组成部分,在教学过程中我们的教材也在不断融入新的技术内容,但目前一个重要的问题就是教材的出版周期过长,尤其对 EDA 这种发展极为迅速的技术,教材出版就可能面临落后于现实的情况。因此目前很多学校都倡议建设动态教材和电子教材,并列入教学计划。对于 EDA 课程,应该在课程教学计划中加入 2-3 次前沿技术讲座,建设相关内容的动态电子教材并在课程网站上发布,作为我们印刷教材的补充,这样在保证学生掌握基础内容的同时,可以使学生了解最新的技术发展。

3. 教学环境的建设

教学环境决定了课程教学的效果,教学环境包括课件、教学方法、课堂组织形式、实践设备和场所等。目前多媒体的教学方法和手段已经被广泛接受和应用,但最常见的方式还是利用先进的多媒体技术进行传统的以老师为中心的集中授课模式,学生始终处于被灌输的地位。

在 EDA 课程讲授中,我们逐步形成了自己的教学特点,如采用思路式、小结式和项目式教学方法,同时在讲授的过程中结合 EDA 软件,使学生对理论知识有感性认识。但在整个教学过程中,在保证基础理论内容的基础上,还需要进一步向电路结构的构思方法和系统结构化设计方面转变。

4. 教师队伍的建设

电子设计自动化课程教师队伍整体素质较高,都是活跃在科研工作一线的中青年教师,教学水平较高。EDA 技术发展非常迅速,课程的内容体系也应该随之不断丰富和发展。更重要的是,教师队伍要能够认同课程的内容体系,不同教学风格的教师都来不断丰富和发展我们的课程体系内容,课程才能够成为高质量、有特色的课程。

三、关于 EDA 课程建设和学生创新能力培养的思考

EDA 教学主要包括理论课教学和实践课教学两个部分,如何在教学中培养学生的创新能力是一个很重要的问题。结合我们的教学实践,我们认为在 EDA 教学中培养创新能力应该在以下几个方面改进和加强。

1. 转变教学理念

教学理念是教学改革的依据,教学方式的改革体现教学理念。教学理念应该由以传授知识为主要特征的教学型教学转向以培养认知能力为主要特征的研究型教学。研究型教学所涉及的问题包括以下两个方面:(1)教学内容,课程应该有一个相对稳定的基础内容,基础内容应该能够保证学生在课程所涉及的领域可以不断继续学习,在此基础上,应该有适用于研究型教学的内容;(2)教学方式,包括授课方式、实践训练的方式和考核的方式等,在教学的过程中,应使学生受到一定的实践和研究的训练,引导学生自主探索。[2]

2. 强化课内的创新教育

理论课要有经过精选提炼的基础内容,但不应只满足于传授基本知识,应该把最新的技术、方法教给学生,要强调知识的发现过程,使学生不拘泥于现有的结果,培养学生创造性地解决问题的能力。

前面的基础课程往往强调基础理论的掌握,较少有设计方面的训练,学生往往对设计缺乏概念,即使能够提出设计方案,也缺少对不同方案的论证比较。现代电子设计的概念应该是需求分析,根据需求和条件权衡不同的设计方案,最终实现一个系统。[3]整个设计过程包括系统级设计、功能级设计、电路级设计等。如果电子信息类专业学生缺乏这样的设计知识和训练,创新也无从谈起。

20 世纪 90 年代以来,随着产品复杂度不断提高,设计的抽象层次也不断提高,形成了系统级设计方法。[4]系统级设计方法是一种"概念式驱动"的设计方法,设计不是从底层的电路开始,而是从设计的目标和需求开始。相比电路级设计,系统级设计速度快很多,设计人员可以快速获得系统架构的性能,并进行改进。目前在基于可编程逻辑器件的设计中,在一定程度上,系统级的设计已经可以综合到电路级,这样,设计人员可以把

精力集中在创新性的架构方案上。因此在授课过程中,应该加入系统级设计方法的介绍,在此基础上,介绍不同设计层次性能分析的方法,以使学生对电子系统的设计理论、方法和工具有充分的认识。

3. 改进实践内容

EDA 课程是一门实践性很强的课程,实践课程在其中占的比重往往很大,也被认为是培养创新能力的最主要的手段。现在谈到培养创新能力时,都是要求学生进行综合性的课程设计,要求题目综合性强、有一定难度、有一定的实用性。但任何创新都是在牢固掌握基本知识的基础上的创新,创新离不开基础知识。

目前很多实验都是单个模块的设计,尤其是在软件仿真实验阶段,虽然这样可以使学生掌握基本的设计方法和 EDA 工具的使用,但我们在教学实践中发现,在完成基本模块的设计训练后,学生在进行综合性的设计时仍然感觉无从下手。也许,设计训练和创新性培养并不是从很大、较难的综合性设计开始的,而应该从基本模块的设计训练就开始。基本模块的设计不应该只是一些孤立的模块,而是有一个渐进的过程。单个的模块可以逐步整合为一个相对复杂的模块,从单个模块的设计开始,逐步提出设计要求,最终完成一个相对复杂的设计。

4. 整合课程,应用 EDA 工具

EDA 技术已经成为电子系统设计的主流方法,利用 EDA 工具,设计人员可以从概念、算法开始直到实现系统芯片。目前电子设计自动化课程之后,除了部分学生的 FP-GA 课程设计以外,我们几乎不再使用 EDA 工具,而后续的专业课程往往都相对注重理论的掌握,而对系统的设计涉及较少。

为了提高学生的设计创新能力,应该有 EDA 设计的后续课程,这种课程可以渗透进其他相关课程,也可以作为专门的课程。现在已经有一些学校对课程体系进行了优化,开设了数字系统设计课程,进行设计方法的训练,使学生掌握电子系统设计的方法和工具,提升学生的设计能力。[5]

SOPC 是今后 EDA 技术发展的一个主要方向,在 SOPC 系统的设计中,涉及数字电路、计算机组成原理、计算机体系结构、C 语言编程、硬件描述语言等,可以说,SOPC 的设计体现了现代电子系统的设计方法。开设 SOPC 相关的后续课程,可以整合整个知识体系,同时也使学生掌握现代电子系统的设计方法,有利于学生设计能力和创新能力的培养。

四、结束语

EDA 课程是电子信息类专业培养学生电子系统设计能力和创新能力的核心课程。EDA 技术不断发展,EDA 课程教学也应该跟上技术的发展,要不断把最新的技术和设计

理论、方法介绍给学生,不断改进教学方法,改进课程体系,这样才能不断提高我们的教学质量。

参考文献

[1]王章豹,石芳娟.大学生创新能力培养:问题、意义与原则.合肥工业大学学报,2007(6).

[2]姜芳,刘铁锋.主动实践,培养大学生科技创新能力.高等工程教育研究,2007(6).

[3]郑步生,蒋璇.EDA 技术的发展对电类专业教学的影响及应对策略.南京航空航天大学学报,2000(3).

[4]姜绍华,王晓蔚.电子类专业教学中应重视和加强设计教育——由电子设计竞赛引出的思考.电器电子教学学报,1999(4).

[5]李东生,尹学忠.改革传统课程教学 强化 EDA 和集成电路设计.实验技术与管理,2005(4).

基于教学实践的电气信息类本科双语教学模式探索与研究

曹三省 迟绍翠 蒋青苗 史萍

（中国传媒大学信息工程学院电子信息工程系）

摘 要 本文论述了在信息科学与技术学科专业课程中开展双语教学的意义与作用，探讨了信息科学与技术特定专业课程开展双语教学的实践模式，重点讨论了课堂的教学组织以及准备工作、教学语言规划与使用策略，并对实施双语教学的实践特性进行了分析。

关键词 双语教学 国际协同创新 信息学科 教学改革

一、双语教学的概念和理论基础

所谓双语教学，是指非英语语言课程利用英语讲授的一种教学方法，主要以采用英语讲授、英语板书、用英语布置作业、英语命题考试、使用英语教材和英语口授等形式来实现。[1]从一个学校的角度看，可以理解为学校同时向学生包括中国学生和外国学生提供用汉语和外语两种语言授课的课程；从课程分类来看，双语教学可分为公共课双语教学和专业课双语教学；从一门课程来看，可以指同时开课的平行班级中，部分或大部分班级使用母语授课，部分或少部分班级可以不同程度地使用外语授课；从一个具体的课堂上看，双语教学是指在教学中使用母语的同时，还视不同情况，不同程度地使用另一种通用外语作为教学媒介语进行的教学，这是双语教学的微观定义，也是人们一般所指的双语教学。双语教学改革的实施不仅有利于高素质人才的培养，也有利于教师英语水平的提高。

文献研究表明，双语教学法的理论最早源于法国和德国教育领域中的"直接法"，这种方法主张遵循"直接联系原则"，强调语言形式与之所代表的事物之间的"直接联系"的重要性。为此，它反对母语进入课堂，以便排除母语的干扰作用。然而，直接法是以"幼儿学语"理论为基础，是仿照幼儿习得母语设计外语学习的过程和方法。事实上，第二语言习得与第一语言习得有很大的差异。第一语言的学习者一般为儿童，第二语言的学习者一般为成年人，成年人能够概括或掌握母语的规则，通过参照母语而运用这些规则来指导自己的第二语言习得。以语言研究见长的教育学家 Brown 曾指出，对母语的透彻了解能有效帮助教师发现和分析学习者有可能出现的错误。简言之，英汉两种语言之间无疑存在普遍的差异，不参考母语，不与母语相对比，会造成难以避免的误解。同时，根据

Krashen 所提出的著名的"输入假说"(Input hypothesis),语言习得的一个重要条件就是学习者要理解略超过他现有水平的输入语。如果学习者现有水平标志为 i,那么教学中应提供的输入只能是 i+1。如果输入内容太难,学生学习的积极性与信心将会受到挫伤,最终收效甚微;如果输入的信息能为学生所理解,并能引起他们的共鸣与思考,学生学习的积极性与信心就会提高,就会形成积极的学习态度。根据这一假说,再结合学生的实际英文水平,纯英文授课往往不太实际。如果硬性地由学生听教师用英文讲解深奥的专业知识,学生在课堂上会一直处于困惑状态,最终导致专业英文能力未能实质性提升而专业知识不能理解透彻。而完全采用全中文进行教学,则有悖于教育部关于"大学英语教学应四年不断线"的规定,且在信息科学与技术学科领域内,不利于学生对国际创新的最新进展的掌握和理解。积极开展双语教学,目的在于利用学生对汉语的了解使其对相应的英语产生亲切感和求知欲,从而调动学生的积极性,在强化教学内容、引入国际新进展的同时,也使得整个教学过程生动活泼、充实高效。

二、双语教学的时代意义

近年来,随着我国加入 WTO,国内各行各业与国际接轨的步伐逐步加快,我国迫切需要既精通本专业知识又精通专业英语的高素质人才。培养既懂英语又懂专业知识的人才已成为当务之急,教育部高教司在 2001 年 4 号文件中制订了推动"双语教学"的相关文件。对于信息科学与技术学科而言,由于信息与通信技术在近年来的迅速发展,以及在信息科学与技术相关领域内国际合作、国际协同创新的迅速推进,大量全新的信息科学技术成果不断涌现,而其原始描述语言多为在这一领域内长期具有国际通用性的英语。因此,以信息科学专业英语为基础的双语教学,可使学生熟悉英语专业术语,及时紧跟国际产业的发展方向,拓宽国际视野,增强国际竞争能力。通过双语教学,可以进一步培养既有专业知识又具有涉外能力的复合型人才。

三、智能信息处理双语教学实践问卷调查与结果分析

自智能信息处理这门课程开展双语教学以来,受到同学们的广泛好评。为了推进和规范智能信息处理课程的双语教学,提高教学效果,保证教学质量,针对学生的反馈意见,我们及时进行了调整课程。在课程中期,我们对智能信息处理课程双语教学情况,做了学生问卷调查,对其结果分析如下:

表　智能信息处理课程调查问卷

序号	问题	选项	人数	所占比例
1	此课程是否适合双语教学	A. 很适合	14	22%
		B. 适合	33	52%
		C. 不太适合	10	16%
		D. 完全不适合	6	10%
2	现在的教材是否适用	A. 很适合	10	16%
		B. 适合	31	49%
		C. 不太适合	15	24%
		D. 完全不适合	7	11%
3	任课教师的口语水平	A. 很好	32	51%
		B. 好	26	41%
		C. 一般	5	8%
		D. 不好	0	0%
4	使用外语教学的比例	A. 1/2 以上	33	52%
		B. 1/2 左右	25	40%
		C. 1/3 左右	3	5%
		D. 基本不用	2	3%
5	建议使用外语教学的合适比例	A. 1/2 以上	28	44%
		B. 1/2 左右	24	38%
		C. 1/3 左右	8	13%
		D. 1/4 左右	3	5%
6	采用双语教学的课堂效果	A. 能听懂	4	6%
		B. 大部分能听懂	22	35%
		C. 基本能听懂	24	38%
		D. 听不懂	13	21%
7	建议课堂互动和分组讨论的比重	A. 过多	4	6%
		B. 刚好	45	72%
		C. 太少	9	14%
		D. 不确定	5	8%
8	采用双语教学对学习专业知识的作用	A. 有很大帮助	6	10%
		B. 有一定帮助	33	51%
		C. 帮助不大	18	29%
		D. 没有明显帮助	6	10%
9	采用双语教学对提高英语能力的作用	A. 有很大帮助	10	16%
		B. 有一定帮助	35	56%
		C. 帮助不大	11	17%
		D. 没有明显帮助	7	11%
10	对本课程双语教学的评价	A. 满意	6	10%
		B. 总体满意	30	47%
		C. 基本满意	22	35%
		D. 不满意	5	8%

学生普遍认为该课程适合进行双语教学,并对教学质量、教学水平予以肯定。对于课堂互动与分组讨论环节,大多数学生认为比重较为合适,能够提高学习兴趣,充分调动学习的积极性和主动性。同时,双语教学中外语教学的比例,与同学们所期望的外语教学比例接近,能够被大部分的同学所接受。而对于双语教学的课堂效果,学生也普遍认可,超过40%的同学表示大部分能够听懂,另外有38%的同学认为基本能够听懂,从而保证了教学的正常进行。超过70%的同学认为这门课对于提高英语水平很有帮助。调查问卷结果显示,超过90%的学生对智能信息处理双语教学课程表示比较满意,其中57%的学生对这门课程表示非常满意。

同时,学生对智能信息处理课程的教学提出了宝贵的意见和建议,有利于对课程有针对性地逐步改进。一些学生表示,此类具有一定难度的专业课程,对于一些英语水平偏低的学生来讲,可能会出现跟不上教学进度的现象。为此,在以后的课程教学中,可因材施教,采取循序渐进的方法,由易到难,引导学生逐步适应双语教学。

一些学生反映双语课程多用外语是一种很好的形式,但是课程本身比较陌生难懂,学生的学习兴趣可能会受到影响。针对这种情况,在课程讲解中,可适当调整教学内容,首先选择相对简单的内容讲解,进行简单案例示范,让学生在总体上有了一定的认知后,再逐步深入。

还有部分学生希望对于一些专业性较强的词汇,老师能够在课堂上进行详细讲解。为了课程的顺利进行,在以后的教学中,可整理提供合适的预习材料,并进行有侧重的注释,方便学生课前预习,同时也能够提高课堂教学质量和学生的听课效率。

四、双语教学的实践模式探索研究

本文以信息科学与技术领域内的专业课程智能信息处理等的双语教学为实践基础,结合调查问卷结果分析,综合考虑课程特点、学生水平、师资情况等因素,以达到教学大纲预期教学目的为基本出发点,对双语教学实践模式开展了探索性研究,并归纳出以下适用于信息科学与技术领域内专业课程的实践模式特征。

1. 课前准备

在信息技术专业主干课程中采用双语教学,是教学改革中的一项新课题。通过近年来的教学实践,我们发现开课前需积极开展调研活动,了解实施双语教学的具体经验,并充分收集资料作为双语教学的辅助教材。此外,备课时,在熟悉内容的基础上,重点在英文方面下工夫,熟记有关英文术语及表达方式。同时,要预留时间给学生进行提问和讨论。已有经验表明,双语教学的顺利实施必须得到学生的支持与配合,所以,准备工作中不可缺少的一个环节就是要做好学生的思想工作,通过新生入学专业知识讲座,帮助学生树立正确的学习观;通过学生座谈会,帮助其逐步意识到双语教学的重要性与必要性,均是十分可行的工作实践策略。

2. 语言规划策略

采用双语教学并不是要在课堂上完全采用英语,或者机械地根据特定比例使用英汉两种语言。根据教学实际经验,我们提出以下面向信息科学与技术专业课程的语言规划策略:

(1)采用英文 PPT 与板书,内容包括专门术语及关键语句,在板书中可采用中文解释作为辅助。

(2)课程内容中,内容较浅显的部分采用英文讲授。

(3)学习每章内容之后,教师采用英文进行小结,并逐渐过渡到由学生作小结,学生小结可采用研讨课的 Presentation 方式。

(4)课堂讨论阶段,鼓励学生用英文提问,实在无法表达时,允许用中文进行表述,然后由教师或是其他同学用英文复述。

(5)重点和难点采用中文讲解。用英语解释太复杂而汉语解释简洁明了之处,也采用中文进行讲解。

(6)应根据学生接受特点和课程内容特征,灵活规划双语教学过程中的语言策略,以师生互动与沟通为基础,通过对语言策略进行动态调节,以期实现知识通信(Knowledge communication)效果的最优。

3. 强化复习和巩固练习的教学作用

在双语教学模式下,可通过强化复习、巩固练习等教学环节,进一步提升双语教学的实际效果。具体而言,可要求学生充分复习本次所学内容,掌握关键术语和特定表达方式;及时完成一定的课程预习;课后阅读教师选编的英文参考资料,将其作为作业的一种形式。下次课时,教师将安排一定的时间对作业情况进行讲评,对要点进行一定的复习和讨论,然后转入新的教学内容。

研究表明,通过若干策略对双语教学的实施模式进行优化,可使双语教学效果显著提升。学生反映双语教学有助于提高自己的专业知识能力与英语应用能力,特别是英语阅读、写作与口头表达能力。通过学生反馈的信息,我们也意识到了目前双语教学中的若干不足之处,如考核方式尚未很好地体现双语教学的特色等,解决这些问题成为我们对双语教学实践模式进行进一步研究的动力。

五、总结

对于信息科学与技术学科领域内的专业课程教学而言,开展有效的双语教学,在科学技术全球化趋势越来越明显的今天,已经越来越凸显出其重要性与迫切性。而对于信息科学技术专业课程双语教学的实践模式探索,也是一个复杂、长期的过程。从教学改革与管理的意义上看,需要加强双语课程教学团队的建设,加大投入的力度,通过加强培训.分配对外交流任务等具体措施,从具备双语教学能力的青年教师中增养教学骨干,促进双语教学工作水平的提升。实践经验表明,通过持续的探索与积累,信息科学与技术学科领域内的双语教学必将能够取得实质意义上的效果,为促进高校教学水平的全面提高发挥积极的推动作用。

参考文献

[1]肖芳惠.信息技术双语教学的实践探索.教学与管理,2006(9).

[2]杨宏丽.双语教学在数字电子技术课程中的实践与探索.电气电子教学学报,2004(3).

[3]罗驱波,张申.利用信息技术营造信息工程专业双语教学环境.电气电子教学学报,2004(2).

[4]李霄,何苏华.双语教学的实践与探索,http://www.bvtc.edu.cn/Article/dz/jyjg/200612/1749.html

[5]林春景.双语教学在电子测量技术课程中的实践与探索,http://www.bvtc.edu.cn/Article/dz/jyjg/200612/1749.html

开放式课程对电子信息工程专业课程改革的启示

孙象然

（中国传媒大学信息工程学院电子信息工程系）

摘　要　通过对美国麻省理工学院开放式课程的发展和意义，以及其具体课程设置的阐述，包括课程、教学大纲、课内外教学活动、学习材料、课程评估等方面，探讨了麻省理工学院电子类教育对我国电子信息工程专业教育的启示。

关键词　开放式课程　电子信息工程专业　启示

一、开放式课程的历史、发展和意义

麻省理工学院开放式课程（MIT Open Course Ware，简称 MIT OCW）体现了知识开放与共享的理念，对全世界产生了极大的影响。MIT OCW 以网站为架构，将学院内许多教授的教学内容大规模地进行开放分享，让全世界不分种族、国籍、宗教信仰的教师、学生与自学者能够免费搜寻麻省理工学院各课程的教材。其秉承了推进知识和教育，追求卓越、创新和领先的价值理念以及服务于全人类的使命，成为全世界教师、学生和自学者的一个免费、开放的教育资源。正如校长苏珊·霍克菲尔德女士所评论的，"通过麻省理工学院开放式课件，世界各地的教育者和学者都能从我们教师的学术活动中受益，同时也加入到了一个世界性的学习型群体中，大家都一同公开、自由地分享知识与交流思想，并从中获益。"[1]

2001 年 4 月，在 Mellon 基金会和 Hewlett 基金会的慷慨赞助下，麻省理工学院斥资近 1 亿美元启动了"开放式课程"计划。2002 年 9 月，MIT 开放式课程网站试运行。近年来，麻省理工学院又投入了大量人力和资金开发新的课程。这些课程种类繁多，涉及 6 大学院中的航空太空工程、人类学、建筑学、生物医学工程、生物学、脑与认知科学、化学工程等 30 多个领域。据统计，2003 年 9 月 30 日 MIT OCW 正式对外发布了 500 门课程，2004 年 4 月 1 日网站新增了 201 门课程，到 2008 年已有近 900 门课程的核心资料全部发布到网络上。在网站上，使用者可以自由观看、下载各课程的教学大纲、上课笔记和讲稿等，其中许多课程包含了影音档案、习题与解答，另有延伸阅读清单等附加部分。麻省理工学院声明"开放式课程"上的内容可以被任何人使用、复制、发送、翻译和修改，但前提是这些资料必须应用于非商业化目的，如果该资料被再出版或是再复制于网站上，必须要注明原作者，而且使用者和修改者必须和麻省理工学院开放式课程一样，与人共享这些资料。

开放教育是一种新型的高等教育模式,主要采用面授与多媒体教学手段相结合的教学形式。学员可以根据自身情况自主安排学习计划,选择课程、媒体教材、时间、地点和学习进度。开放教育不仅意味着对教育对象的开放,更重要的是教育观念、教育资源和教育过程的开放,它的本质是人人享有终身接受教育的权利。MIT 开放式课程则具有以下特点:(1)使用麻省理工学院教材的网络版;(2)所有课程教材均可免费提供给世界各地的使用者;(3)不需要任何注册;(4)不是授予学位或是证书的网站;(5)不提供麻省理工学院入学申请。从这些方面可以看出,MIT OCW 和其他网络教育系统、开放教育有所不同。开放教育是一种教育模式,是对高等教育模式的丰富和补充。它牵涉到在教师和学生之间的主动资讯交换,目的是获得某种形式的证书,教学的对象针对那些有能力和愿意付费的学习者。麻省理工学院开放式课程网页则将内容资料对全世界免费开放,而不是取代高等教育的证书授予系统或是收费课程。相对而言,开放教育是一个更广的概念,而 MIT 开放式课程可以看做是开放教育中的资源要素。

在这个将自己的创作内容以专利权的形式加以保护的时代,OCW 以一个独特的视角和大胆的做法抓住了全世界的眼球。有人会问,MIT OCW 把"看家"的资源公开了,那么它将怎样生存呢? 这里外国人展现了一个传统的智慧:OCW 是麻省理工学院最大的一个广告! 这是一种自信的展示,既然有这么丰富的资源,那么学校肯定是非常好的。麻省理工学院还有一个理念:反对知识的私有化和商业化,推进知识的开放共享。MIT OCW 背后的思想是领导并促成大学在利用网络作为教育媒介的方式上的根本变革,这符合麻省理工学院倡导的优秀卓越、改革创新和引导潮流的价值导向。

二、麻省理工学院电子工程与计算机科学专业开放式课件

电子工程与计算机科学专业开放式课件提供了一套完整的支持电子信息与计算机类教学和学习的课程资源,包括课程设置、课程大纲、课程日历、讲授笔记或教学活动、学习材料和课程评估以及其他类型的资源,如学习指南、课外作业、试卷、视频演讲、问题解决单元、研究项目、超文本电子书、仿真设备、范例或学习工具等。

1. 课程设置

电子工程技术与计算机科学相结合,覆盖的学科范围非常广泛,包括电子电路、电磁学、计算机、网络等方面的 170 余门课程。

2. 教学大纲

每门课程都有完整翔实的教学大纲。以电路与电子学这门课程为例,它的教学大纲是"本课程旨在培养学生:(1)学会基本电子器件的电路模型的得出和使用,例如电阻、电源、电感、电容、二极管以及晶体管等。(2)具有抽象(概念)分析和设计简单电子电路的

能力。(3)能够列出描述含有储能元件电路时间特性的微分方程并求解该微分方程的能力。(4)理解半导体二极管和效应管等复杂器件的建模过程以及它们在分析和设计实际电路过程中的具体运用。(5)具有设计和具体搭建电路、对实际电路性能进行测试,并与理想的电路模型加以比较进而分析其差异的能力。"[2]同时包含了学习结果、作业、实验和实验报告等内容。

3. 教学日程

详细列出了一学期的教学安排,以及每节课的教学内容。例如第 3 周的第一次课讲授的内容为"数字提取、布尔逻辑、真值表、开关和组合门电路",还布置了一次实验。[2]

4. 教学活动

关注学生知识理解、运用和实际动手的能力,主要有知识讲座、课堂讨论和实验等环节,如提供了实验设备讲义和 4 个实验,学生在按既定要求完成实验后还要完成实验报告内容。

5. 学习材料

紧密结合课程内容,利用多种手段资源,拓宽知识覆盖。除了基本的阅读材料和课堂的讲义外,还提供了每次课程的视频,视频是按照章节的具体内容分段上传到网上的,方便了学生的下载。

6. 成绩评定

给出具体详细的评定标准,并且覆盖了课程学习的各个环节。如"成绩初评包括以下几个部分,其权重如下:作业 5%、测验每次 25%、期末考试 45%。接下来整个教学组将会对你的平时作业的情况、实验时的表现及你的出勤率进行讨论。这次讨论将会影响你的最终成绩,特别是如果你的初评成绩在及格边缘的话。此外,如果你不完成本门课程的实验,你的成绩等级将为 F。"[2]

三、麻省理工学院开放式课程对工科教育的启示

对 MIT OCW 项目的整体认识和对电路与电子学这门课程的教学大纲、教学内容、实验、作业和相关资料的研究和分析,给我国电子类工程专业教育很多的启示。

这种启示不仅是在宏观的专业课程设置和专业内容的安排上的,同时也是在微观的具体每一门课程的内容安排、教学环节和教学内容的开展上的。电子信息工程专业的培养目标是培养具备电子技术、信号处理、信息传输、计算机应用等领域的基础知识,能从事各类电子设备、信号处理系统、信息传输系统、计算机测控系统的研究、设计、制造、应用、开发、维护的高等工程技术与管理人才。对于电子信息工程专业学生的培养,有五条

主要标准:(1)较高的综合素质;(2)较宽广的知识面;(3)较强的文化素质;(4)饶强的学习能力;(5)较强的适应能力。借鉴 MIT OCW 中电子工程和计算机科学专业课程的设置,并结合我国专业人才培养的具体要求,电子信息工程专业本科教育应当在培养目标、课程设置、教学内容等方面进行调整,构建完整的、覆盖相关学科的课程体系,进行整体优化,注重根据专业培养目标,构建模块式、桁架式课程体系。

在具体课程的教学中,应该体现出理论与实践的结合、教师讲授与学生思考的结合、课上学习与课下研究的结合、课堂教学与实验动手的结合。在教学手段上,教师应该采取多种手段丰富教学的内容,不仅要讲授多媒体课件,还应该结合教学内容增加大量的仿真程序的演示,加深学生对知识的理解。在课程资料的选择上,要提供丰富的、多种形式的相关资料,包括书籍、网页、国内外相应课程的资料、软件程序等。课堂教学环节要和课下的自学紧密结合起来,通过简单有趣的思考题,引发学生自己学习和自己思考的兴趣,有效地延伸课堂教学,提高学生的综合能力。设计详细实用的实验内容,一方面辅助课程的课堂教学,另一方面培养学生的动手能力,满足现代工程技术人才的宽口径要求。

参考文献

[1]"Opencourseware How To". http://ocw. mit. edu/OcwWeb/HowTo/index. htm

[2] http://www. core. org. cn/OcwWeb/Electrical-Engineering-and-Computer-Science/6-002Circuits-and-ElectronicsFall2000/CourseHome/index. htm

浅议多媒体课件对工科教学的影响

张乃谦

（中国传媒大学信息工程学院电子信息工程系）

摘　要　当前，多媒体教学手段的应用为高等教育带来重大变革。本文着重论述了多媒体教学的优势和存在的问题，并结合本人教学的经历提出了在使用多媒体教学手段时应注意的一些方面。

关键词　多媒体教学　课件　工科

目前，我国高等教育正经历从规模发展到质量提高的重大转变，而人才培养的主要阵地是课堂，因此如何进一步提升高校课堂教学的效率，提高人才培养的质量，是我国高等教育界面临的重大课题。影响课堂教学效率的因素是多种多样的，但就目前而言，多媒体技术作为重要的教学手段之一，使课堂教学出现了前所未有的深刻变化，已经成为影响课堂效率最主要的因素。而且随着电脑的普及，多媒体教学逐渐成为当前高校教师的一门必修课。目前，最普遍的多媒体教学方式就是使用 PPT 代替传统的板书。许多老师为了能够从各个方面来向学生阐述教学内容，加深学生对课堂内容的理解，在精心准备 PPT 外，还加入了动画演示、声音演示等等，真正做到了全方位调动学生的一切感官，来确保教学质量的提高。比如就本人教授的数字声音广播课程来说，就包括文本和图像 PPT、声音演示以及动画演示等多媒体内容。

一、多媒体课件对工科教学的积极作用

总体来说，使用多媒体课件将会使工科教学产生以下革新性进步：

首先，节约了老师的时间，使老师有可能在相同时间讲述更多的内容。在传统课堂中，教师讲授的重点知识一般是以板书的形式向学生强调，比如重要的概念、公式以及章节标题等等，都需要以板书的形式写在黑板上，以供学生记录。这样学生在课后才能详细地回忆起课堂讲授的内容，更好地完成复习的工作。同时，也能更好地通过板书抓住本堂课讲授的重点和难点，以便着重复习。但是，工科的特点就是公式多、概念多，而且，每个知识点之间具有很强的连贯性和逻辑性。就是说，每一个知识点都是在为引出下一个知识点做准备，而后面的知识点都是以前面的知识点为基础的，因此每一个知识点都很重要，每一个概念都是重点。这样看来，老师在课堂上的板书任务是很重的。板书是比较耽误时间的，而且板书也不能写得潦草，否则学生会看不懂，容易出现误解。因此，

老师花费了相当大的精力来设计和书写板书。但是随着 PPT 的使用,这个问题基本上得到了解决。老师在课堂上只需要演示 PPT,节省了大量的板书时间。尤其是像非线性电子线路这种需要画电路图的课程,画每一幅电路图都要花很长时间,在这种情况下,PPT 可以说是大大提高了课堂的教学效率。因此一个好的课件,可以称为是第二讲师,是老师的好助手。

其次,多媒体教学手段的运用,大大增强了知识传授的多样性和层次性,使学生对知识有更全面的了解。传统课堂教学中,学生一般只能接触到教师讲授、板书以及手中的课本这三种媒介,而在这三种媒介中,以教师讲授为主要媒介。这样就会使知识的传授过程没有立体感,学生只能通过老师的讲述来理解知识。但是,工科知识往往理论性很强,对学生来说不易理解,因此,需要给学生一定的感性认识,让学生从多个角度去理解知识。多媒体辅助教学使学生在充分感知的基础上,实现了多种感官的有机结合,从而使知识能多层次、多角度、直观形象地展示给学生。那些过于抽象、难以想象和理解的知识,往往教师讲十遍和讲一遍效果一样,甚至越讲越让学生迷糊,但在多媒体的帮助下,知识变得从未有过的简单。另外,有许多老师还在文字 PPT 的基础上加入了动画内容,动画模拟不但能彻底改变传统教学中的凭空想象、似有非有、难以理解之苦,同时还能充分激发学生学习的主观能动性,化被动为主动,产生特有的教学效果。虽然,制作这些课件需要教师在课前做大量辛苦的工作,但一个人的辛苦能带来学生理解、掌握知识的轻松,仍然是值得的。但并不是所有的课都需要、都能用多媒体,我的想法是:不需要用坚决不用;可用可不用一般不用;不用不行一定会用。借助于多媒体课件,使学生能通过多种方式看到、听到学习的对象,改善枯燥的理论教学环节,提高课堂效率,培养了学生的能力。

第三,多媒体课件可以将传统的线性授课,转变成非线性的授课过程。工科的课程特点就是课程数量多,每门课的知识点多,而且知识点之间具有连贯性。这种连贯性不仅仅体现在一门课的前后知识点之间,而且体现在多门课的连续设置之间。以本人接触的非线性电子线路课程为例,它的难点实际上不是在于数学的运算,而是在于知识点非常多,而且与前面学习的课程大量关联。比如,在非线性电子线路中运用的三极管技术,其基本概念和运算规律就来自于线性电子线路,如果线性电子线路的知识没有学好或者已经遗忘,那么学生就会感觉完全听不懂老师在讲什么,不理解为什么器件之间会有这种关系。而线性电子电路又是以电路分析基础这门课为前提的,否则学生连电路图都看不明白,更不用谈分析电路中器件之间的关系了。本人通过与学生谈话和检查学生作业发现,以前的知识没有掌握好,或者基本上遗忘这种情况是大量存在的。这就要求我们教授非线性电子线路的老师,不但要把这门课的知识点讲授清楚,还要不断地帮助同学们回忆前面学过的知识。这种讲述过程就是非线性的。而且学生在两个小时的听课过程中,一般难以保持全神贯注,教师的讲述一旦没有听清或听懂,也就这样过去了。要想提高学生的理解程度,老师应当在适当的时候提醒一下前面讲过的内容。在传统的教学中,板书的地方是有限的,黑板上写满了,就要擦掉,写新的内容。因此在回忆前面讲过的内容的时候,教师一般只是在口头上讲述一下,因为要重写板书很浪费时间。而前几个学期学习的相关课程,老师一般只是简单提及。然而,多媒体教学改变了这种线性教学的模式。使用多媒体课件,可以随时方便地调用前面讲过的知识点,甚至是以前学过的其他课程,而不必浪费时间重新写板书,学生们在复习时也可以不仅仅依靠老师的口头描述。通过文字、图像甚至是动画调动学生们的各个接收器官,使学生可以很容易地回忆起以前的知识点,即使前面没有学好,学生们也会知道这个知识点在什么地方讲过,课后可以方便地找到课本重新学习。这样来看,多媒体课件的使用改变了传统的线性授课模式,将授课方式转变为非线性模式。

最后,多媒体教学手段的使用可以大大增强学生学习的兴趣。前苏联教育家苏霍姆林斯基在《兴趣的秘密何在》中写道:"所谓课上得有趣,就是说:学生带着一种高涨的、激动的情绪从事学习和思考,对面前展示的真理感到惊奇甚至震惊;学生在学习中意识和感觉到自己的智慧力量,体验到创造的欢乐,为人的智慧和意志的伟大而感到骄傲。"教师使学生对上课有兴趣是比较容易做到的,但要使学生对上课的学习内容有兴趣则往往要困难些。根据同学们的反映,工科课程最令他们头疼的就是知识枯燥,几乎全是抽象的理论。本人担任班主任期间,就有许多班里的学生问我:"老师,这门课学了有什么用啊?"面对这种情况,教师在讲授课程的同时,还要注意调动学生的兴趣。知之者不如好之者,好之者不如乐之者。只要学生有了兴趣,相信大学的课程还是难不倒他们的。而多媒体教学手段就可以使学生从文字、图像、动画甚至声音等各个方面对知识点进行了解,增强他们的兴趣。比如,在本人讲授的数字广播技术一课中,讲到OFDM时域波形类似于白噪声样,这样的描述学生就难以理解。但是我使用了一个动画,将OFDM中的子载波(正弦波)进行叠加,然后合成叠加后的结果,就形象地说明了白噪声样信号的形成过程,学生们也对这个知识点有了形象直观的了解。而在播放动画的过程中,学生的注意力一般要比仅是讲述的过程集中,这说明多媒体手段引起了他们的兴趣。

综上所述,多媒体技术集图、文、声、像于一体,实现了各类信息传播的一体化。与传统教学媒体相比,其强大的集成功能、生动形象的表现能力、信息呈现快捷与信息容量巨大等优势已为人们普遍认识。因此,当前高校教师在授课时,基本上都采用多媒体课件作为辅助教学的手段,并且对课件精益求精。

二、多媒体课件应用中存在的问题

然而,多媒体课件的应用也存在一些问题,需要我们教育者讨论。

首先,不要过分依赖课件,而忽视教师在教学中的主导地位。多媒体课件虽然为课堂教学带来了种种好处,但是它毕竟只是一种实施教学的辅助手段。作为教师首先应该把握住自己在教学过程中的主导地位和作用,通过对教学过程的设计和灵活多变的操作,使多媒体教学发挥最佳的教学功能,而不是简单的人机交互。那种将提高教学效果完全依赖于多媒体课件、视之为唯一行之有效的教学手段的方法是不可取的。工科课程具有很强的逻辑关系，因此只有把握这种逻辑关系和思维模式，才能真正地掌握工科的课程。教师要教给学生的不是一个公式或者一个概念，而是如何去理解这个知识点、它在这门课程中如何应用以及它与前后知识点的联系。这些都是建立在教师对这门课的理解基础上的，是教师多年教学经验的积累，而不是一个课件就能让学生明白的。同时，授课顾名思义就是要讲授，教师在其中占据着主导地位。教师在课堂上的态度、语调以及着重点的选择，都在影响着学生对这门课的认识。有些老师过分依赖课件，当电脑或投影仪出现故障不能进行多媒体教学时，就会变得不知所措，甚至无法完成课程的正常讲授，这是不可取的。

其次，多媒体课件在一定程度上使教师忽视了学生的理解能力。多媒体课件的应用可以将抽象的概念用直观的方式表达出来，使教师在解释这种抽象概念的时候不再像传统授课那样大量地使用言语，同时也节约了大量的板书时间，这对工科教学效果的影响尤其明显。然而相比使用多媒体课件之前，学生对知识点的理解能力和速度并没有本质的变化。现在有些教师使用了多媒体课件后，忽视了以前一些传统的教学技能，比如说板书。而板书时间的节省也使得学生没有足够的时间记录课堂重点，这样对学生课后的复习是不利的。因为学生课后复习的主要依据还是书本和笔记，如果课堂重点记录不足会使学生在课后复习中无法明确地抓住重点，复习效果不好。同时，一些老师觉得课件中知识点已经描述得很清楚了，于是在某些地方就弱化了强调的作用。而学生的注意力也集中在课件上，这样就弱化了传统的言传身教的教学理念，使师生间的交流和互动难免打折扣。而教师总是希望能让学生在有限的时间里尽可能多地掌握知识，因此课件中的内容就会越来越丰富，承载的信息量就越来越大，一个知识点紧接着一个知识点，学生理解起来就会有困难，问题越积越多，容易产生厌学情绪。

第三，多媒体课件的使用，会使一些学生产生课件比书本更重要的错觉。课件是教师心血的结晶，是对书本知识的高度总结。但是这些都是以书本为基础的，书本才是知识的源头。课件当然重要，但也是在理解书本内容基础上的提纲挈领。相当一部分学生的学习是有惰性的，当他看到老师总结好的课件时，往往就对厚厚的书本产生了厌倦，课后复习的时候只看老师的课件。殊不知老师的课件都是对书本知识的高度总结，因此只有对书本内容有了充分的了解，课件才能发挥最大的作用。以本人讲课的经历为例，经常会有学生拿着课件来问："老师，这个式子是怎么得到的?"其实这都是书本上明确推导过的。于是我就会告诉学生，你看书的某某页，那里讲得很清楚。当学生翻开书后也会恍然大悟："原来在这儿，我以前都没注意……"这就需要教师在讲授过程中要强调书本的重要性，并且把课件中的知识点在书中的什么地方要向学生强调清楚。

以上这些问题虽然不是每门课都会出现的，但是也需要引起我们教师高度重视。多媒体教学作为一种教学的改革和进步，是不容否认的。但是它也仅仅是为教学服务的一种工具，而作为工具的使用者，教师才是占据主导地位的。首先，教师授课时应该与学生保持良好的互动，时刻了解学生对知识点的理解程度。当发现问题时一定要及时地放慢讲课速度，甚至要反复强调，让学生有理解和记录的时间。其次，要发挥教师在授课中的主导作用,言传身教这种传统的教育方式也有其优势,教师通过言传身教不仅仅是将知识教给学生,更重要的是将对知识的理解能力和思维模式潜移默化地传递给学生,这对工科教育是十分重要的。而且,即使在某些特殊情况下不能应用多媒体手段,也能保证顺利完成授课任务。第三,在知识的扩展中务必要以书本为基础,不能过分地发散,分散学生的精力。同时,要让学生认识到书本作为基础的重要性。第四,要根据课程内容合理地选择多媒体教学的形式和内容。工科的特点是严谨和理性,过分花哨的课件会破坏这个特点。而不同的课程内容,需要不同形式的多媒体手段。比如概念需要文字描述,波形需要图像表现,仿真过程需要动画演示等等。这些手段使用得好,会让学生很容易理解知识点的内容,起到事半功倍的效果。但是如果一味地强调课件有多么吸引学生,就会分散学生的注意力,反而忽视了对工科理论思维的培养。当然,还有一些细节的地方也需要我们老师注意,比如课件经过投影后是否清晰易读;投影仪和笔记本的色彩差异是否满足课件的要求;课件的重点是否足够突出,章节和知识点的顺序是否明确等等。这些细节虽然不大,但是也实实在在地影响着多媒体教学手段的实施。

多媒体教学手段的普及,是教育进入信息时代后的一次巨大变革,为大学教育注入了新的活力。但它同时也提出了许多新的问题,值得教育工作者们去研究、探讨。任何事物都具有两面性,这就要求我们教师在教学过程中,尽量发挥多媒体教学的优势,克服其不足之处,提高教学质量,为祖国培养更多优秀的人才。

参考文献

[1]郑旭翰,何明珂.高校多媒体教学实证研究.中国大学教育,2008(11).

[2]杨鹏程.理性地认识和优化多媒体教学.教学与管理,2006(1).

[3]唐静.实现课堂教学变革　合理使用多媒体技术.计算机教育,2007(4).

浅谈工科教学改革中的实践教学

赵薇

（中国传媒大学信息工程学院专业实验中心）

摘　要　为了适应现代教育的需要,工科的教学方法正在进行着一场深刻的改革,实践教学在工科教学实践环节起到至关重要的作用,本文从实践教学角度进行了相关的探讨。

关键词　实践教学　电视原理实验　教学改革

随着电子技术的飞速发展,实践教学作为工科教学的重要一环,也要适应现代教育的需要。高等学校培养的人才,应具有创新精神和很强的工作适应能力。原有的教育理念、教学方法、教学内容等都需要进行改进和创新。实践教学也应有新的要求,以适应培养 21 世纪创新型人才的总目标。

一、紧扣教学大纲,在实践的过程中巩固提高

教学大纲是授课的依据,实验课的设置也要依托于大纲,坚持传授知识、培养能力、提高素质协调发展,注重对学生探索精神、科学思维、实践能力、创新能力的培养。

以电视原理课程为例,这门课程旨在介绍电视系统的组成;分析说明电视图像信号的摄取、传输及重现的过程和信号变换的原理,包括电视扫描的基本原理、全电视信号的形成、三基色原理、彩色电视信号的选定、正交平衡调幅制及 PAL 制的原理、电视摄像及显示器件;并从理论上分析各有关参数及选取的依据,分析说明各种电视制式的特点、组成及工作原理,包括数字电视和数字高清晰度电视。它是进一步学习有关专业课所必需的公共理论基础课。该门课程是从事通信工程、信息科学、电视工程、计算机科学、图像处理及多媒体技术等专业大学本科学生的必修专业理论课,也是相关领域专业技术人员必须掌握了解的。通过对这门课程的学习,可以对电视有较为全面的了解。目前,这门课程作为中国传媒大学的一门特色课,荣获了北京市优秀精品课程。

在这次教学改革中,学院制订了新的教学大纲。电视原理的教学大纲中明确规定,理论教学 48 学时,实验 16 学时,实验课占总课程学时的四分之一。信息工程学院所有专业,包括广播电视工程、通信工程、电子信息工程、自动化等专业,全部开设了这门课程,每年参加实验课的学生人数在 300 人以上。

在讲述电视原理实验课程的时候,初期由于设备和经验的问题,我们只采用了示教的形式,用测试信号发生器、频谱仪、波形监视器等实验仪器,为学生们演示了在教学过程中学到的一些知识,包括行场同步、奇偶场区别、亮度信号及色度信号波形和频谱的观测。在实验现象出现之前,启发学生回忆书本中的结果,再对照仪器上显示的实验现象,分析其中的一些误差。相对于课堂上老师单纯的说教,这种教学方法可以让学生们对书中的内容理解得更加透彻,便于他们记忆一些生涩的理论。在第二年的实验中,我们购进了清华科教厂的电视维修机设备10套,并配备示波器,使学生可以真正动手测量老师所讲的中频信号波形,R、G、B三路信号及全电视信号波形。实验中心的老师们自主开发了数字电视原理实验,让学生们了解到数字电视信号的传输原理及过程。2009年,我们在保留原有实验的基础上,结合单片机实验,启发学生自己动手设计彩条信号发生器,不仅让学生们复习了去年学习的单片机编程知识,也对电视原理的知识有了进一步深入的了解。因为大三学生课程较多,这种动手设计的实验所需时间一般都比较长,因此师生们都放弃了晚上和周末的休息时间,扎根到实验室中。尽管比较辛苦,但是学生们的反应很不错,很多学生都说实验形象生动,加深了概念理解,激发了学习兴趣,提高了动手能力和结合原理分析数据的能力。甚至很多同学都表示"意犹未尽",希望能把实验时间再增加一些,让他们能够把自己的成果进一步完善。

二、严把实验教学质量关,加强对学生的监督和指导

从教学实践中,我们也感受到,无论教学方法、教学内容如何变化,对学生都要扎扎实实进行监督和指导。我们只有本着严谨的实验态度、对学生负责的态度,学生们才能认真完成实验,真正达到我们的实验要求。

第一,切实掌握基本实验仪器的构造、原理、使用和读数。在实践越来越难的今天,要开放实验室或者把实验仪器发到学生手中,让他们认识仪器、使用仪器,做到人人过关、样样过关。

第二,逐个落实学生实验,打下扎实的实验基础。实验能力不可能凭空产生,只有在学生亲自经历具体的实验后,才能逐步形成和提高。而学生实验就是培养能力的载体。要开放实验室,让学生亲自动手完成每个实验,理解每个实验的目的和原理,掌握实验方法和步骤。对实验中出现的现象要仔细观察,认真分析,并能正确处理实验数据,触类旁通,逐步提高处理新的实验问题的能力。

第三,加强基本实验技能的指导和培养。在教学过程中,要有意识地培养和提高看图能力、连线能力、实验分析和应变能力。只有具备了一定的技能和技巧,才能迅速找到解决问题的突破口。

第四,引进高水平的实验教材,积极编写具有特色的实验教材,保证每一门实验课都具有高质量的实验教材,加强信息技术和实验课程教学的融合。

三、完善实验考核制度，调动学生学习积极性

长期以来形成的只凭实验报告给出实验成绩的方法，难以调动学生的积极性，使学生养成了只重视实验报告的习惯，有些同学甚至编造实验数据，弄虚作假，不注重自己实验素质的提高。我们可以采取灵活多样的考核方法，比如笔试、口试、跟踪考核、综合设计考核等。

笔试可以采用理论课考试的方法，根据学生应该掌握的实验基本常识、实验原理、实验仪器的操作方法、实验数据处理和误差分析及实验结果分析等方面的内容设计出一张完整的试卷，对学生进行全面的考核。比如，我校的电路分析实验，实验成绩由笔试成绩和动手实验成绩两部分组成，将学生们的实验理论条理化，理顺了他们的实验思路。

口试可以设置几个问题，做成卡片，由学生抽取回答，提高了考核的随机性，可以防止学生揣摩教师的出题思路而不全面复习。

跟踪考核是对学生的预习、纪律、清洁卫生、操作的规范程度、结果处理及数据分析等方面做全面评定的考核方法。重点放在基本操作、结果处理及数据分析三个方面，从而达到提高学生动手能力、数据处理能力及思维判断能力的目的。具体的操作过程是：建立跟踪考核成绩表，对学生的表现打分。但在考核中，每次选定的学生人数不宜过多，对学生做得好的项目要表扬肯定，也可以选择合适的时机让其在全班演示，对学生做得不规范的项目要及时纠正。还应注意，针对不同的实验（不同学科、不同实验内容）应采取不同的成绩表，不能千篇一律，要突出实验的特点。

综合设计考核旨在考核学生的总体能力。通过考核，培养学生以下两方面的能力：一是获取新知识的能力，使学生除掌握教材知识以外，还要学会查阅资料的方法，以及如何从资料中吸取新知识为自己所用；二是综合设计的能力，训练学生综合运用所学知识及参考资料对给定的题目进行合理的设计，使学生初步具备进行科学研究的基本素质。这样，不仅能客观地反映出学生的实验能力，还可以培养学生的创造性思维。我校大四阶段的综合课程设计，老师提前一周将设计内容布置给学生，学生要结合自己所学过的专业知识，自己查阅大量相关文档。从电路的设计、PCB 板图的绘制、焊接元器件，再到最终的编程，都由学生独立完成。

四、结论与展望

通过几年的实验室建设，我们已经取得了一定的成绩，各项实践课程也开展得有声有色。除课程配备的实验内容外，还形成了一整套实践体系，其中包括大二学生的金工实习，大三学生的 vb、vc 兴趣小组，大四学生的电子课程设计，让学生从硬件到软件再到软硬件综合设计，都有一个自己动手的机会。

当然，我们的实践教学工作还有很大的发展空间，值得我们继续探讨和思索。

第一，大力转变运行模式。实验中心在时间、内容、对象等方面向校内学生全方位开放。学生可自由选课，实验课外各实验室全面开放（包括双休日），学生可重复进行实验，也可进行实验预习及自选项目的实验，对实验课外的所有实践环节开放（课程设计、工程训练、毕业设计、课外科技活动等），本科生参与实验室管理，研究生参与实验教学和实验室建设；中心对教师全面开放，教师可利用中心的资源进行教学研究和科研等。

第二，适度加大实验室资金投入力度。实验室是现代化大学的心脏，是大学基础中的基础。作为支撑实验运行和持续发展的仪器设备尤为重要，实验设备特别是电子测试设备价格昂贵，同时更新速度极快，因此应适度加大实验设备的投入力度，扩大实验室的面积，使学生们拥有较宽松的实验环境。

第三，有效利用网络资源。现在各校都拥有了自己的局域网，网络不仅可以让大家资源共享、联系方便，更重要的是，可以促进学生们的学习。通过将实验平台连接在实验室的服务器上，学生在客户端即可注册申请实验、完成实验、提交实验报告、网上答疑等。由于网上实验是直接操作实验室的硬件平台，并做到实时接受请求、实时传送实验结果，具有良好的互动性。

通过基本认识、综合设计、研究创新等不同层次课内实验和课外科技活动，能够培养和提高学生的理论知识综合运用能力、工程实践能力和创新实践能力，使实践教学在工科教学中起到更大的作用。

探析开放性实验体系建设

骆新全

（中国传媒大学信息工程学院实验中心）

摘　要　实验在本科教育中的作用越来越受到人们的重视。在强调创新培养的时代，在新的实验改革中如何看待开放性的必要性，如何建设开放性实验体系，结合本人前期的教改经验，本文对此进行了探究与分析。

关键词　创新性　开放性　实验改革

新世纪的第一个十年即将过去，本科教育改革仍将不断地深入，作为改革重点之一的实践教学越来越受到人们的重视。一个开放性、创新性的实践体系是人们所期待的。作为工科教育实践体系的基础，实验的改革将承载人们的希望。在一个密切关注创新性的时代，如何看待开放性及建设开放性实验体系？本文结合改革中的体会，具体从以下几个方面阐述观点。

一、开放性是创新的前提及必要条件

所谓创新，就是根据一定的目的和任务，进行能动的思维活动，产生新认识，创造新事物。根据哲学家的观点，"自由乃一切创新的源泉"。自由在实验教学中的体现就是"开放"，"开放性的实验教学"不单是"实验室的开放"，相对于过去传统和封闭的体系而言，它强调"以学生为本"，在实验时间、实验设备、实验项目、实验内容、实验方式方法和实验难度等方面给予学生充分的自主权。可以使学生根据个人的实验基础、专业特点和兴趣爱好选择相应的实验内容，指导教师也可以根据学生的不同水平和特点制订不同的开放内容。

时间、地点上的开放，虽然给学生提供了方便，但从实施的情况来看，只对少数学生起到了作用。另外学生没有长期方向性的指导，不易形成思维或学习习惯上的提高，也就不会有质的变化。

"开放性"应该是内容、形式上的开放，是一种充满自由的、多样性的体系。学生在该体系中充分发挥个人能动性，调动自身潜能，培养学术个性，最终养成独特的具有创新意识的学习习惯。

二、教师素质的提高是实现开放性的先决条件

早期的时间、地点的开放,主要是增加了实验室的管理工作,这项任务可以由一般的管理人员完成。而深层次的开放,首先要求实验教师业务的全面性,即不只掌握一些基本的规定内容,而是应该尽可能掌握课程框架中的相关知识与技能,这样既可以在实验内容的设置上进行更多规划,也可以在实验过程中进行到位的指导;二是需要教师的责任心,开放性的实验需要开放性的管理,这样的管理模式有很多不确定性,必然会增加工作难度和工作量。这就需要老师正确地理解和对待这个问题。

由此可见,实现实验的开放性之前,首先是教师自身对"开放"的适应。反之,强制推行"开放",可能会导致混乱,造成教师工作量增大的同时却事倍功半,而且学生也有怨言。

三、实验内容的多样性是实现开放性的基石

过去的实验每个同学都是相同的内容,给学生造成一种"要我学"的感觉,学生觉得只是一种学习任务,有一种轻视及敷衍了事的心理。一个学期做再多的实验,学生也是昏昏然没有感觉。

所以开放性的实验不能提供千篇一律的实验内容,最流行的手段就是增加设计性实验,实验内容的多样性可以提高学生的兴趣。另外,按照内容的深浅提供不同层次的选做内容,由学生根据自身需要选择,做到因材施教。尤其是在不便设置过多设计性课题的基础实验中,可以在基本实验内容的基础上,规划更多可供学生选择的实验内容。

四、管理的现代化是实现开放性的保障

在一个自由的学术环境下,应该可以由学生自己选择实验时间、实验内容及辅导教师。做到这一点,不能只依靠传统的纸面管理,现在普遍采用的是基于网络的实验预约制。实验预约制已不是新鲜事物,在外校已实施多年。但新兴事物的实施有其麻烦的一面,尤其对我们这个实验资源还不充足、学生还不算太多的学校,预约制虽然早已提出,但一直没有实行。

随着2007年基础实验室设备、师资的扩充,为实验管理的改革打下了基础。2009年在模拟电路实验课程中进行了预约制的试行,通过这一年的实行,大家逐步体会到实验预约制的好处。

实验预约制最大的好处是能够调动学生的主观能动性。在未实施预约制之前,因为实验时间、内容、方式都一样,很多学生产生了惰性,往往直到上课当天才会想起有实验课,再做准备。现在这些都由自己选择,凡事要自己主动。同时,也减少了实验迟到现象。

当然也有不便之处,会有学生的变动,所以统计学生的情况比较麻烦,如何考核平时情况也有一定的困难。但是,随着系统的完善可以逐步解决这些问题。

五、相关政策的配套

开放性实验体系建设不是一项单一的工作,而是一个系统工程,它需要各方面的配合和支持。为了使实验改革有效、持久和深入地进行,必要的政策支持是必不可少的。

1. 建设实验教学队伍

一方面开放性实验体系建设增加了对实验教师素质的要求,这需要对参与教师从思想和业务两个方面进行强化与培训;另一方面实验是为理论教学服务的,所以真正高水平的实验离不开理论课教师的参与。这两方面如何长期有效地展开,需要有一定的奖励及约束机制。

2. 保障与鼓励学生参与实践

现在学生在四年学习中,除了正常的学业安排外,还有各种各样的选修课、公选课、副修课等。再有现在考试压力也大,这样下来学生的学习负担都很重,尤其是在大二、大三这段学习黄金期,学生的空闲时间、精力并不多。这样导致多数学生不愿过多投入到实验中来,所以从近期实验室开放的情况来看,学生积极性并不是很高。

因此,需要在课程规划上有所变革,使他们从众多文科艺术类课程中分出一些注意力来,另外在学分上有所奖励,这样可以提高学生的积极性。

3. 加大实验室日常投入

实验的开放必然增加相关器材的消耗以及仪器的损坏,同时实验内容的增加需要配置多种类型的仪器,包括一些较高档的测量设备。另一方面,实验教师在实验准备时也需要一定的资金支持。这些都需要主管部门长期的支持。

参考文献

[1]于波,余成.基础课开放性实验室建设的实践与探索.长江大学学报,2008(1):342—343.

[2]王红云,闫淑红,刘淑玲.创建开放性实验室与创新学生职业素养的探讨,山西科技,2008(3):79—80.

[3]程永扬,王为,李小昱,张终,翟红.试论开放性实验室建设的四要素,实验技术与管理,2008(6):162—614.

现代信息技术与高等教育教学的整合与实践探讨 *

史萍　曹三省　蒋青苗　朱兵

(中国传媒大学信息工程学院)

摘　要　信息技术与教学整合可以最大限度地整合教学资源、突破时间与空间的局限。本文论述了信息技术与教学整合的意义及遵循的五条原则,并结合具体实践对新形势下高等教育教学的改革方向进行了探讨。

关键词　信息技术　教学整合

一、概述

信息技术与课程整合,是指信息技术成为课程教学的有机部分,与课程内容、课程资源、课程设施和课程评价实现整体的有机结合。

信息技术与课程整合的两个目标是:其一,通过运用信息技术变革教师的教学方式和学生的学习方式,提高教学效率,优化教学效果。其二,培养学生的信息素养与能力,实现对人才培养的根本性转变:从知识积累型人才转向知识创造型人才。

信息技术与教学的整合为现代化教学提供了广阔的活动天地,促进了教学改革的深化,使教育教学领域发生了更为深刻的变革,逐步实现了教学方法的策略化、教学手段的现代化、教学内容的信息化、教学操作的简捷化等,因此这种整合的意义是深远的。

1. 能够培养学生获取、加工和利用信息的能力

信息技术融入教学过程,变革了教学方式,拓宽了教学视野,丰富了教学内容,学生对信息的获取、分析、加工和利用,就成为他们学习过程的主要内容。因而信息技术与教学的整合能使学生最大限度地贴近现实生活实际,融入网络时代,利用信息解决问题。

2. 能够培养学生终生学习的态度和能力

学会学习和终身学习,是信息社会对公民的基本要求。信息技术与教学的整合,迎合了时代的要求,能够培养学生终生学习的态度和能力。这种整合使得学生具有主动吸取知识的要求和愿望,并能付诸日常生活实践,能够独立自主地学习,自我组织、制订并实施学习计划,能调控学习过程,能对学习结果进行自我评估。

---
　* 资助项目:北京市高等学校教育教学改革立项项目"电气信息类专业多媒体教学系统研究与实践"。

3. 能够培养学生适应的能力和解决实际问题的能力

在科学技术和社会结构发生急剧变革的大背景下,适应能力、应变能力和解决问题的能力,变得尤为重要。我们必须改革教学方式,培养学生的上述能力,才能适应社会的发展。由于信息技术和教学的整合能够最大限度地开发学生潜能,调动学生的积极性,因此能够培养学生适应的能力和解决实际问题的能力。

二、信息技术与教学整合的实施原则

怎样实施信息技术与教学的整合,这是一个需要深入研究与探讨的重大课题。信息技术与不同学科课程相整合的过程中,应遵循以下五条原则,否则将会事倍功半、事与愿违,甚至适得其反。

1. 要以先进的教育思想、教学理论为指导

建构先进的教育思想、教学理论是当代一种较新的学习理论与教学理论,它对于我国教育界的现状特别有针对性,它强调"以学生为中心",让学生自主建构知识意义。

2. 要紧紧围绕"新型教学结构的创建"这一核心整合教师资源

在进行课程整合的教学设计工作中,要密切注意教学系统四个要素——教师、学生、教材、教学媒体的地位与作用:看看通过自己将要进行的"整合",能否使各个要素的地位与作用和传统教学过程相比发生某些改变,改变的程度有多大,哪些要素将会改变,哪些还没有,原因在哪里。只有紧紧围绕这些问题进行分析,并做出相应的调整,使建构的教学模式能较好地体现新型教学结构的要求,这样的整合才是有意义的。

3. 要注意运用"学教并重"的教学设计理论

目前流行的教学设计理论主要有"以教为主"和"以学为主"两大类。最理想的办法是将二者结合起来,互相取长补短,形成优势互补的"学教并重"的教学设计理论。这种理论既能发挥教师的主导作用,又能充分体现学生学习的主体作用。

4. 要高度重视各学科的教学资源建设

没有丰富的高质量的教学资源,就谈不上让学生自主学习,更不可能让学生进行自主发现和自主探索,教师主宰课堂、学生被动接受知识的状态就难以改变。作为教师,要充分利用计算机网络所提供的信息资源为教学服务。

5. 要建构易于实现学科整合的新型教学模式

教学模式是指两种以上教学方法与策略的稳定结合。每位教师都应结合各自的学科特点,构建既能实现信息技术与学科整合,又能较好地体现新型教学结构要求的新型教学模式。

三、信息技术与多媒体技术课程整合的实践探索

1. 前期准备

将信息技术与课程整合,开展个别性学习、小组性学习以及研究性协作学习,要求学生具备一定的信息处理能力,诸如信息的检索、筛选、加工以及传递等等。目前,各高校已经开设了信息技术课程,大部分学生都有能力运用多媒体网络技术处理各种信息,运用多媒体网络技术进行自助学习。但是,学生的个别学习、小组学习及研究性协作学习能否达到应有的效果,学生在学习的过程中能否掌握所学的知识,学生在课后能否把所学的东西学以致用,如何调动每一个学生的学习积极性与主动参与性,如何避免学生小组之间相互依赖,如何记录学生的学习过程,如何评价学生的学习? 在开展课程整合的实践探索之前,必须要充分考虑和细致安排这一系列问题。

2. 实施过程

教师首先根据信息技术课程的教学目标提出具有吸引力和探究性的问题,并用激励性和引导性的语言引导学生进行思考与自主探究,运用已具备的信息技术技能主动探索解决问题。然后教师将问题分解为若干个小的信息技术学科知识点,向学生讲授相关知识点,上机示范操作相应的教学内容,指导学生通过动手产生和维持学习的兴趣和动机。最后,教师开展评价。具体模式如图1所示。

在信息技术与实际课程的整合中,每一个步骤都需要教师进行精心的安排、系统的设计。

另外,结合信息技术,充分利用信息技术所特有的互动优势,构建相关资源站点,使得学生能在课堂之外,尽可能多地对教学内容中的事物、情景、过程有更为直观的感知和感受。同时,借助于网络这个平台,学生可以克服心理障碍,畅所欲言。

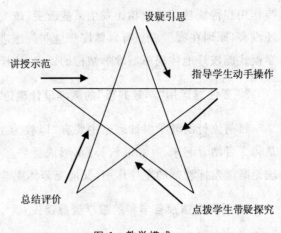

图1 教学模式

在这一过程中,教师由知识的拥有者、讲授者转换为辅导者和引导者,学生由知识的被动接收者转换为知识主动的建构者与讨论的主体,教学内容由传统的、固有的知识转换为新的、系统的学科知识。实例教学站点如图2所示。

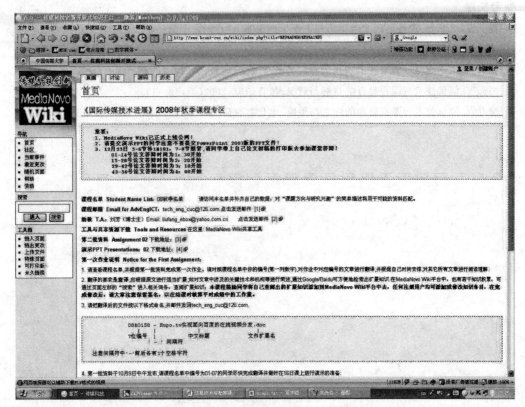

图 2　教学资源站点

四、结论

在多门课程整合的设计和教学实践中,我们遇到了很多困难,也走了很多弯路。总结如下,希望能够为今后的工作提供参考和借鉴:

(1)系统地构建学习环境。

(2)加强教师的指导和督导作用。

(3)增强学生自主学习能力。

(4)有意识培养学生的信息素养能力。

(5)加强教师自身能力的提高。

(6)丰富学习资源,提供书本上无法展示的多媒体资源,弥补课堂教学抽象知识过多的缺陷。

我们相信,随着信息与多媒体技术的发展与成熟,一定能够创造更加完善、健全的教学环境,促进信息技术与课程的进一步融合,以此来提升高等教育的教学效果,提高教学效率。

参考文献

[1]曹三省,史萍等.课外科研实践小组与大学生创新能力的培养.中国传媒大学信息工程学院教学研究
论文集,2007:95—97.

[2]龚锡恩.试论虚拟环境下我国现代远程高等教育.江苏高教,2001(5):28—32.

[3]何克抗.信息技术与课程整合的目标与意义.教育研究,2002(4):12—14.

[4]徐万胥.信息技术与课程整合的理念与策略.电化教育研究,2003(2):46—47.

信息技术环境下工科专业课程教学方法思考

王会芹

（中国传媒大学信息工程学院自动化系）

摘 要 以网络化、数字化、多媒化和智能化为代表的现代信息技术，正在越来越广泛、越来越深刻地改变着人们的生活、学习和工作方式，影响着教育的内容、手段与方法。本文从课堂教学、实践教学和网络资源利用等方面，阐述了这些新技术在专业课程教学中的应用。

关键词 信息技术 多媒体教学 实践教学

随着网络时代的来临，多媒体技术、互联网技术的广泛运用，使学生的学习从课堂延伸到了全国乃至全球，学生可以更加自由地选择对自己有用的学习内容。这必然引发从传统的课堂教学方式、学习方式和教学过程向通过通信实现的虚拟或分布式课堂及师生互动教学的转变。特别是对于理工科专业课程来说，更需要将新技术、新方法引入教学过程，给学生更多的自主发展的时间和空间，培养他们的自学能力和创新能力。[1]

一、利用现代化多媒体视听手段，丰富课堂教学内容[2]

在传统的教学中，一直以板书形式进行教学。但随着教学内容的不断充实，这种传统的教学活动方式在有些方面已经不能满足教学的需求。近年来计算机辅助教学得到迅速普及，CAI 的多媒体课件集声、像、动画、文字于一体，信息量丰富、直观生动，为教学提供了感性材料，加深了学生的感知深度；同时可以呈现动态板书，加深学生的理解记忆；并可以创设问题背景，激发学生的学习动机和积极思维。教师可以在教学的过程中利用 CAI 课件的优势结合传统教学方法的长处，开展形式多样的教学活动。首先丰富的媒体表现形式是计算机辅助课堂教学的生命，缺乏丰富媒体资源支撑的多媒体教学是不存在的。教师通过各种途径，收集、整理、改造、制作与自己教学有关的图片、电子教材、动画及音像视频资料，形成自己的多媒体资料库，使自己的教学内容形象生动。其次可以充分利用多媒体技术的声音功能。传统教学过程中，往往是通过教师的声音大小来体现内容的主次之分。对于重点内容，教师往往需要加重语气，多次重复。而利用多媒体技术，不仅画面更形象，同时还可以利用它的声音优势来突出重点、难点内容，提高学生的注意力。第三，利用现代的视听手段教学手段可以使教学内容更加生动形象，不仅可以显示大量图片，而且可以利用动画将抽象的内容直观化。总的来说，现代的视听手段由于引入了计算机多媒体技术，快速、全真地传递信息，大大提高了单位时间内课堂教学内容的信息量，同时也由于表达形式的多样性，为讲授复杂的动态过程、抽象的理论知识以及演示不能简单重现的自然现象、实验现象提供了极大的方便。

二、发挥 MATLAB 等仿真软件的优势，激发学生学习兴趣

随着教学改革的深入开展和计算机应用技术的提高和普及，利用计算机进行辅助教学已逐步进入课堂教学领域。MATLAB 具有开放的环境、功能极强的矩阵运算、图形绘制、数据处理、各种工具箱以及像"草稿纸"一样的工作空间等许多优点，为很多专业课程的教学提供了一个连续的、有实用价值的平台。在课堂上，讲课的同时可以利用这些软件对各种理论和规律进行演示和验证，使学生获得更为直观的认识，提高学生学习的兴趣。在课下通过布置一些小型作业，让学生利用模拟软件去亲身实践、寻求答案，提高学生的自学能力。

三、引入虚拟技术，扩充实践教学

受实际条件限制，学生的实习和实验机会远远不能满足实际的需要。虚拟现实技术作为一种新型教学媒体，其教学应用一直是教育领域研究的热点问题之一。原因在于虚拟现实技术具有广泛的作用和影响。亲身的经历、感受比空洞抽象的说教更具说服力，主动的交互与被动的观看有质的差别。它带给我们崭新的教育思维，解决了我们以前无法解决的问题，将给我们的教育带来一系列的重大变革。尤其在科技研究、虚拟仿真校园、虚拟教学、虚拟实验、教育娱乐等方面的应用更为广泛。随着网络时代的来临，网络教育迅猛发展。尤其是在宽带技术大规模应用的今天，国内一些高校已经开始逐步推广、使用虚拟校园模式。我们可以将虚拟现实技术引入教学环节，构建虚拟和现实相结合的教学方式。虚拟化实践教学是在完全虚拟的环境中开展实习、实训和实验活动，并对实验结果进行分析总结的一种方法。它作为实践活动的有效补充，可以增加学生实践的机会，扩展学生实践的空间。同时它不受时间和空间的限制，实现起来更为灵活。

四、突出网络资源，丰富课程内容[3]

工科专业课程的内容和实际技术的发展紧密相连，而这些技术的发展日新月异，单凭课本的内容很难跟踪这些变化，难以提供给学生全面而先进的知识。互联网是一个大的知识库，它可以提供各行各业的发展动态和最新的技术，从这里我们可以获取任何我们所需要的知识。同时互联网具有开放性，每个人都可以创造性地使用它，而不会受到时间和空间的限制。所以我们要充分利用它的优势，突出网络资源，将它与学科课程教学有机结合起来。对于学生来说，可以利用网络资源查找相关资料，开阔视野。对于教

帅来说,一方面可以将与教学内容相关的资料及站点放在网上,供学生研究和探讨。另一方面可以建立网络答疑系统,加强教师和学生之间的交流。学生在学习中时常会遇到问题,需要老师的指导,但在传统教学答疑环节中,需要老师和学生面对面地交流,使得辅导答疑这一教学活动中必不可少的环节常受时间和地点的限制。这样往往会使学生的疑问不能及时得到解答,会大大降低学生自主学习的积极性,影响教学质量。而借助在线答疑系统,辅导答疑可以更灵活、更及时地得到解决,教师还可以根据学生提出的问题掌握学生的学习状况,及时调整教学内容和进度、改进教学方式,从而改善教学的效果。学生在学习过程中产生的问题以及教师的解答,经过一定时间的积累还能够成为可重复利用的宝贵教学资源。同时,教师和学生可以上传、下载课件、音视频教程,更好地分享利用教学资源,学生还可以更方便地网上提交作业。在线答疑系统为学习者提供了一个课堂之外的交流空间,有效地调动了学生学习的积极性,同学与同学之间、教师与学生之间的讨论,活跃了思维,也拉近了彼此的距离,使老师的施教更有针对性。它克服了传统答疑方式的不足,从而作为专业课程教学的一个延伸,弥补课堂教学内容的不足,增强了学生自学的能力,并通过讨论加深学生的印象,激发学生学习的兴趣。

总的来说,通过以上四个方面可充分发挥信息技术的优势,增加学生学习的信息、提高现有资源的利用率。在信息技术的运用与教学过程中,通过师生互动,不仅提高了学生学习和使用信息技术的能力,而且也提高了教师的信息素养和专业能力,达到教学相长。

参考文献

[1]吴忠明.信息技术环境下课堂教学方法的创新.教育技术导刊,2007(8).
[2]庄木齐.信息技术环境下教学模式与教学方法的创新研究.甘肃教育,2006(5).
[3]范胜英.信息技术环境中教学方式的构建与实施.教育探索,2004(9).

浅谈课堂教学"开头"的重要性

李晓茹

（中国传媒大学信息工程学院通信工程系）

　　摘　要　讲好一节课的开头是调动学生学习积极性的第一步。如果教师能够根据教学内容，精心设计出灵活多样的开头，导入教学，就能激发学生的学习兴趣，调动学生一心向学的热情，对提高课堂教学效果大有好处。

　　关键词　开头　学习兴趣　课堂教学

一、讲好"开头"的重要性

　　俗话说："良好的开头是成功的一半。"讲好课的开头是调动学生学习积极性的第一步。作为教师如果能在课堂的开头几分钟，匠心独运，精心准备，根据具体情况设计出灵活多样的开头，导入教学，更大地激发学生的学习热情和思维，对教学效果的提高是非常有利的。

　　教育心理学告诉我们：学生的心理素质决定其学习活动与学习效果。心理素质包括智力因素和非智力因素两个方面。一个人即使具有高水平的智力，如果智力因素不能与非智力因素相结合，就不可能取得较大的成就。就大多数跨入同一层次院校的大学生而言，其智力因素相差并不悬殊，而导致学生学习成绩分化的一个重要原因就是由于非智力因素的发展存在较大的差异。教学实践表明：在非智力因素的动机、兴趣、情感、意志和性格等诸多因素中，兴趣有着举足轻重的作用。可以说兴趣是最好的老师，学习兴趣是一种力求认识世界、渴望获得知识的愿望，能推动人们去寻求知识，钻研问题，开阔眼界。总之，学习兴趣是学习活动的重要推动力。

二、关于"开头"的设计

　　讲好课的"开头"很重要，如果在上课一开始就能调动起学生大脑神经的兴奋点，他们就有可能兴致勃勃地认真听下去。否则，学生的注意力就不易集中，掌握的知识也会大打折扣，学习效果自然受到影响。那么，怎样才能充分调动学生的学习兴趣呢？

1. 教师自身的精神状态影响学生的学习兴趣

首先站在讲台上的教师给学生的第一印象应该是精神饱满、胸有成竹、充满信心的表情和优雅、脱俗、庄重的外表,使学生眼前为之一亮。因为典雅大方的着装能表现你的内在气质,增强你的自信心,对着装的要求是:简洁典雅,精干大方,有个性,又不要过分强调个性。饱满的精神可以吸引学生,用教师对知识充满激情的讲授来感染学生,将教师的精神状态传递给他们,从而激发起学生对接受知识的渴望。充满信心的表情会给学生带来信任感,因为学生学习的兴趣点之一是对教师的认同感,当然这种信心是源自于教师本身渊博的知识和扎实的基本功。如果教师走进教室时精神倦怠,讲话有气无力、没有条理,就不难想象学生的反应会怎样,整体的教学效果必然要受影响。正如康德的学生形容康德"站在讲台上的不仅仅是康德这个人,而是一个精神。"这应该是一个教师终身追求的目标。

2. 提出问题造成悬念激发学生的学习兴趣

最好的学习动机是内在动机,是求知欲望,即对所学知识本身的兴趣。如果教师一上课,就采用千篇一律的语言如"今天我们学习新课……""下面我们讲新课……",知识的提出像是端出的一道道菜,平铺直叙地一一道来,就会显得枯燥无味。一节课的开头形式尽管多种多样,但关键在于对新课引入自如并设置悬念,使学生在上课伊始头脑中就产生疑问,带着解决问题的强烈愿望和追根求源的好奇心理,积极参与到学习过程中来,为上好课创造良好的前提。教师可以首先以问题的形式将要讲述的内容提出来,引起学生的兴趣。比如,在非线性电子线路的教学中,讲授丙类功率放大器时,教师就可以从甲类功放效率低讲起,乙类功放的效率得到了提高,如果想进一步提高效率应该怎样做呢?引出丙类功放,丙类功放效率提高了,但是输出电流产生了失真,怎样才能克服这种失真呢?又设计出具有选频特性的 LC 谐振回路作为负载,就得到了谐振功率放大器,那么这种谐振功率放大器怎样来分析呢?它和学过的甲类、乙类功放有什么区别呢?教师通过步步设疑,引导学生思考并回答,激发学生对问题探究的兴趣,并使这种兴趣保持下去。这样在教学的过程中,通过一个个问题的提出和解决,学生会产生"新发现"的感觉,获得像科学家当初发现并解决这个问题时的成功感。

3. 明确目标使学生对所学知识感兴趣

首先阐述新知识的背景,展示课堂目标和教学内容,点明重点、难点,使学生在一开始就做到心中有数、目标明确,以便在后来的学习中提高注意力,把重点、难点弄懂、消化,起到画龙点睛的作用。比如在非线性电子线路的绪论课中,教师首先要对本课程做一个总体的介绍,指出非线性电子线路这门课程的性质、地位,它在通信系统中的应用,并举例说明它的主要作用、主要内容、知识结构、学习方法和应用前景等,使学生对本门课程有初步的了解,使学生有兴趣、有动力去学好这门课程。再比如在讲授混频器时,应首先指出它在无线电超外差式接收机中的作用,它与输入输出电路的关系及物理量,混频器的实质是完成了频谱的线性搬移,以及实现混频器的电路等。

4. 用已知知识去认识未知知识

教师在讲授新知识前,对于旧知识应进行扼要的总结复习,用简洁扼要、富有吸引力的启发性语言自然过渡到新知识上来,起到承上启下、温故知新的效果。例如,用在线性电子线路中常见的负反馈来认识正弦波振荡器中的正反馈,用小信号电压放大器来认识大信号功率放大器,用 LC 振荡器来认识 RC 振荡器,用调频电路来认识调相电路等。用已知的知识来认识未知的知识,一方面使学生对已学过的知识在不断重复中加深理解和深化,尤其对于重要概念要在多处重复。另一方面不会对新知识产生陌生感,容易接受和理解。这种导入突出承上启下的作用,提示学生要运用旧知识理解新知识。也可通过提出与以前学过的知识有关的问题,经学生回答,引出与它们相联系的新问题。不同的是,这种方法突出了对旧知识整体的回顾,以问题的方式将新旧知识联系在一起。

三、小结

"开头"的设计"无定法",它会因教师自身的文化心理结构、所学专业、课程、授课对象的不同而各不相同。其要义在于抓住人心,引人入胜,激发学生对所学知识的好奇心和学习热情,营造积极的课堂教学"软环境",具有"劝学"的功能。既要把该说的事情说明白,又不能过于啰唆,占用过多的课堂时间。托尔斯泰曾经说过:"成功的教学,所需的不是强制,而是激发学生的学习的兴趣。"努力激发培养学生的学习兴趣,使学生享受学习的乐趣,是教学的任务之一,是提高课堂教学质量的有效途径。一出好戏的开头,就在于能够立刻把刚刚入场的观众带进充满魅力的艺术殿堂。教学亦然,一节课的成功,固然取决于多种因素,但它的"开头"决不可小视。如果处理好了,能使全课皆活,充满生机,否则就会全堂沉闷。所以一个称职的教师,对每节课的"开头"无不精心设计。

参考文献

[1]巨瑛梅,刘旭东. 当代国外教学理论. 教育科学出版社,2005.

[2]华成英. 如何讲好课——浅谈教学方法. 电工电子课程报告论坛论文集 2006. 高等教育出版社,2007.

[3]龚绍文. 如何讲好一堂课的十个问题. 电工电子课程报告论坛论文集 2005. 高等教育出版社,2006.

[4]杜勤. 激发学生学习兴趣,上好第一节课——兼谈本科生法学课程教学质量的提高. 法制与社会,2008(7).

[5]丁琼娥. 精神·开场白——教学随笔. 教育与教学研究,2007(9).

一堂教学课成功的关键因素

张华清

（中国传媒大学信息工程学院通信工程系）

摘　要　一堂课的教学效果如何、学生是否喜欢听讲、从中获取知识的多少，与教师自身的知识结构、课件制作水平、教学技巧即对课堂气氛、节奏的把握程度，以及教师与学生的良好互动等都有着很大的关系。本文就如何成功完成一堂教学课谈了几点关键因素。

关键词　知识结构　多媒体课件　课堂气氛　课堂节奏　互动　参与

一、引言

一堂成功的教学课，应当能做到以学生为主体、教师为主导。教师能够轻松自如、深入浅出地讲解，学生能够积极主动地参与到教学的全过程，并真切地感受到课堂的乐趣，体会到学习的快乐，在自然和谐融洽的气氛中达到预期的教学目的。经过自己多年的教学实践体会，以及近几年作为教学督导组成员，听了大量老中青教师的课，我认为一堂教学课的成功主要取决于以下几个因素：教师对于课程内容的把握程度以及灵活驾驭的能力（包括教师的知识结构、对教学内容的整体理解、课件制作水平以及使用是否恰当等），教师对于课堂气氛的调动以及节奏的把握程度（包括教师与学生的关系，讲解是否轻松自如、严松适度，有无良好的互动等）。

教师走上讲台之前，一定要对所讲授的课程有充分的了解，但作为一个要将知识传授给学生的教师，仅有对课程内容的了解还不够，而要能够用最简单朴实的语言、最鲜活生动的例子和最简洁直观的推理把理论和基础知识讲解清楚。教师讲解的内容以教材为基础，但一定要比教材更生动、更丰富、更形象。一堂课是否生动、丰富、形象、吸引学生的注意力，取决于教师的语言与表情、教师对课程知识理解的程度、对课程知识的应用状况、应用领域的了解程度，还取决于教师是否善于利用有效的教学手段。

二、具有丰富而立体的知识结构

基础课与专业基础课都与后续的一些课程在知识结构上有着密切的联系，专业课的教学内容更有着丰富的应用背景，因此，授课的教师除了应对所讲授课程的教学大纲、内容结构有充分的了解之外,还应该对一些先修课程、后续课程的教学内容、应用情况有一定程度的了解,并能将这些相关的知识内容恰当、灵活地运用到授课的过程当中。在讲课的过程当中,有时需要利用先修课程的一些基础知识,如公式、定理、结论等,启发、帮助学生理解现在所学习的知识。后续课程或实际应用的举例介绍说明,可以帮助学生理解现在所学理论知识的背景、公式的含义,便于记忆所学习的公式、定理和结论,并提高学生的学习兴趣、激发学习动力。因此,授课教师应当自觉地学习和了解相关课程的内容,如果有条件和机会,应当争取上一些知识联系较紧密的系列课程。对这些相关课程内容的了解和熟悉,有利于上好其中的任何一门课程。丰富的知识结构能够使教师在课堂教学中信手拈来地介绍相关知识背景、生动列举理论与实际应用之间关系的例子,并利用相关知识循循善诱地启发学生。教师丰富而立体的知识结构是成功完成一堂教学课的关键所在。

三、精心制作和善于利用多媒体课件

多媒体课件的使用确实给课堂教学带来了很大的方便,免去了教师上课忙于板书的书写,而将时间和注意力用于对课程内容的解释和说明。但是,要使多媒体课件能够充分地发挥作用,电子教学课件就不应该是对教材内容的照搬,而应该是对教材内容的提炼、加工,使内容更醒目、重点更突出,要能够吸引学生的注意力,使课件与教师的讲解相辅相成,达到良好的教学效果。

要使课件发挥特有的效果,那么,教师在制作课件时就必须下相当大的工夫。首先,教师对课程内容要极为熟悉,对重点内容把握准确。课件中显示的内容一定是经过提炼的,甚至是用特殊的方式表现的重点内容,应避免大量的文字堆积。教师讲解的话语并不需要都呈现在课件中,有些教师怕学生记笔记来不及,就希望在课件中能尽量多地呈现内容,其实这是不必要的。一是因为,文字内容教材中基本上都有,提醒学生课后多看书就可以了;二是,课件中若满篇的文字,喜欢记笔记的学生就会忙于抄记,而无法注意听老师的解释和说明,不记笔记的同学也会将大部分注意力放在读课件中的文字,同样无法注意听老师的讲解。因此,课件要简洁、明了、重点突出,老师要紧紧围绕课件中呈现的内容进行讲解,并提醒学生听课要将注意力放在听教师的讲解与说明上。

在电子课件中,教学内容能用形象的方式表示的尽量采用恰当的形象方式表示(如图、表等),文字的解释说明部分通常情况下则不必再呈现在课件中,教师用语言解释清楚图表所说明的内容即可。当然,重要的定理、结论等内容应当用文字再强调一遍。一些无法用特殊方式表示的内容,用文字呈现时,也不必如教材一样用规范的书写格式,为了更简洁醒目,教师可以选择一些灵活的表现方式。下图所示的两页 PPT 中所描述的内容基本相同,但表现形式稍微做了些变化。显然,右图的表现形式能使人更清楚地了解这一页要说明的内容,关键的名词和指标也更清楚明了,便于学生掌握和记忆。

图　课件制作举例

在实际制作课件时,也要善于利用颜色来突出重点。重要的名词、重点内容可用特殊的颜色、字体来区别于一般的说明性内容,就好像我们说话,在需要强调的地方会加重语气一样,重点的内容一定要有意识地做醒目的提示。一页内容也尽量不要通篇一起出现,而应该是讲到哪里显示到哪里,一起显示通常会分散学生的注意力。

现在,教学的资源越来越丰富,课件的制作工具、手段也越来越灵活,对于专业课更是可以利用电子课件来拉近理论与实践之间的距离。比如一些设备、用具、实验、施工现场等,完全可以将一些真实的图片和视频呈现在课堂上,这些都需要教师用心去收集资料,并恰当适度地融合在教学中。但在课堂中应避免视频或图片的过度使用,长时间地播放视频,会影响课堂的教学。课件中多媒体的应用,应是教师教学的有力辅助手段,但不能喧宾夺主。

另外,现在网络上也可以下载一些课件,有些出版社也随教材提供课件。但即使是有现成的课件可用,授课的教师也应该依据自己对课程内容的理解、授课思路对课件进行再加工处理,这样,课件才能与教师的授课内容、讲解风格起到良好的相辅相成的作用。

四、把握良好的课堂气氛

教师是一堂课的策划者、指挥者,因此,课堂气氛的好坏直接取决于教师。教师在课堂上的讲解应当轻松自如,必要时可以抑扬顿挫、诙谐幽默,避免死气沉沉的讲解。

那么,如何使课堂气氛活跃,使学生爱听老师的讲解呢? 首先,教师必须要调整好自己的心态。一个好的教师不应该总是一副严肃的面孔,即使是站在讲台上也应当是和蔼可亲的,说话音量恰当、语速急缓适中。讲解时能用最简单朴实的语言、最鲜活生动的例子和最简洁直观的推理把理论和基础知识讲解清楚,也就是教师应具备把复杂的内容简单化的本领。如果教师讲解时语气过于严肃、语言生硬死板,如背书一般,缺乏恰当的手势、语气变换、生动的举例说明,那么课堂气氛一定是紧张沉闷的。

要活跃课堂气氛,教师的善于启发和引导学生思考、与学生有良好的互动也是关键之一。一堂课应有几次提问,提问的作用不但能活跃课堂气氛、也是促使学生积极思考、参与到教学过程中来的有效手段。但课堂上的提问也是需要技巧的,提的问题难度应该适当。而且当问题有一定难度时,教师要善于引导学生、启发学生积极思考,而不是简单地给出答案。引导启发学生的关键在于如何有效地把问题从难过渡到易,启发学生的思考和兴趣。在课堂上与学生有良好的互动,学生积极的反应,反过来也能够激发教师更有激情、更生动地讲解。

有时一堂课的气氛,与开头那么几分钟也有着很重要的关系。大多数教师都能提前十几分钟来到教室,在做好上课前的一切准备后,如果严肃地等着上课的铃声,那么这堂课的开始往往也是沉闷的。如果教师在课前的这么几分钟能够走到学生身边与学生沟通、询问学生最近的学习情况等,就能拉近教师与学生的距离,这节课的开始也往往是自然轻松的,有时还能够从刚才与学生谈到的问题巧妙地引出课程的讲解内容。

课堂的气氛还离不开教师的调动、启发,离不开教师的关心、鼓励。教师上课应面带微笑、精神抖擞、意气风发,经常表扬鼓励学生,学生不自觉地就会配合教师,与教师有良好的呼应。若教师一进教室就十分严肃,学生也就受到感染,气氛紧张;或教师一站上讲台就是一通批评,这一堂课也往往是在沮丧与沉闷中进行。哪怕是学生做得不够好,比如作业没有认真完成、抄袭严重,小测验没有考好等,也应该将批评转化为表扬,可以在课堂上通过表扬做得好的学生达到激励落后学生的目的。

五、把握合理的课堂节奏

脑神经专家研究发现,人的注意力在通常情况下,能够高度集中的时间大约不到20分钟。因此,在课堂教学中,教师一个重要的技巧是能够灵活地变换节奏,避免一味严肃、紧张地讲解。一堂课的内容可以划分为严肃的内容和相对轻松的内容,如必须掌握的内容、需要了解的内容和辅助说明的内容等。讲课节奏就是经常在严肃的内容和相对轻松的内容之间进行巧妙的转换,使得课堂充满节奏感和乐趣,学生听着不累,教师讲起来也轻松自如。

讲课的灵活性也是关系到课堂节奏的一个因素,教师备课时通常都准备了大量的内容、材料,有时准备的内容无法在规定的时间内讲完,这时就应当有一定的灵活性,进行适当的取舍。可讲可不讲的或易于理解的内容就不讲,可以让学生自学。有时候学生会提出与后面课程内容有关的问题,但是这部分问题还没有讲到,教师可以根据情况酌情处理。有可能的话,可以将后面的内容提前在这一节课来讲,因为是学生主动提出来的,自然是他们由已学到的知识联想到的、感兴趣的问题,那么在教师讲解时,学生一定会比平时更主动认真地去听,会有非常好的教学效果。若学生提的问题不适合提前讲,那么,可以在此做一个简单的介绍说明,在后面章节再详细讲。当课堂时间不够时,可以把部分公式推导或数学分析略过,只讲述逻辑分析和结论(当然,对于结论教师应向学生解释清楚它的物理含义和应用情况)，而把公式推导作为课后作业让学生自己去做。

把握课堂节奏感，另一个有效的方法是促使学生参与教学，学生的参与有两种形式：一种是主动参与，一种是强迫参与。教师善于利用启发式讲解方式，是促使学生积极思考主动参与的首要条件，如果学生不积极参与怎么办？这时候必须采用强迫参与的方法，课堂小测验是强迫学生参与教学的一个好方法，但测验的题目不要太难，也不要费时太多，只要学生听课就能够容易地回答出来即可。课堂小测验既可以变换课堂节奏，又可以促使学生被动参与。学生参与到教学过程中来很重要，这样学到的东西理解透彻，也更容易记住。

六、善于激发学生的成就感

学习的过程要有成就感，有了成就感学习才会有更大的动力。因此，如何减轻学生的挫折感，是教师在教学的过程中应该注意的一个问题。比如课堂提问，当学生回答不出来的时候，教师要善于引导，在教师的一步步引导下，通常问题会变得相对简单，学生回答出来后，要及时给予鼓励。同样，课堂小测验的题目也不要太难，最好是针对当堂讲授的内容，学生回答出来后，就会有一定的成就感，下面的听讲就会在一种轻松愉快的氛围中进行。学生会真切地感受到课堂的乐趣，体会到学习的快乐，主动地参与到教师的教学当中，对知识的领悟很有帮助。

七、结束语

教师在讲完一节课后，教学任务似乎就完成了，但真正检验起来，会发现很多学生并没有弄懂，同样的问题再考学生一次，学生还是不知道。造成这种状况的主要原因是教学只是停留在表面，没有讲解深入，或学生的学习流于形式，缺乏深入的思考。因此，要成功完成一堂教学课，使学生真正从一堂课中学到知识、学活知识，感受到学习的乐趣、体会到学习的快乐，需要教师在自身的知识结构、讲课技巧、与学生的关系等诸多方面下工夫，并不断地探索思考、总结经验。

教学管理

从教学管理上推进"大学生创新性实验计划"*

罗莉梅　邱净　马佳　路英

（中国传媒大学信息工程学院教学办公室）

摘　要　"质量工程"中的"大学生创新性实验计划"具有很好的开展意义，但也存在一些具体的实施问题。本文就这些问题进行阐述，并着重从二级学院的教学管理上给出了一些解决问题的建议。

关键词　大学生创新性实验计划　教学管理

一、开展的背景

2007年初，教育部启动国家级"大学生创新性实验计划"，60所"211工程"大学入选首批国家级"大学生创新性实验计划"。该计划是教育部于2007年4月开始申报的一项高校教学质量工程项目，旨在资助本科生开展创新性实验，使大学生初步涉及科学实验领域，激发科学研究的兴趣。

在国家资助的基础上，中国传媒大学以1:1的比例对入选项目给予配套资金支持。此后，学校利用"质量工程"建设契机，设立了校级"大学生创新性实验项目计划"。一方面扩大项目的数量使更多的学生能够有机会体验创新性实验的快乐，另一方面也便于对已经立项的校级项目进行考查，从中遴选出优秀的项目申报国家级项目，确保国家级项目更高的建设质量。

一年多来的实践证明，不论是国家级或是校级的大学生创新性实验计划，都有利于改变目前高等教育培养过程中实践教学环节薄弱、动手能力不强的现状，有利于改变灌输式的教学方法，进一步推动高等教育教学改革，提高教学质量。同时，这项实验计划，也便于学校和二级学院遴选发掘出有潜力的学生，推荐参加各类国家级、省部级竞赛或者进入研究生培养阶段，对学生自身的专业发展起到很大的推动作用。

二、存在的问题及原因分析

在过去一年多的建设中，我校一共进行了两次国家级和两次校级"大学生创新性实验计划"的申报工作，其中还有多次中期检查、答辩等。在这几次的组织过程中，可以发

＊　资助项目：中国传媒大学教改项目"基层单位教学管理模式改革"。

现一些具体实施中所存在的问题,具体如下:

1. 申报过程中存在的问题

在几次申报过程中,我们发现学生申报的数量有所减少,导师指导学生进行创新性实验计划的热情也有所降低。其原因可能在于:

(1)当今大学生多数有创新意愿,希望在学习中产生新思想与新理论,积极寻找新的学习方法。但由于条件的局限,学生往往不能把握本学科发展的最新动态和相关学科知识的横向联系,对所学专业感到茫然,在申报过程中无法根据自身专业提出合适的研究课题和研究方案。

(2)由于项目开发需要一定的研究时间,尤其对于工科生来讲,至少要保证一年或以上的项目完成时间,因此,大学生创新项目在我校是针对本科二年级和三年级的学生开展的。这些学生在前面一至两年的学习过程中接触到的大多是基础性课程,对于专业研发工具的掌握还较欠缺,本身也缺乏专业实践经验,导致在申报前对即将要使用的研发工具和研发手段较为陌生,无法自发组成一个互补不足的、强有力的研究团队。

(3)学生在日常学习中接触最多的是给他们开课的老师,而前期开设的课程一般只是基础性课程,接触到的老师十分有限。学生有创新想法的时候,不知道怎样针对自己的想法寻找专业研究方向对口的导师对其进行引导,因此,优秀的导师与对某一研究方向感兴趣的学生无法实现及时的配套。

(4)要选择适合本科生研究的课题,也存在着较大的难度。创新性实验项目既要考虑是否适合本科生现有知识和能力的实际水平,又要考虑项目的实施方案及操作步骤的可行性,还要考虑到预期成果是否明确合适。因此,如果直接根据导师的科研项目来确立选题,就可能存在偏重理论性研究、难以在短时间内出成果、不适合本科生层次等缺点;如果由学生提出选题,虽然容易打破传统束缚,具有一定的创新性,但会存在不切实际、研究水平较低的缺点。

以上这些问题都将导致一些对创新性实验计划积极性很高的学生在申报初就遭到淘汰,影响了学生的积极性。

2. 管理过程中存在的问题

(1)"创新性实验计划"建立在大学生自主自愿申报的基础上,学生有了兴趣才能激发创新力,这个项目的开展才有意义。而现在的情况是,学生在申报的时候兴趣十足,但是项目进行中,学生可能由于课业重或者发现研究项目比他想象中辛苦很多或其他原因,失去了原先的兴趣,导致项目不能进行下去,经费花了却收不到研究效果。

(2)大学生创新实验是一种自主实验,参与计划的学生要自主设计实验、自主完成实验、自主管理实验。学生是项目的主体,教师只是起辅导作用,不能大包大揽,而且,学校或二级学院只在中期进行检查答辩。这样一来,一些学生容易受依赖心理左右,在项目开展过程中缺乏自我管理的自觉性,处于被动状态,在导师或学校进行检查时才有所行动,平时就停滞不前。这样的行为也严重影响到整个研究团队,到最后真正工作的就只有项目负责人或某个成员而已。

三、建议措施

大学生创新实验计划的实施应遵循注重兴趣驱动、自主实验、重在过程的原则。同时,二级学院应该在管理上制订多项措施,协助学校和教育部保障创新性实验计划的顺利开展,并推动其进入良性发展轨道。

1. 设置激励机制

激励机制主要从学生和导师两个层面考虑。

(1)对导师的激励机制。对指导教师进行工作量的补贴,或将指导成果作为教师科研成果记入科研工作量;对学生所在学院的管理人员也给予相应的奖励。同时,设立优秀指导教师奖和优秀组织奖,表彰优秀的指导教师和管理人员。

(2)对学生的激励机制。参与项目的学生在按计划完成项目后,可获得一定的大学生创新学分,大学生创新学分可以作为培养方案中限选课、任选课学分或课外学分,计入成绩档案。对取得阶段性成果的项目,经过一定程序审批后,可作为毕业设计课题继续进行。其中优秀的学生可具有免试推荐硕士研究生的资格。

对导师而言,激励机制有利于调动导师的积极性。对学生而言,参与大学生创新性实验是能力提高的一种手段,学院给予学分上或档案上的体现,是对其能力的一种认可和证明。

2. 改革选题步骤

大学生创新性科研仅依靠本科生队伍是不够的,本科生工作勤奋、思维敏捷、精力充沛,容易打破传统思维的束缚,但是如果没有有经验的教师指导,很可能在研究中走弯路且研究水平太低。但是,纯粹依靠教师选题又容易出现上述的一些问题。因此,有必要从管理层面上对学生和导师进行组织,改革选题方式。

选题应采取指导教师选题、学生自主选题和学生与教师协商选题相结合的方式。具体实施中,可以采取以下步骤:

(1)学生根据自身的创新想法编写项目简介,主要阐述所设想的项目题目和实施方案,通过学院平台,采取张贴公布或网上公布的方式进行公示。这样有利于导师进行评价,选择专业对口的学生进行指导,也有利于召集其他对该课题有兴趣的同学组成一个研究团队,使研究团队的成员可以包括不同年级的学生而不是仅局限于本班同学,进而起到知识互补、团结协作的作用。

(2)教师从自己的科研课题中剥离出适合学生研究的子课题进行公布,由学生选择。但是,为了能够保证设立"大学生创新性实验计划"的初衷,选择导师的学生需针对导师提出的课题,根据自己的理解和专业知识,写出项目想法,交由教师审阅。这样既保证了导师与学生的双向选择,又保证了开发大学生创新能力的初衷。

3. 强调过程管理

加强二级学院对项目的全程管理,使其科学化、规范化,才能引导大学生创新性实验在学生自主实验的基础上达到预期的目标。

(1)规范计划项目,实行统一的项目管理程序,建立项目分级管理数据库。从计划立项开始分阶段收集和录入项目信息,形成系列可查询的数据资料,对各阶段项目的实施情况进行动态管理,实事求是地上报各类统计报表,追求高质量管理。学院定时进行抽查,与导师及时沟通解决问题。

(2)课题任务实施分区负责制,导师根据个人专长分配任务。承担任务的同学必须在规定时间内完成,如果完成不了,需重新委托他人负责,不能因为个人原因影响整个研究团队或导致项目的停滞不前。承担任务的每个同学在每个任务阶段根据其完成的工作量和效率由导师负责评分,接连几次分数都过低则导师有权更换项目组成员,鼓励真正保持创新热情和积极性的学生的参与。

(3)鼓励团队每个成员树立创新意识,书写参加创新性实验的体会。学院对创新性实验的检查不止要注重最终研究结果,不止是根据项目负责人的答辩表述来评定完成质量,更要注重每个成员的实际进展,对成员个人的报告和书面体会进行审阅。调动每个成员的荣誉感和参与的积极性,更能起到激励的作用,也能从实质上查验出项目的完成质量。

四、结语

培养学生的创造力是现代教育的首要目标,也是大学生创新性实验开展的宗旨。如何通过二级学院的教学管理保障其顺利实施并达到预定的目标,是需要我们在实践过程中不断探索并不断改进的。

参考文献

[1]冯林,张葳."质量工程"视角下的大学生创新性实验计划.实验室研究与探索,2008(6).

[2]王祖源,毛骏健,吴於人.实施"国家大学生创新性实验计划"的体会.中国大学教育,2007(9).

[3]曾兴雯,赵树凯,赵韩强,郭涛.实施"国家大学生创新性实验计划"的实践与思考.中国电子教育,2008(3).

关于选修课纳入综合测评的改革研究

宋金宝　柴剑平

（中国传媒大学信息工程学院数字媒体技术系）

摘　要　本文首先分别阐述了综合测评和选修课的意义，进而论述了选修课纳入综合测评的意义并提出改革目标。

关键词　综合测评　选修课　改革

一、综合测评的意义和用途

综合测评是指对大学生的德、智、体等方面制订一系列的量化指标与实施细则，平时考核积累，每学期评定一次，是大学生奖学金、三好生评比和毕业生就业的重要依据和参照，是一项与每一个大学生都密切相关的工作。综合测评的目的在于全面、准确地考核、评价学生，同时作为学生评各级各类奖助学金、评优、推荐免试攻读硕士研究生、就业择优留京指标的重要依据。每学年的综合测评结果存入学生的档案。可以说，综合测评是大学学生考核唯一的权威手段。

二、选修课的意义

选修课的意义在于在必修课学习的基础上，根据学生的兴趣爱好，选择自己喜欢的课程进行学习。学生可以找到自己的兴趣爱好，带着兴趣爱好去学习，同时充分利用学校各个学院各个专业的教学资源，对于培养高素质的全面人才大有裨益。

1. 拓展学生的知识与技能

必修课程关注学生基本的科学文化素质，追求知识与技能的基础性、全面性、系统性、完整性，为学生的一般发展奠定知识技能与情感态度基础。但是，随着知识的发展，知识在不断走向分化、深化、细化的同时，也不断地交叉、渗透、融合。知识的不断分化与整合使传统的学校课程很难反映人类知识的当代成就，滞后于知识的发展。必修课的数量与内容总是有限的，它在知识的深度与广度上受到一定的限制。而选修课则可以弥补必修课的不足，它一方面可以对必修课的内容进行拓展或深化，另一方面，又可以发展学生的技能、特长。它拓展了学校课程的种类与范围，使学校课程生机勃勃，充满活力，强化了学校课程与知识的动态联系。

2. 发展学生的兴趣与特长

由于遗传、环境、教育与个体主观努力程度不同，学生在知识经验、能力基础、家庭背景、兴趣爱好、性格特征等方面均存在着一定的差异。我国的教育固然以学生全面发展为目标，但这并不意味着对所有的学生都统一要求，更不意味着要求每一个学生在每门课程上都平均发展或门门优秀。学校教育应该适应学生的个别差异，赋予每个学生选择性发展的权利，引导和促进学生个性的生动发展。可以说，没有"选择"的教育、不讲"个性"的教育，充其量不过是一种"训练"，而不是真正的教育。因此，我们必须改变过去必修课一统天下的僵化格局，在不加重学生负担的前提下，开设丰富多样、富于弹性的选修课，拓宽学生的知识视野，促进其潜在能力和个性特长的充分发展。

3. 促进教师的专业成长

在必修课"一统天下"的课程体制中，教师被排除在课程编制活动之外，他们仅仅是既有课程的实施者，严格按照统一的教科书、教参甚至教法进行教学。而选修课的开设，对教师提出了新的要求、新的挑战，同时也为教师的专业发展、工作品质和教学质量的提升提供了更多的机遇。它改变了教师的传统角色和固定不变的职能分工，要求教师更新课程意识、教学观念，掌握课程开发所必备的知识、技术和能力，吸收当代知识研究的新成果。正是在参与课程开发，进行课程设计、实施与评价的过程中，教师不断地反思自己的教育实践，最大限度地发挥自己的专业自主性和创造潜能，发挥自己的优势和特长，获得专业的自主成长和持续发展。

4. 促进学校特色的形成与办学模式的多样化

由于必修课数量、内容、范围有限，在必修课"一统天下"的格局之下，不可能实现办学模式的多样化。而选修课既在科目设置上有很大的灵活性，又在科目的组合与内容的拓展上有很大的自由度。选修课尤其是学校根据自身条件、资源、师资状况开设的选修课，有助于课程模式的多样化，而课程模式的多样化最终又形成各自的办学特色。因此，开设多种多样的选修课，是形成学校特色和办学模式多样化的重要途径。

总之，选修课不是必修课的陪衬，更不是必修课的附庸，它是一个独立的课程领域，有自己独特的目标、任务、优势和作用，是现代学校课程制度的重要支柱，不可或缺。我们必须彻底打破课程结构封闭、僵化、萎缩的现状，重构课程结构，使必修课与选修课优势互补、动态平衡，充分发挥各种课程的潜在功能，为现代社会输送各类高素质人才。

三、选修课纳入综合测评的意义

我校综合测评体系与社会对大学毕业生的素质要求存在偏差。如今，用人单位在选择大学毕业生时,除了学习成绩外,对政治素质、创新意识、进取心、合作精神和集体荣誉感、外语和计算机水平、创新能力、逻辑思维能力、动手能力、交际能力等方面也提出了要求。现行的综合测评体系无法为大学毕业生就业及用人单位考查毕业生提供比较具体的依据,容易造成社会需要与大学生自我定位的错位。这种测评不能科学地反映每个学生的个性发展以及每个学生达到培养目标的程度,不利于学生全面素质的发展,也不利于学生的就业。在做人方面,以前用人单位希望分来的大学生是党员和学生干部,强调得更多的是学生的"政治素质";而现在用人单位虽然提出了"党员优先",强调得更多的则是"团结协作"、"自我约束"的能力。在做事方面,以前用人单位一般追求的是"忠于职守"、"老实厚道",而现在用人单位更加看重的是"独立创新"、"灵活应变"。用人单位对毕业生的素质要求越来越高,复合型、创造型、协作型的人才已成为"抢手货"。现在,很多用人单位采用"招考"的方式而不再把学校的评价和鉴定作为主要依据录用人才,这就是重要的原因。

如果将选修课纳入综合测评,进行综合测评的改革,学生会重视选修课,肯花时间去进行自己喜欢的课程研究,学习会更加深入,学习效果会有极大的提升。一句话可以改变一个人的一生,何况是一门课,而且选修课占据了学生课程三分之一的比重。将选修课纳入综合测评,对于学生学习、教师授课、教学质量提高都是一个很好的机遇。

四、结束语

目前中国传媒大学选修课没有纳入综合测评最主要的原因是,没有找到一种科学的、公平的选修课测评办法。面对社会不断变化的就业形势,必须重构大学生综合测评体系指标的客观根据,制订出既合目的性又合规律性的客观评价标准。既要兼顾学生的道德修养,又考虑学生的意志品质;既考虑学生人文知识的积累,又考虑学生人文精神的培养;既考虑学生对新事物的感知能力,更考虑学生的发展潜能等。要从心理学、生理学等诸多因素来考查,要注重学生创新精神的培养。要以解放思想、实事求是的态度,不拘泥于对德智体总体原则的僵化理解。更不能把"德育"与概念画等号,把"智育"与考分画等号,将"体育"仅与达标联系。为改变这种片面的、落后的考核评价方法,我们必须建立一套科学合理、操作性强的综合素质测评,使素质教育内容具体化、目标量化。

选修课纳入综合测评具有重大意义,是很好的综合测评改革目标和手段。清华大学的做法是制订了选修课纳入综合测评的过渡措施,两套综合素质测评方案并行,一套纳入选修课考核,另一套则不纳入选修课考核,根据用途不同分别提供给学校不同职能部门和社会招聘单位,应用于不同的考核领域,尽量全面地考查学生。中国传媒大学应当发挥全校教师的聪明才智,通过研究、调研制订出一套科学、公平、合理的选修课纳入综合测评的改革方案。

　　总之,学生是综合测评评价的对象,综合测评体系的优劣,关键在于是否有利于学生素质的全面提高,是否有利于学生创新能力和再学习能力的发挥。我们不能单从理论研究出发,而要立足于社会对人才的需求,将选修课纳入综合测评,既能全面提高学生素质,又能更好地提高教学质量,同时更加公正、公平地考核学生,尽可能逐步完善学生综合素质的评价体系。

浅析新形势下高校教学秘书工作中存在的问题及解决措施 *

路英　马佳　罗莉梅

（中国传媒大学信息工程学院教学办公室）

摘　要　教学秘书是高校教学管理队伍中的重要组成部分,教学秘书的业务水平和素质修养直接影响着教学管理的实施,从而直接或是间接地影响到教学质量。本文介绍了以往人们对教务秘书工作存在的误区,对影响教学秘书工作效率的主要因素进行了阐述,并结合实际提出了相应的改进措施。

关键词　教学秘书　教学管理

随着大学教学改革的不断深入,各高校纷纷推进大类招生,以培育宽口径、厚基础、创新人才为目标,大力开展以教学思想、教学内容、教学方法与教学管理为主要内容的教学改革。这项改革举措不仅对高校教师提出了更高的要求,同时,对高校的教学管理工作者也提出了新的挑战。

教学秘书作为高校教学管理队伍的重要组成部分,在教学管理系统中发挥着重要作用。面对新的形势、新的挑战,如何创新工作方法、提高教学秘书教学管理工作效率,就成为教学管理者思考的问题。在新的形势下,要提高教学秘书的工作效率、创新工作能力,就要走出以往人们对教学秘书工作的认识误区,分析目前影响教学秘书工作效率的主要因素,同时制订出提高教学秘书工作效率的有效措施,以提高高校教学管理质量。

一、走出教学秘书工作的认识误区

教学秘书是高校中最为常见的工作岗位之一,其基本的工作职能相对也较为固定。因此,常见的对教学秘书岗位存在的认识误区是:将教学秘书的工作视为简单的重复性劳动,将教学秘书的基本工作职能和其岗位的创新需求混为一谈。其实,这种看法是存在误区和片面性的。

高校教学秘书在工作上不仅受学院领导,同时还受学校教务处领导,工作内容具有多源性的特点。教学秘书的工作对象涉及学校教务处、学院领导、教师、学生及学校其他相关部门的教师、学生等多个方面。因此,教学秘书既是学校教务处和院系、教师、学生之间的联系和沟通协调者,也是学校各项教学计划和指令最基层的执行者。鉴于教学秘书工作的特殊性,一旦出现教学秘书失职的情况,极易造成教学管理工作的混乱,给教学

＊　资助项目:中国传媒大学教改项目"基层单位教学管理模式改革"。

活动的正常运行带来极大的威胁,对学校的教学质量产生重大影响。同时,教学秘书的服务质量、工作效率、管理方式,也在一定程度上影响着学校教学管理质量的提高。

可见,以往那种认为教学秘书的工作是简单劳动的想法具有片面性。教学秘书岗位的作用不但非常重要,而且还需要其创造性地执行和协调,才能充分发挥其岗位职能,确保各项教学任务的圆满完成。

二、影响教学秘书教学管理工作效率的主要因素

教学秘书工作不但计划性强,而且内容庞杂,具有综合服务的工作特性。教学秘书每天都要面对大量的教学管理方面的琐碎事宜,如何提高工作效率就成为当务之急。而一些主观和客观因素却制约了教学秘书的工作效率的提高,分析这些影响教学秘书工作效率的因素,有利于教学秘书提高工作效率,更好地为师生服务。

1. 教学管理综合能力有待提高

随着高校的日益发展和教学管理改革的需要,对教学秘书的学历层次及管理水平的要求也越来越高,传统的经验型管理模式已逐步落伍并被淘汰,专业化、信息化的管理将取而代之。面对新的形势,如果教学秘书还沿袭以前老旧的教学管理方法,势必会落后于时代的脚步,影响工作效率的提高。

2. 心理素质有待提高

由于教学秘书工作责任重、压力大,难以产生具体、有形的成果,取得的工作成绩主要体现为教学工作的正常运转,不一定会引起领导和别人的关注,更难得到及时的表扬和肯定。但如果工作中稍有疏忽,则可能影响到诸多方面,甚至导致教学事故,并很快受到多方埋怨和批评。并且目前教学秘书的待遇水平与学校其他岗位的工作人员存在一定差距,这些都会造成教学秘书心理上的失衡。如果教学秘书心理素质不强,没有很好的自我调节能力,没有牺牲奉献精神和全局观念,就极易出现对工作产生倦怠感的情况,从而导致工作热情减退、服务意识淡漠,最终影响工作效率的提高。

3. 科研、创新意识不足

当今社会,共享资源越来越多,人们之间的距离正在缩小,各个领域的新思想、新方法、新技术、新手段层出不穷,且传播渗透迅速。因此,要使学校的各项工作上层次、上水平,不仅需要专家、教授,而且需要高素质的教学管理者。教学管理工作的特殊性和复杂性都要求教学秘书不仅要有较好的专业知识和较高的管理素质,还要求教学秘书具有开拓创新的精神。而教学秘书整天忙于各种事务性工作,疲于应付教学管理部门下达的各项任务,没有时间坐下来潜心学习教学管理知识,也很少有机会走出去,了解其他院校的先进管理技术和模式,难免会忽视自身科研方面的发展,从而造成工作上科研、创新意识

不强,对工作效率的提高造成负面影响。

4. 工作激励制度还不完善

长期以来,人们对教学秘书工作缺乏正确的认识和评价,认识不到优质的管理能出质量、出效益。因此,教学秘书的业务学习、工作待遇、职称评定等方面往往就容易成为学校管理方面的盲点。教学秘书在诸多方面与其他人员差距拉大,而教学秘书工作量又非常繁重,这就必然造成工作积极性的下降,尤其是许多参加工作不久的教学秘书看不到前途和发展前景,往往有转岗的想法。那些工作多年现在还在教学秘书岗位上的老同志,虽然工作辛苦尽职,但一个要求不高的职称晋升却成了难点,也在一定程度上挫伤了他们工作的热情,给教学管理工作效率的提高带来负面影响。

三、提高教务秘书教学管理工作效率的措施

了解影响教学秘书教学管理工作效率的主客观因素,有利于我们对症下药,针对存在的问题提出解决措施,切实提高教学秘书的工作效率和服务质量,从而保证教学管理质量,确保教学改革的顺利进行。具体措施如下:

1. 努力提高教学秘书的学习意识、服务意识和创新意识

要提高教学管理工作的效率,教学秘书首先要从自身做起。教学秘书不仅要处理好日常工作,出色地完成各级领导交给的任务,更要注意加强学习、研究高等教育管理理论,努力提高自身的综合素质,加强业务能力的培训和管理理论知识的进修,增强对问题的观察能力和预见性,更好地适应新时期教学改革对教学管理工作的要求,树立管理服务意识、管理育人意识和创新意识,做好院、系领导的参谋和助手,为师生提供高质量、高层次的管理服务,高效率、高水平地做好教学管理工作。同时,教学秘书还应注意提高心理素质,树立正确的价值观,任劳任怨,积极主动地投入到教学管理事业中去。

2. 建立岗位互换制度,提高综合素质

由于教学管理工作繁琐,各学院下设的教学管理部门的教学秘书不止一个。在教学秘书之间施行岗位互换,是提高他们综合素质的有效途径。岗位互换作为培养复合型人才的重要途径,已成为大家的共识。为切实提高各岗位教学秘书的整体素质,真正达到一专多能的要求,可以在教学秘书间开展岗位轮换制度。具体做法是在不影响正常教学管理的前提下,由所在岗位互换到其他岗位进行一对一交流。岗位轮换制的推行,可以克服教学秘书长期从事同一项工作带来的倦怠情绪,在一定程度上调动教学秘书的工作热情,提高工作效率。

3. 加强教学秘书队伍的建设

学校各级领导对教学秘书队伍建设应给予更多的关注,合理调整现有人员,适时开

展业务培训或研讨会,更新知识,学习先进的理念和技能;积极组织教学秘书及教学管理人员到其他院校进行业务考察和研讨,交流经验;或邀请知名的教育专家来学校讲学,这样可以使教学秘书开拓眼界、活跃思想,有利于他们改变旧的管理理念,总结出新颖的、符合学校实际的管理方法。

4. 制订公平合理的激励制度

学校应对教学秘书岗位予以合理定位,给予其应有的工作待遇,评定其相应的专业技术职称,或者在职称评定中考虑到教学管理岗位的特殊性和诸多方面的综合情况,这有利于充分调动教学秘书的工作积极性,发挥其工作主动性,激发其创造性,使之将工作做得更好。

综上所述,在推进大类招生的高校教学改革的新形势下,教学秘书队伍应得到应有的重视并加强建设。学校各级领导及有关部门都应正确认识教学秘书工作的性质、地位、职能、任务,结合学校实际建设好这支队伍,发挥其在稳定教学秩序、深化教学改革、提高教学质量、服务师生、推进学校发展中的积极作用。

参考文献

[1]施爱平,姜银方.新形势下高校教务管理工作浅析.江苏高教,2003(2).

[2]孙雪梅.教学管理科学化与教风学风建设.中国冶金教育,2007(1).

[3]刘平.高校教学管理工作新思考.湖北经济学院学报,2007(1).

[4]肖卫.新时期高校教学秘书管理工作浅析.教育与现代化,2007(4).

新形势下高校基层教学管理单位毕业设计信息化管理模式探索 *

路英　邱净　马佳　罗莉梅

（中国传媒大学信息工程学院）

摘　要　本文在分析目前高校二级学院毕业设计管理中存在问题的基础上，提出了毕业设计信息化管理模式，主张采用毕业设计信息管理系统对毕业设计的全过程进行管理。该管理模式对提高基层教学管理人员的工作效率和毕业设计管理质量有积极意义，并有助于增强学生的综合素质和创新能力。

关键词　毕业设计　信息化管理模式　毕业设计信息管理系统

一、引言

毕业设计是高校教学过程中重要的教学环节。目前，我国的教育体制正处在不断改革、创新的阶段，随着学分制、大平台招生、低重心教学管理体制的实行，在校学生数量急剧增多，使原本就比较复杂的毕业设计管理工作的难度也随之增加。如果基层教学管理仍然维持原有的传统模式，就会造成事实上的管理脱节。这样的现状对基层教学管理人员提出了很大的挑战，如何提高毕业设计管理的质量和效率，就成为基层教学管理人员亟待解决的问题。

二、传统毕业设计管理模式的缺陷

毕业设计是本科生教学的一个重要环节，是对学生理论学习、实践学习的总结和提升。一般而言，毕业设计从启动到结束长达一年之久，为此大部分高校都制订了严格、规范的系列教学管理文件，以保证毕业设计的顺利进行，提高毕业设计的教学质量。

然而，相对于日趋完善的毕业设计管理规范，目前高校的毕业设计管理模式却相对滞后，基本采用多年一贯的操作模式，即教师命题、学生选题、教学管理人员进行协调，经过开题、中期检查、设计成果验证等几个关键环节后撰写论文，经答辩确定最终成绩，再由教学办公室将论文归档保存。在多年的毕业设计操作过程中，我们已经习惯于上述流

*　资助项目：中国传媒大学教改项目"基层单位教学管理模式改革"。

程。然而,在各高校网络教学环境已经日趋成熟的条件下,传统的管理模式无疑显露出诸多不足。

1. 基层教学管理人员成为毕业设计管理流程的核心

在现行的管理模式下,基层教学管理人员逐渐成为教师、学生、专家之间交流信息的中转站,而目前大部分基层教学管理人员采用的工作方式仍然是手工与计算机相结合的管理模式,最多也只是用校园网发布一些论文写作的通知、规范和要求,或利用电子邮件传递一些文档和资料等。这种工作模式不能实现毕业设计相关信息的自动处理,使毕业设计的整个管理过程变得环节繁杂、效率低下。

2. 师生间缺少交流的平台

随着大平台招生的实行,教师和学生的人数都有所增多。在传统的毕业设计管理模式下,学生很难了解毕业设计指导老师的信息,指导老师也不了解自己所带的学生的长处,在毕业设计的初期,毕业设计的指导工作就变得比较困难。而在毕业设计进行期间,由于毕业生数量的增加,就业压力逐年增大,学生经常需要在异地实习,这使得教师与学生之间的沟通也受到地域空间及时间的限制。在这种情况下,师生都急需一个可以不受时间与空间限制的、交互良好的信息平台,以增强师生间的交流,方便指导教师更好地对学生的毕业设计进行指导。

此外,在现行的毕业设计管理模式下,教师与教师之间也缺乏沟通的平台。教师对院系前几年已经出过的毕业设计题目缺乏总体印象,这使得毕业设计题目有相当大的一部分是虚拟课题或重复使用的课题,与现实中的生产、工程实际有一定的脱节,不能很好地将学生所学的理论知识与实际应用结合起来,也在一定程度上阻碍了学生自我创新能力的培养。

3. 毕业设计的相关信息无法共享

毕业设计是一个循序渐进的过程,也是学生知识综合运用和技能提高的过程。而当前的管理模式没有把这个过程文档化、电子化、共享化,使得很多优秀的毕业设计(论文)没有一个良好的展示平台。在校学生也不能充分地学习他人的经验和总结,这是一种严重的教学资源的浪费。

三、毕业设计管理模式信息化的趋势

随着我国高校毕业学生数量急剧增大,毕业设计管理工作变得异常繁杂,传统的毕业设计管理模式的缺点日趋明显。面对新的形势,如何提高毕业设计的工作效率和管理质量,成为我们首先考虑的问题。

随着计算机办公自动化、网络化技术的应用和推广,高校教务工作管理自动化的研究与实践越来越受到重视，为适应信息化、网络化的社会发展的要求，我们急需对毕业设计管理模式进行探索，采用信息化管理模式对毕业设计的全过程进行管理，利用计算机强大的信息存储能力和计算机网络的空间延伸能力，来提高毕业设计的工作效率和管理质量。

然而由于种种原因，目前我国很多高校应用的综合教务管理系统却不包含毕业设计管理模块。因此，开发和使用一套适于基层教学单位的毕业设计信息管理系统成为必然的趋势。此信息系统的使用与推广，对促进毕业设计工作的规范化、提高毕业论文质量、增强毕业设计工作的人性化管理具有十分重要的意义。

四、毕业设计信息管理系统的基本功能

毕业设计信息管理系统可以在任何可接入互联网的地点使用，具备信息发布、文件下载、存档资料信息管理、文件打印、在线答疑、留言板等功能。其基本功能模块包括：

1. 题目申报、审核与确定模块

指导教师使用该模块可以输入拟申报毕业设计题目的相关信息（如题目名称、题目类型、教师个人信息、题目来源等）。教师将题目信息填写完毕后，系统可以自动在历年毕业课题库中进行检索，筛选并剔除重复的题目。

教研室主任、系主任使用该模块可以浏览经过系统初检的题目，并对初检题目进行审核和评定，通过评审的题目成为确定题目。

毕业设计信息管理系统的自检功能够准确高效地排除重复的毕业设计题目，最大限度地避免题目难度失当、考查面过窄、缺乏可行性等问题，以提高毕业设计题目的质量。

2. 题目报名模块

该模块具备指导教师和学生双向选择、多次选择的功能。学生使用该模块可以浏览全部已确定的毕业设计题目，也可根据指导教师、题目名称和题目类型等信息，检索自己感兴趣的课题，并加以选择。也可以查询报名结果，如果落选，学生可以查看报名未满的题目，进行第二次报名。

指导教师使用该模块可以查看题目报名情况，系统也可以显示报名学生的相关信息。指导教师可以根据相关信息选择学生，并加以确定。

信息管理系统的网络化能够实现多名学生同时选题，增强了毕业设计选题过程的公正性。

3. 互动指导模块

该模块具备留言板、在线答疑等功能。学生可使用该模块发布自己在毕业设计中遇到的问题，并可以指定或不指定某位教师回答该问题。

此模块的设置,使学生除了可以当面接受指导教师的指导外,还可以在互动指导模块的帮助下,打破时间和空间的限制,接受更多教师的指导,和其他同学交流心得体会。教师除了在规定的时间上网值班、解答学生疑问、回复学生留言外,还可以随时上网,发布各种学习资料,并及时获取学生毕业设计进展情况。

4. 报表管理模块

教师和学生使用该模块可以下载毕业设计相关表格的模板,并能上传选题审批表、任务书、开题报告、开题评审表、中期检查评审表、指导记录、指导教师评语表、评阅教师评语表等表格。存档的表格可以下载、打印。

教研室主任、系主任使用该模块可以对已经提交的表格进行审核。

系统中各毕业设计表格之间可以实现自动链接,有效地避免了各表格中毕业设计题目名称前后不一致的情况发生。

5. 毕业论文管理模块

学生使用该模块可以上传、修改毕业论文。论文上传的同时,系统能够按照学校要求的统一的论文格式规范,对提交的论文进行格式验证,保证论文格式的统一、规范。

指导老师使用该模块可以浏览、下载学生提交的毕业论文,并进行批阅、审核。

该模块同时具备毕业论文电子文稿备份的统一管理功能和论文检索功能。教师和学生可以使用论文检索功能来查询历届毕业生论文信息,避免了教学资源的浪费。

6. 答辩管理模块

该模块可以按照学生所在专业、教师所在教研室或毕业设计信息相似度来自动生成答辩分组及答辩组评审成员名单。教师和学生可以使用该模块查看答辩分组及相关答辩安排。

7. 成绩管理模块

教师使用该模块可以输入开题检查成绩、中期检查成绩、指导教师评阅成绩、评阅教师评阅成绩、答辩成绩等。系统可以根据各部分成绩的比例,自动生成学生的毕业设计总评成绩,省去了教师手工计算成绩的步骤,提高了工作效率。

学生使用该模块可以查询自己的毕业设计成绩。

8. 管理员模块

教学管理人员可以使用该模块对毕业设计过程中的各环节进行统一管理,利用系统的统计功能,及时将毕业设计题目确定情况、学生报名情况、毕业设计进展情况、报表及论文提交情况等相关信息汇报给学院领导,并可以使用该模块发布毕业设计相关通知、规定等。

此模块的设置,对增强教学管理人员对毕业设计各环节的总体协调和控制,提高教学管理人员的工作效率和管理质量有重要作用。

五、毕业设计信息化管理模式的实践意义

毕业设计信息化管理模式可以进一步规范毕业设计管理工作,提高毕业论文质量,促进毕业设计管理工作的高效发展,使毕业设计管理工作走向无纸化办公和规范化、现代化管理,从而提高学校综合管理的水平,为今后学分制的顺利实行提供有力的支持。

1. 显著减轻教学管理人员的事务性工作

毕业设计信息化管理模式加快了毕业设计信息的查询速度,大大提高了教学管理人员的工作效率和管理质量,使毕业设计管理更为有序和规范。

2. 为师生提供一个高效交流的平台

毕业设计信息化管理模式打破了时间和空间的制,使师生可以随时随地进行交流,有利于毕业设计的过程化管理,对提高毕业设计(论文)质量具有积极意义。

3. 有效避免教学资源的浪费

毕业设计信息化管理模式实现了毕业设计(论文)相关信息的共享,有效避免了教学资源的浪费。

4. 提高监控效率

使用毕业设计信息系统可以对学生的毕业设计进度、表格提交情况、论文撰写情况等进行实时监控,有效地增强了管理监督力度,保障毕业设计的顺利进行。

5. 有助于探索新的工作方式

如匿名评审机制,在毕业设计信息系统中可以轻松实现。

六、结束语

本文从高校基层教学单位的角度出发,根据目前高校毕业设计管理的具体情况,分析了传统毕业设计管理模式的弊端,提出了将传统的毕业设计论文管理模式与网络技术相结合的信息化管理模式,阐述了毕业设计信息管理系统的主要功能及实践意义。相信在今后学分制、大平台招生推广实行的新形势下,毕业设计信息化管理模式必能促进毕业设计管理工作的高效发展,并对毕业设计管理质量的提高起到积极作用。

参考文献

[1]董黎刚,赵妨.高校毕业设计中出现的问题及对策.电气电子教学学报,2004(6).

[2]夏鲁惠.高等学校毕业设计(论文)教学情况调研报告.高等理科教育,2004(1).

[3]傅怀梁,王汉成,刑晓源.浅谈本科毕业设计(论文)质量的提高.科技情报开发与经济,2007(26).

[4]于为民.本科机械类专业毕业设计指导的探索与实践.常州工学院学报,2005(5).

围绕青年教师成长与质量工程谈教学管理制度改革与创新

董跃　王楠

（中国传媒大学信息工程学院实验中心）

摘　要　大学的好坏不在它的校舍和人数，而在于教师的质量。教学质量工程建设的首要任务是建设一支高水平的师资队伍，青年教师在教学质量建设中肩负着重要的历史责任。高等学校是培养人才的地方，提高教学质量是高等学校永恒的课题。没有高水平的教育教学研究成果，侈谈提高教学质量只是一句空话。教学研究的丰硕成果有利于青年教师提高自身的教育教学水平，使自己在更高的起点上钻研教学，提高教学质量。提高教学质量的关键是提高课堂教学质量。

关键词　质量工程　青年教师　教学水平　奖励机制

一、教学质量与青年教师的历史责任

1. 大学在建设创新型国家中的作用

一方面，大学是国家创新体系的重要组成部分，直接参与科学研究和科技成果转化；另一方面，它是培养具有创新精神和实践能力的人才、实施人才强国战略的基础。鉴于学校是培养人才的地方，其后一方面的作用更为重要。近年来我国高等教育规模迅速扩大，对广大人民群众来说，获取高等教育的机会已不再困难，而争取高质量的高等教育资源已成为人民群众新的追求。在高等教育规模实现了跨越式发展的情况下，进一步提高教学质量已成为高等教育发展的生命线。2006 年 11 月 20 日，温家宝总理在中南海召开高等教育座谈会，邀请部分高等教育专家和大学校长讨论提高高校教学质量问题。经国务院批准，2007 年 1 月教育部、财政部联合下发了《关于实施高等学校本科教学质量与教学改革工程的意见》，正式启动"高等学校本科教学质量与教学改革工程"，这是提高我国高等学校本科教学质量的重大举措。

2007 年 2 月，教育部下发《教育部关于进一步深化本科教学改革全面提高教学质量的若干意见》。其中，有关质量工程的内容是：

（1）精品课程

（2）实验教学示范中心

（3）教学团队

（4）双语教学

（5）特色专业建设

（6）人才培养模式创新实验区

……

我们认为，教师队伍建设是实现上述内容的重点。因此教学质量工程建设的首要任务，是建设一支高水平的师资队伍。

2. 教师队伍的现状

（1）当前我院的教学活动基本上是教师各自为战，缺乏沟通和交流，不利于课程内容和教学环节的规范化。

（2）教育教学研究的力量有所削弱，对教学改革中遇到的深层次问题缺乏深入研究。随着教学经验丰富的老教师陆续退休，大量青年教师加入到教师队伍，他们虽具有良好的科研背景和知识水平，但大多缺乏教学经历。如果课堂突然断电，不能播放多媒体课件，很多青年教师就会出现无法继续上课的情况。

（3）教学经验的传承及老教师的传帮带作用有所减弱，一定程度上影响了课程的持续发展和教师水平的进一步提高。

这些问题会导致课程教学质量出现有所下降的趋势，对高校师资队伍建设的持续发展和教学质量的提高形成严峻挑战。教师队伍水平不高、教育观念落后、教学内容陈旧、教学方法过死的局面，正在削弱着高等教育对经济社会发展应有的支撑作用，影响高等教育的健康发展。提高教学质量，就是要使高等教育在建设创新型国家和构建和谐社会中发挥关键性作用。青年教师在教学质量建设中肩负着重要的历史责任。

二、在教学改革的实践中锻炼成长

1. 热爱教学

高等学校是培养人才的地方，提高教学质量是高等学校永恒的课题。一所学校是不是一流和高水平，可以把它分解成三个方面的指标来衡量：一是看教学的质量和水平；二是看科研的质量和水平；三是看科技成果转化（服务于社会）的质量和水平。对于大学来说，最重要的是培养人才。教学、科研和科技成果转化三者并不是并列的，其中教学是第一位的，它永远是整个学校工作的中心。要把一所大学建设成一流和高水平大学，首先就是看其教学质量是否达到了一流和高水平。只有教学质量达到了一流和高水平，才能培养出大批高质量的人才，中国未来几十年才能有更大的希望。

教书育人是教师的天职，教学是教师的首要工作，教师是提高教学质量的根本保证。作为高等学校的青年教师，应该以这样的思想高度来认识教学工作，增强提高教学质量的责任感。因为要真正坚持不懈地提高教学质量，首先需要教师具有高度的责任感，而责任感来源于对教学工作在学校工作中的重要地位的认识。

2. 研究教学

仅有责任感和激情还不够，还要研究教学，要认真研究高等教育科学，努力提高自身的教育教学水平。

高等教育是一门科学，要真正提高教学质量和水平，必须积极研究高等教育科学。没有高水平的教育教学研究成果，侈谈提高教学质量只是一句空话。要结合教育教学改革中所遇到的深层次问题，进行工程教育、教学理念、教学内容、教学方法与手段等方面的研究。一项高水平的教育科学研究成果将对人才培养产生重要作用，其影响绝不亚于一项科研成果。

要结合教育教学研究，在国内国际学术会议和核心刊物上发表高水平教育教学研究论文。如教育类核心学术期刊、中国人文社会科学论文与引文数据库来源期刊、CSSCI（中文社会科学引文索引）来源期刊等。教学研究的丰硕成果有利于青年教师提高自身的教育教学水平，使自己在更高的起点上钻研教学，提高教学质量。

3. 提高课堂教学质量

提高教学质量的关键是提高课堂教学质量，因为它是以知识为载体培养学生思维方式与方法的重要途径，同时也是其他教学环节的基础。课堂教学质量的好坏，是衡量教师教学水平的重要指标。教书人人都会，但是要教好书却不简单。

（1）精心设计教学内容，激发学生学习兴趣

应根据课程自身特点，精心组织教学内容，使教学内容对学生产生吸引力。吸引力是提高课堂教学质量的前提，因为兴趣是学习最好的老师。根据课程特点，采用多种方法和多种媒体进行教学，这是信息时代对教师的要求。学生听课的积极性对教师具有激励作用，可增强教师的责任感和使命感。因此需要教师加大投入，不断提高自身的教学水平和学术水平。

（2）以知识为载体，讲授解决问题的思维方式与方法

传统的课堂教学以传授知识为主，但解决问题的思维方式与方法更重要。应当在传授知识的同时，使学生在思维方式方法和获取知识的能力方面有所收获。有时候知识点的多少并不重要，重要的是学生受到启迪。以知识为载体，培养学生的思维方式方法以及再学习能力，是大学教学的重要任务。为此要淡化公式的演绎与推导，坚持讲重点、难点、思路、方法及学科前沿。

（3）实行启发式、参与式教学，鼓励和引导学生发表自己的观点与见解

将启发式、参与式和研究型学习的教学理念贯穿于教学全过程，从讲授型教学向研究型教学过渡，是培养创造性人才的需要。

可采用小班上讨论课，创造条件让学生有机会在课堂上发表自己的观点与见解。讨论题目为无标准答案的综合型题目，意在培养学生的综合能力。教师事先将题目公布，让学生课余分组查阅资料及准备。讨论课上由学生主讲，由教师和其他同学发问，展开

讨论,最后由教师总结。

要鼓励不同思想的碰撞,活跃学术气氛。精心设计讨论题目,调动学生参与的积极性,是上好讨论课的关键。要充分理解学生在学习过程中出现的幼稚和错误,设计从错误中学习的讨论题。

(4)通过多种方式培养学生自主获取知识的能力

大学本科阶段,学生以学为主,不仅包括学习知识,也包括学习如何获取知识。培养学生自主获取知识的能力,比传授知识更重要。可以设立一些研究型实验,让学生在实验中发现问题、解决问题。精选部分教学内容转化为研究型实验,让学生通过自学和查阅有关文献,自行设计实验方案,自行搭接实验装置,自己进行实验,观察实验现象,发现问题并分析问题产生的原因,提出相应对策,最后撰写研究报告和答辩。通过这一过程,可以培养学生自主学习和获取知识的能力。

三、青年教师的培养与政策激励

青年教师的培养是师资队伍建设的重点,它直接关系到学校和课程的长远发展,因此青年教师的培养十分重要。

1. 青年教师的培养

(1)要结合课程建设的实际,落实青年教师培养计划,使青年教师具有责任感和使命感。

(2)每一个青年教师在上岗讲大课之前,均要从助教做起。

(3)课程负责人为青年教师讲解教学大纲,修改教案,组织安排试讲,听课点评,带领他们参加教学研究课题和教材建设。

(4)组织青年教师观摩、参加教学基本功比赛和教育教学研究实践。

(5)鼓励和组织青年教师拜师,和教学经验丰富的老教师结对子,一帮一提高教学水平。

(6)积极加强对外交流,拓展教师学术视野。

(7)举办教学表彰和教学研究学术报告会。

2. 政策激励

学校应积极贯彻落实教育部有关文件,并制订相应的具体办法和措施。

(1)教育部有关文件精神

①教书育人是教师的天职,教学是教师的首要工作,教师是提高教学质量的根本保证。

②强化教师教学工作制度,完善教师教学考核机制。

③要通过深入细致的思想工作以及明确有效的激励机制和约束机制,充分调动和发

挥教师教学的积极性,使教师把主要精力投入到教学工作中来。

④要把为本科生授课作为对教授、副教授的基本要求。不承担本科教学任务者不得被聘为教授、副教授职务。

⑤被聘为教授、副教授后,如连续两年不为本科生授课,不得再聘任其教授、副教授职务。

⑥要发挥教授、副教授在教学改革中的主力军作用,积极鼓励教授、副教授投身教学改革,改进教学内容和教学方法,大力推进启发式教学,不断取得高水平教学改革成果。

⑦进一步建立和完善青年教师助教制度。使青年教师通过为教授、副教授的主讲课程进行辅导,学习先进的教学方法,积累教学经验,不断提升青年教师的教育教学能力和教书育人水平。

⑧要加大青年教师培养与培训的工作力度,提高他们教书育人的责任感和使命感。

⑨建设由教学水平高、学术造诣深的教授领衔,由教授、副教授、讲师、助教及教辅人员组成的教学团队,培养可持续发展的教学队伍。

⑩通过创建教学团队,研究和改革教学内容,开发教学资源,开展启发式教学、讨论式教学和案例教学等教学方法改革,促进教学研讨、教学经验交流。

⑪要把教师承担教学工作的业绩和成果作为聘任(晋升)教师职务、确定津贴的必要条件。

⑫要完善教师教学效果考核机制,大力表彰奖励在教学工作第一线作出突出贡献的教师。

(2)学校有关政策

对热爱教学工作、教学业绩突出者,如具有以下任何一项条件者,在专业技术职务聘任时要给予优先考虑。

①近三年教师课堂教学评估排名在全校前5%者。

②中国传媒大学青年教师教学优秀奖获得者。

③国家、北京市精品课负责人,学校在建精品课评估优秀的课程负责人。

④省部级以上教学成果奖、教材奖获得者。

⑤中国传媒大学优秀硕士论文指导教师。

⑥实践教育取得突出成绩者(获得省部级以上奖励者)。

对在教学工作中以下情况者,在专业技术职务聘任时要非常慎重地考虑。

①近一年教师课堂教学评估全校排名后5%者,或近三年教师课堂教学评估2次全校排名后5%者。

②近一年出现过教学事故或近三年出现过重大教学事故者。

③学生出现了与导师有关的学术道德问题。

④拒绝接受学校和院系安排的教学工作。

(3)信息工程学院有关奖励政策

①学院拿出部分经费作为教学研究经费,鼓励教师结合教学改革中遇到的深层次问

题进行教学研究立项,开展教学研究。

②进一步完善教学表彰与奖励机制,引导青年教师更快成长,鼓励更多教师为学校和信息工程学院赢得学术声誉。

③根据当年课堂教学效果,设立一、二、三等奖,颁发获奖证书及奖励金。

④教学论文奖:对当年在 CSSCI 来源期刊和核心期刊上发表高水平教育教学研究论文者给予表彰和奖励,设立一、二等奖,颁发获奖证书及奖励金。

⑤学生科技活动指导奖:对当年在指导学生课外科技活动中取得显著成绩的,设立一、二等奖,颁发获奖证书及奖金。

学年学分制模式下高校二级学院学籍管理工作的实践与思考 *

杨莉　马海燕　马佳

（中国传媒大学信息工程学院）

摘　要　高校学籍管理工作是高校教学管理工作的重要组成部分。在新形势下，实施校院二级学籍管理体制，就需要理清校院二级学籍管理工作中的相互关系。本文总结了目前二级学院学籍管理工作的主要内容，然后在分析学籍管理工作普遍存在的问题的基础上，探讨了学年学分制模式下高校二级学院学籍管理工作的新思路、新方法。

关键词　学年学分制　二级学院　学籍管理

一、引言

高等院校学籍管理工作是高校教学管理工作中的重要内容，是高校教育质量保障体系中的重要环节，在很大程度上直接影响着高校的教学效果和办学质量。近年来，随着办学规模的扩大、办学模式的转变、人才培养多元化的需求给传统的"以学校为中心"的学籍管理模式带来了冲击，这就要求高等院校必须实行校院二级学籍管理机制，调整工作重心，把原来属于学校教务职能部门的一部分决策权、管理权下移，同时赋予二级学院更多的学籍管理自主权，从而达到提高工作效率的目的。因此，在新形势下，如何加强高校二级学院的学籍管理工作，提高学籍管理者的工作效率，建立健全科学、规范、高效的二级学院学籍管理体制，是当前学籍管理工作应该深入探索的问题。

二、二级学院学籍管理工作的主要内容

目前许多高校实行的是学年学分制（也可称为弹性学分制）的学籍管理模式，学年学分制是将学年与学分制有机结合起来的一种学籍管理模式，在现行基本学制（本科一般为四年）的教学进度安排的基础上，学生可根据自身的实际情况，在一定幅度内缩短或延长其在校学习年限，学生毕业与否均与其是否修满了学校所要求的学分数量及学分构成相联系。[1]

在学年学分制模式下，实施校院二级学籍管理体制之后，二级学院的学籍管理部门

* 资助项目：中国传媒大学教改项目"基层单位教学管理模式改革"。

将成为高校学籍管理工作的主体,此时二级学院的学籍管理工作将主要有以下几个方面的内容:

1. 学籍管理

负责新生学籍注册、在校生每学期的学籍注册、不及格成绩统计及学分折算、学生学籍异动(含转专业、休学、停学与复学、学业警告、延长学制、留降级、退学)、学生奖励和处分以及毕业生处理(毕业生电子注册、毕业资格审核、毕业证书发放)等。

2. 成绩管理

负责学生的考试(试卷的收集及管理、考场及监考安排等)、学生缓考、重考及重修(缓考、重考及重修手续的办理、考试人数的统计及安排、试卷的准备及存档管理)、成绩单的录入与上交、成绩归档与统计、成绩单的打印等。

3. 学位管理

负责在校生英语四、六级考试的资格审查及报名、在修业年限内的毕业生学位英语等级考试的资格审核及报名、计算机等级考试的报名、学位资格审核、学位证的发放等。[2]

从以上分析可以看出,二级学院学籍管理工作的工作量和工作难度都很大,它贯穿于学生学习的始终,对于学生树立明确的学习目的和正确的学习态度起到了激励作用,同时也为学校教学工作的正常运行提供了有力保障。学籍管理工作者应该适应新形势,在繁杂的工作中理清思路、更新观念,同时提高管理能力和工作效率,探索适合本学院实际情况的新方法、新思路。

三、二级学院学籍管理工作中存在的问题

1. 分工不明确,政策宣传不到位

高校在实施校院二级学籍管理体制后,学校职能部门的工作重心下移,将原来属于学校职能部门的大部分事务性工作交至二级学院来处理,同时也赋予二级学院一定的管理权和决策权。但是在实际工作中,许多高校并没有明确校院二级学籍管理部门之间的工作职责和工作范围,同时由于相关政策不完善以及宣传不到位,二级学院学籍管理工作者对校院两级管理体制的工作分工及权责认识存在模糊,在具体办事时,经常是跑错部门,耽误办事时间,影响工作效率。

2. 管理队伍的管理水平有待提高

实施校院二级学籍管理体制之后,二级学院的学籍管理工作者将成为宣传和实施学校学籍管理制度的主体,在学籍管理工作中的地位举足轻重。但是很多二级学院的学籍管理工作者疲于应付繁重的事务性工作,很少有学习相关教育理论知识的机会和实践,

缺少对学籍管理制度改革和创新的自觉意识,从而导致其自身的管理水平和实际工作能力得不到进一步的提高,其学籍管理水平也只是停留在传统型、经验型、事务型的管理水平上,使得二级学院学籍管理队伍专业化水平不高。[3]

3. 管理部门之间的信息缺乏共享

高校在早期的建设过程中缺乏统一的规划和部署,各行政部门和教学单位也在信息化建设方面自成一体,同时由于各部门之间的管理制度和标准不统一,给全校范围内的数据整合就带来了很多困难,在学籍管理方面就体现为难以准确快速地建立学籍信息库,难以同步更新学籍异动信息库,从而给二级学院的学籍管理工作带来了困难。[4]

引进教务在线系统后,实现了学生学籍信息的网络化管理,课程成绩的录入、存档成绩的打印等工作均由具体的任课教师来完成,在很大程度上减轻了学籍管理工作者的工作强度。但是,由于系统管理员和二级学院学籍管理工作者认识上存在差异,导致教务在线系统并没有涵盖二级学院学籍管理工作的其他一些重要内容,例如:无法查询、统计需要参加毕业前大补考的学生姓名以及补考科目,无法统计学生在校期间考试不合格的累计学分,无法按教务处要求生成相应的毕业资审大表等。

4. 学籍管理工作的规范性有待加强

学籍管理工作中的转专业、辅修与攻读第二专业、休学、留降级、退学、学位授予以及毕业等内容都是关系学生前途的重要环节,学籍管理工作者应该从学生一入校就向他们积极宣传学校的学籍管理规定;在学生办理转专业、休学等学籍异动审批手续之前向学生说明学校的相关政策以及利害关系;在学生达到一定的不及格学分之后应及时提醒和督促学生,避免学生留降级和退学,影响正常的学位授予和毕业。但在实际工作中,学籍管理工作者工作繁重,很少有人能够及时提醒和引导相关学生,而学校和二级学院也缺少这方面的预警机制,缺少督促学生学习的规章制度。

四、做好高校二级学院学籍管理工作的几点思考

1. 理顺校院二级学籍管理的职责,重视二级学院的学籍管理工作

学校和二级学院作为不同层次的学籍管理主体,在学籍管理工作中的地位和作用应各不相同。学校职能部门应制订科学的、规范的管理制度,明确学校和二级学院之间在学籍管理工作中的相互关系和职责,在确保二级学院成为学籍管理工作中心的同时,形成学校统筹协调、学院管理为主的学籍管理新体制。

同时,高校领导必须重视学籍管理工作,要在人力、物力和财力上加大投入。在人才培养上,在引进具有教育管理理论知识和丰富经验的学籍管理人员的同时,还应该为二级学院的现有学籍管理者创造条件,鼓励和支持他们积极参加业务培训,增进他们和其他兄弟院校之间的沟通,提高学籍管理人员的业务综合能力。

2. 加大对学籍管理规定的宣传力度，建立相应的预警机制，做好学生的学籍异动工作

从新生刚入校时，学校就应该积极主动地向他们宣传学校的学籍管理规定，让学生们了解学校的规章制度。除此之外，还应该积极动员班主任和辅导员，让他们不定期地召开主题班会，组织学生学习学籍管理、学籍异动、学位授予以及毕业等条例。使学生能够真正认识到学籍管理的重要性和严肃性，使其深入人心，并能自觉地认真执行学籍管理条例。

除了在每学期开学初进行必要的学业警告之外，应该建立监督学生平时学习过程的预警管理机制：在学生旷课后，及时通知和警告学生，避免出现因旷课次数太多而被取消期末考试资格的考勤预警；及时将选课信息反馈给学生，对学生选课时间、选修学分、选修课程等予以提示的选课预警；统计学生的不及格累计学分，督促学生努力学习，避免学生达到留降级甚至退学标准的成绩预警；提示休学期满的学生应及时办理复学手续，提醒毕业后仍在修业年限内的学生返校参加重修考试的学籍异动预警；根据专业培养方案要求，对学生尚未修满的课程进行统计，通知学生们及时修满相应课程，从而达到毕业要求的毕业预警等。[5]

在对学生进行学籍异动处理的工作中，应严格按照学生学籍管理规定，做到有章可循、公正无误、一视同仁。不管是留降级还是退学，都应该在学生办理学籍异动手续后，加强对学生的思想教育。学籍管理者应及时将学生学籍的异动情况通知给班主任、辅导员，班主任、辅导员应随时了解学生学习状况，并及时和家长沟通，应让学生把这些学籍异动看做是教育手段，起到督促和鼓舞学生的目的，而不是机械地处罚，不管不问，使学生产生厌学情绪。

3. 进一步开发教务在线系统，加强部门间的沟通和协调，实现信息资源共享

二级学院的学籍管理者应在平时的工作中，总结经验并及时和教务系统的管理员进行沟通，一起开发教务在线中学生不及格学分累计情况、学生参加毕业前大补考的考试科目以及自动生成毕业资审大表、学位资审大表等重要表格的功能，从而提高学籍管理者的工作效率。

教务部门可进一步开发教务在线系统中的其他模块，同时向学生处、财务处等部门开放权限，使这些部门也能够随时查看学生的学籍异动情况，随时了解准确的班级人数，统计学生欠费，从而为部门之间的工作带来便利，提高了工作效率。

总之，二级学院的学籍管理工作是一项繁琐、细致和持久的工作，是一种引导和保证学生自主学习、发展个性并获得大学教育的手段。高校学籍管理工作者必须在实践中不断总结经验，研究学籍管理工作的新特点和新问题，只有这样才能使学籍管理工作更加适应时代的发展，以学生为主体实施因材施教，为培养创新型人才发挥更大的作用。

参考文献

[1]田海霞,卢佳颖.弹性学分制下普通高校教学管理的改革与完善.科技创新导报,2009(12):138.

[2]刘旭东,薛素萍.高校学籍管理的现状、问题及对策.理工高教研究,2004(5):50—51.

[3]李美中.论高校二级学院(系)教学秘书队伍建设.管理科学,2008(6):127—128.

[4]董明伟.网络平台下高校学籍管理的实践与研究.教学研究,2008(4):323—325.

[5]申沛,周情操.学籍预警工作的探索与实践.中国电力教育,2009(2):53—54.

新形势下基层教学管理单位改革初探 *

邱净　路英　罗莉梅　马佳

（中国传媒大学信息工程学院）

　　摘　要　随着高校近些年的飞速发展,三级建制二级管理机制的建立、管理重心的下移、大类招生的实施,使得以学院为主体的基层教学管理单位不得不重新审视原有的一系列管理方式和内容,以适应新形势的变化。本文分析了当前的新形势,并探讨了新形势下基层教学管理单位所应进行的改革。

　　关键词　教学管理　基层教学管理单位　三级建制二级管理　管理重心下移　大类招生

一、当前基层教学管理单位所面临的新形势

1. 三级建制二级管理机制的确立

20 世纪 50 年代,在前苏联模式的指导下,我国高校系级建制得到有效加强,无论是单科性的大学还是单科性的学院都建有系级建制,校系二级建制成为大学的基本建制形式。[1]随着高校自身的发展,高校的办学规模在不断扩大,在校学生人数以及学科、专业数量都在增加。美国高等教育学家马丁·特罗指出:高等教育"数量增长对高等教育的每一个活动和表现形式都产生了影响"。[2]高等学校的教学管理无疑也受到了这一增长的影响。随着管理范围的逐步扩大,高校原来实行的校—系型管理方式无法适应新的形势。为进一步提高学校管理水平,实现管理层次和管理幅度的优化,高校在校、系之间增加了一个管理层次——学院,形成了现在实行的校、院、系三级建制。同时,从拓宽学生专业口径、优化整合教学资源等因素考虑,在管理机制上采用的是二级管理机制。

2. 管理重心的下移

正是由于三级建制二级管理机制的确立,高校采取了将部分管理功能下放至学院的管理方式,即所谓的管理重心下移。管理重心下移,可以使学校实现真正的"简政放权"。学校领导将从繁重琐碎的管理工作中脱离出来,集中精力进行有利于学校发展的宏观决策;学校管理部门的工作重心也将转移到制定政策法规和宏观调控方面。学校将财务、

＊　资助项目:中国传媒大学教改项目"基层单位教学管理模式改革"。

人事管理、教学、科研等方面更多的责、权、利下放到学院,更有利于激发学院的组织活力,也更有利于调动学院管理工作的积极性和主动性,使学院加入到学校的建设中来,从而达到促进学校进一步发展的目的。

3. 大类招生的实施

近年来,为了矫正过窄的专业教育弊端,很多学校尝试按学院进行大类招生。所谓大类招生,就是将学科门类相同或相近的专业合并归类招生,它是相对于按专业招生而言的一种新型的招生方式。[3]实行大类招生后,在教学计划上将实现大类中所有专业前两年的课程完全打通,学生将在前两年学习多学科的基础知识,直至第三年再根据学生的成绩、兴趣、爱好以及两年中对专业的理解来选择专业。这样既真正达到了培养出厚基础、宽口径学生的目的,又在一定程度上避免了考生填报志愿时的盲目性。

二、学院在高校中地位、作用改变的必然性

从学院的地位看,无论是三级建制二级管理机制的建立,还是管理重心的下移,或是大类招生的实施,学院的管理都成为学校管理中的重点,提升到了高校管理的中心地位。这一方面意味着学院管理的重要性增加了;另一方面意味着学院不再仅限于接受和完成学校指派的任务,意味着学院管理任务的增加以及管理模式上的转变。这就给基层教学管理单位提出了前所未有的要求。

从学院的作用看,学院承担着教学、科研、学科建设、学生工作、行政管理等方面职能,起着承上启下、执行与协调的作用。[4]学院在教学、科研等各方面工作的完成情况直接影响学院的发展状况,由于学院在高校管理中心地位的确立,学院的发展状况势必将影响到学校的整体情况。

三、基层教学管理单位的教学管理模式改革

1. 完善教学管理制度

随着三级建制二级管理机制的建立以及高校管理重心的下移,学院在管理地位得到提升的同时管理的内容更加宽泛了,任务量也更大了。在这种管理形式下,学校仅会对学院进行必要的管理工作,重点是进行宏观调控。学院要想切实提高自身管理和办学水平,使学院进入良性发展,必须加强管理的规范化,而管理的规范化首先离不开各种管理制度。学院原先都是在遵循学校的政策、法规,没有或者仅有少量的院级管理制度,这些制度显然已经不能适应现今的发展需要,因此学院首先要制订和完善各种院级教学管理制度。

2. 改革教学管理运行机制

教学管理运行中学籍和课程管理是两项重点任务,新形势下这两项重点任务都面临着改革的要求,要求建立与新形势相适应的新的教学管理运行机制。

从学籍管理上看,实行什么样的学籍管理规定无疑对学生有着巨大的影响,也对教育教学质量有着重大的影响。在我国,现在还没有条件实现完全的学分制管理,大多数学校实行的是学分制的过渡制度。大类招生改变了原有的招生方式,从而改变了原有的专业建制和班级建制,这种招生制度的改变必将影响现有的学籍管理制度,这就要求对现有的学籍管理制度进行新的调整,使其具有更多的灵活度。

从课程管理上看,现在大多数课程都是必修课,只有极少数选修课,课程管理相对比较简单。实行大类招生之后,教学计划中前两年的课程被打通,并实行了平台＋模块的课程体系设置。这种改变使得选修课的数量大大增加,加上学生是按大类招生入学,在选择课程模块时容易出现盲目性,势必会加大课程管理的难度。为使学生能在专业和课程的选择上具有针对性,让学生找到前进的方向,应积极推行学业导师制,逐步建立导师指导下的学生自主选课制度。

3. 充分调动基层教学管理人员积极性

教学管理重心下移大大增加了基层教学管理的内容和难度,而多数学校并没有增加教学管理人员的编制,从事教学管理工作的人员整日疲于应付。基层教学管理人员承受着超强的心理压力,加上超繁重的管理任务、超负荷的工作压力,很难有工作的积极性。

在这种情况下,学院应注意对基层教学管理人员进行培训,提高其教学管理水平,以保证教学工作稳定运行。要善于运用激励手段,充分调动教学管理人员的积极性和创造性,从而提高其事业心和责任感,使其能够专心用心做好教学管理工作,提高工作水平。

4. 注重学院自身特点

教学质量是高校生存的命脉,因此加强教学质量管理是学院毋庸置疑的任务。然而加强教学质量管理不能搞一刀切,学院一定要按自身特点进行。以前只是片面地讲提高教学质量,提出一些所谓合理的评价系数,制订一些所谓合理的评价标准,规定一些所谓必要的制度措施,却忽视了学院之间的差异性。

学院是高校按学科、专业性质进行分类设置的,每个学院都拥有本学科领域的专家、教授,因此学院具有很强的专业性和学术性。人有人的个性,学院也有学院的个性,这种专业性和学术性正是各学院的个性。学院的个性差异,导致其专业特点、学生特点、教师特点以及管理特点也必然会存在明显的差异性。这种差异性直接反映到对教学质量的管理上,因此各学院一定要针对自身特点,制订一套适合自己的教学质量管理方法,循序渐进地提高教学质量。

参考文献

[1]郭必裕.校系二级管理走向校院二级管理的内在动因.南通大学学报,2006(4):23-25.

[2]王香丽.从精英向大众高等教育转变中的问题.外国高等教育资料,1999(1).

[3]姜静.论大类招生模式下的学院教学管理工作.现代商贸工业,2009(10):83-84.

[4]陈丽荣.对建立学院为中心的教学管理模式的探讨.福建农林大学学报,2002(3):71-73.

浅析新形势下高校课程考试管理工作 *

马佳　罗莉梅　路英　邱净

（中国传媒大学信息工程学院教学办公室）

摘　要　学分制是比较适合学生全面发展和个性培养的教学制度。课程考试是高等教育教学过程中的一个重要环节，是教学得失评价和教学工作信息反馈的一种手段，也是稳定教学秩序、保证教学质量的重要途径之一。学分制下，高校考试管理是教学管理的重要环节。本文分析了当前高校考试管理工作中存在的问题，以提高考试管理效率，促进考试管理工作向规范化、科学化和系统化的方向发展。

关键词　学分制　考试管理

一、引言

学分制是学校根据培养目标的要求，以教学计划规定的累计平均学分绩点作为衡量学生学习效果的一种教学管理制度。其核心是弹性学制和选课制，具有比学年制更大的弹性和自由度，是教学管理制度改革的必由之路。目前，我国各地的高等学校已越来越多地把学分制作为自己实现人才培养目标的一种具体操作方案。学分制的重要价值在于它为最大限度地实现人才培养目标提供了可能性。

高校考试管理工作是高校教学与行政管理工作的重要组成部分。随着学分制的普及，如何搞好考试管理工作，如何开展考试管理改革，如何转变传统的教学和考试观，促使整个教学过程的转换，使教学内容、方法与手段更加符合当今时代人才培养的需要，从而充分发挥学分制的效应，是摆在高校教学管理职能部门和基层教学管理人员面前的一项重要任务。

二、当前考试管理中存在的问题

教学与考试是学校教育中两个不可缺少的环节，二者相互影响、相互促进。课程学业考试是评价学生学业的主要手段。考试除了能够对学生专业知识的掌握程度进行评价并给予价值判断外，还能够评估教学活动、促进教学水平和学生能力提高，即能够判断

＊　资助项目：中国传媒大学教改项目"基层单位教学管理模式改革"。

教学活动和教学策略的有效性。

当前,加强高等学校考试管理工作的呼声很高,各级教育主管部门、高校及基层教学管理人员在加强考试管理方面也采取了许多办法,但收效并不明显。考试过程中经常出现的问题没有得到有效遏制,传统的考试办法依然或多或少地限制了考试制度改革的深化。

1. 对课程考试目的认识不全面

课程考试是高校教学中的一个重要环节,作为教育评价的一个重要工具,在教学过程中具有不可忽视的作用。它可以检验学生对所学内容的掌握程度,为师生改进教学提供事实依据,最终为学校的教学规划和教学管理提供信息依据。然而,有些教师认为,考试是教学过程的一个环节,是所授课程教学任务的完成,学生们考虑最多的不是如何有效地掌握知识,而是如何有效地通过考试。教师的主导作用和学生的主体作用得不到充分体现,积极性和主动性得不到充分发挥,考试成了课程结束的标志。教学管理者也只是把考试作为学生留级、退学、毕业和授予学位的评判依据等,教学过程中存在的问题没有得到较好的解决,忽视了考试的真正效用。

2. 考试形式和方法单一

目前高校大部分课程的考核形式仍然是采用闭卷考试的形式,而口试、答辩、动手操作等实践应用的形式少,考试命题侧重于记忆,强调学生在记忆的基础上理解、分析和计算,容易导致学生在学习过程中死记硬背,从而束缚了学生的想象力、创造力。闭卷考试形式是在传统学年制模式中产生的,体现了应试教育的基本理念,在教学过程中学生的个性得不到良好的发展。作为教育主体的学生在考试面前没有一定的选择性,只能接受闭卷考试形式。这种教考形式跟不上学科发展的步伐,无法使学生充分表现自己的能力和素质,打击了学生参与教学过程的热情,压抑了学生在教学活动中主体性作用的发挥。教学改革的主要目的之一是提高学生的能力和素质,即学生综合运用所学知识分析问题、解决问题的能力和创新能力。而传统的考试形式不仅压抑了学生学习的主动性,更无从培养学生的创新能力,而且在一定程度上诱发了部分学生考试违规的倾向。

3. 考试质量分析流于形式

课程考试的目的是检查教师的教学效果和学生掌握知识的程度,是对教与学双方的信息反馈。考试是一个阶段教与学的结束,同时又是另一个阶段教与学的开始。如何避免在下一阶段出现与上一阶段相同或类似的问题,这就需要我们对考试成绩和考试管理进行全面总结。目前考试后的管理工作尚未引起应有的重视,对考试后管理工作的各个环节规定没有明确,没有落到实处。

对于学生来说,考试的信息反馈可以弥补知识缺陷,端正学习态度;对于教师来说,有利于总结教学经验,制订并完善教学计划,选择更有效的教学方法等。当前多数高校只是把试卷分析信息作为教学档案存入所在院系束之高阁,没有对试卷分析进行全面的汇总、分析和反馈,使考试结果中对教学管理和质量考核有价值的教学信息得不到充分的利用,也难以通过试卷分析达到教学质量监控的重要作用。

三、建立和完善与学分制相适应的考试制度

实行学分制,其目标是要打破学年制条件下整齐划一、平均发展、单一规格的培养模式,鼓励学生发挥自己的特长和爱好,形成"专业特色",以培养德智体全面发展、综合素质高、知识结构合理的各类人才。因此,考试形式的改革首先要从考试理念的转变开始。在学分制条件下,考试不应仅仅是为了测量学生的学习效果和教师的教学效果,更重要的是,考试应该被看做一种教育的资源,促进学生的学习和成长。

1. 提高认识,规范管理

端正考试目的,明确考试功能。明确高校课程考试的直接目的是提高教学质量,间接目的是通过考试培养学生的应试和应变能力,考试的终极目的是全面提高学生的素质,使每个学生的生理和心理素质、认识和实践能力得到充分和谐的发展。从这三个目的出发,明确考试的功能:一是检测评价功能。通过考试检测学生的学习实效,评价教师的教学质量。二是诊断反馈功能。通过考试帮助教师和学生分析在教与学的过程中的进步程度和存在的问题,获得如何调整和改进其后续教学活动的信息。三是激励导向功能。通过考试鞭策、激励学生学习的进取心和积极主动性,引导学生勤于思考,善于发现并提出问题,启迪学生的创造性思维,鼓励学生掌握吸收新知识和创造新知识的方法,激发学生培养健全的人格,具有敢闯、敢干的实干精神和良好的心理素质。在考试组织上,要做到主管教学的校领导带头抓、分管领导直接参与、基层教学管理人员具体实施,使考试工作上下形成一个组织有序的考试领导和实施体系,并使这种组织领导渗透到考试工作的每一个环节。考前充分准备,做好考试教育工作,营造考试氛围,宣传并引导学生端正学习态度,刻苦学习专业知识,立志成才,正确对待考试,把考试作为检验自己学习好坏的重要手段,了解熟悉并自觉遵守考试规章,诚实从考,杜绝违规行为。考试中学校和院系的各级领导层层巡视,检查指导和督促考试和监考工作,考务人员严守岗位,坚持原则,严格执行各项规章制度。考后认真总结经验,教师做试题和成绩分析,学生检查对知识的掌握情况,实行考后总结,找出存在的问题,以使考试工作逐步走向规范化。通过这些环节的要求,不断地完善考试管理工作,才能体现出高校考试公平、公正的原则,达到提高教学质量的目的。

2. 考试内容、形式多样化

可以根据社会发展需要对考试进行动态管理,鼓励教师在新的教学环境下,尝试考试改革。尤其应当鼓励教师根据知识经济对创新人才的需求,大胆改革考试方法,以考

试独有的指挥棒功能,引导学生加强基本概念、基本方法和基本技能的学习,加强学习方法的学习,加强创造意识、创新能力的自我训练与提高。

针对目前考试形式单一,不利于全面考查教师教学和学生学习的状况,实行课程考试改革势在必行。探索多种形式的考试方法,针对不同课程采取适应课程教学、人才培养目标要求、培养学生能力的考试形式。考试形式的改革不仅仅是考试方法的创新,它还应是促进教学改革深入和教学质量提高的一种杠杆。考试形式的改革就是要创新考试办法,采用多种形式的课程考试。

首先,所选择的试题要尽量避免过分偏重于对知识的知与不知的测试,而要使学生在做题时有一个综合、分析、比较、理解的过程。目前高校教学考试的命题形式大体上分为填空、判断、选择、解释、问答、叙述、分析论述等类型,要充分认识不同类型试题的特点,了解各种试题的优点和缺点,根据学科的特点和教学内容来决定采用何种考试形式。另外,试题的内容也可以有选择的余地,以保证学生能充分地发挥自己的智力和才能。根据考试内容、考试目标,灵活采用不同类型的试题,充分发挥各类试题的最佳测试点。设计科学而合理的考试,将其作为一种价值标准,引导学生向此目标努力,并通过考试调动学生的积极性、主动性,促进其奋发向上、开拓进取。

其次,考试形式应根据课程的特点多样化。除传统的闭卷笔试外,还有开卷、半开卷、口试、撰写课程论文、上机操作以及实验操作或制作等,有的课程还应多种考试形式相互结合才能全面反映学生掌握知识的情况。每一种考试形式都有自己的优缺点,单凭一种考试方式不可能全面反映学生综合运用知识的能力,采用何种考试形式,应该根据学科的特点和教学内容来决定,也可以采用其中几种方式相互组合以取长补短。这样既可以考查学生掌握知识的程度,又可以检验学生运用所学知识解决实际问题的能力,使考核结果更全面,培养和发展学生的创造性思维能力。选择最佳的考试形式是提高考试效度的重要途径,适当灵活的考核方式能够进一步提高学生的学习主动性和自觉性,进一步巩固和深化所学课程的知识,这样既能帮助学生克服死记硬背的学习习惯,又能锻炼他们各方面的能力,从而达到育人的目的。同时,在一定程度上可减少学生作弊动机。

3. 成绩评定科学化

应用科学的手段进行评分,才能有效地反映考试的效度和信度。其核心就是要改变多数高校长期形成的一次性闭卷笔试"一考定成败"的现象,对学生的成绩实行综合评定方法,即结合课程总结性考试与平时考核进行综合评价,并逐步加大平时考核成绩在总成绩中所占比例。加强对学生平时的考核,并不是要频繁增加考试次数,而是任课教师在教学过程中,根据不同阶段的教学要求,灵活运用提问、讨论、作业、小论文、小测验等方式了解学生学习状况,并通过测验获取教学信息,指导教学更好地开展。根据专业特点和课程性质的不同,采用多元化的考试评价方法。

平时考试成绩需与听课笔记、作业成绩,分别合并计算,作为平时成绩。如果每学科的平时成绩,占该学科成绩的比例合理,就能督导学生平时刻苦学习。学风好了,就会促进学生的学习,考风也必然好转。考风好了,又反过来促进学风的端正,这就步入了良性循环的轨道。这些做法和措施具有一定的科学合理性,在推进高校课程考试改革中值得借鉴、继承和发展。

4. 强化考后管理

考试成绩是衡量学生掌握知识程度的一个重要标志。每次考试结束后,阅卷采取集体阅卷方式,制订统一的评分标准,按标准评分,尽可能做到公平、公正、合理。采用科学的方法分析学生的考试结果,提出有针对性的改进措施,帮助学生改进学习方法,提高学习效率。在现行的教学过程中,考试意味着教学告一段落,考试分数成为课程教学的一个句点。考试是对学生某个专业领域行为样本的考查,其中包含着大量宝贵的学习信息。实行考试结果报告制,就是在一学期全部课程考试结束后,由任课教师向学生宣讲各门课程的考试考查情况,报告本次考试的设计思想、评分标准,评价学生的学习效果。

考试结果反馈过程的焦点应当是找出学生在知识掌握程度和学习方法中所存在的问题,促使学生自我分析、自我发现问题,以扬长避短。这其中既包括查找学习方法和学习态度的问题,也包括对取得的成绩和正确的学习方法的认可。赞扬学生的学习态度和学习进步有助于强化相应行为,帮助学生取得能够达到的理想成绩。对于学生未能达到学习目标的部分,或学习方法与学习态度不足的,可以和学生共同探讨下一学期改进的方向与计划。对学生某一科目取得优异成绩的,可以和学生一起讨论下学期的计划与方法,并适当规划配套的辅导以帮助学生进步。考试结果报告制通过学生考试的信息反馈,还能有效地促进教师的教学改革、考试改革,也有利于教学管理部门提供有效信息,以便改进教学方法,保证教学质量的提高。

5. 积极推进考试管理现代化

选课制、弹性制及灵活性是学分制的基本特点,学分制选课制主要是学生在自主的基础上,根据本专业教学计划的要求,做到灵活性与可控性相结合、自主性与指导性相结合来选择课程。而近年来,学分制出现了特有的交换生的现象。学生跨校选课、高校学分互认的制度,大大提升了课程管理的重要性和相对独立性,这种选课形式在目前考试管理中是一个亟待加强的管理范围。选课制和弹性制给考试管理带来很大的冲击,给考试管理提出了更高的要求。学分制下考试组织和实施存在批次多、类型多、人数多、标准多、灵活性等特点,随着考试改革的不断深化,考试规模不断扩大,单靠传统的手工操作已不能完成如此繁重的考试管理任务,必须运用现代化手段进行考试管理。只有充分运用先进的计算机技术进行考试管理,才能达到考试管理手段现代化、科学化,才能实现高质量、高效率的考试管理。此外,各高校应积极开发适合本校实际的考试管理软件,对本校学生选课、课程安排、考试安排、重修(重考)安排、试卷分析、成绩录入等功能逐步改进、完善,大大提高管理效率,使考试管理进一步规范化、科学化,不断促进教学质量的提高,以适应时代发展的迫切要求。

四、结束语

课程考试改革不是孤立的,它是课程教学改革的重要组成部分。通过课程考试改革,必将促进教学内容和教学方法的改革,促进学习方法的更新,使人才培养质量能够满足时代的要求。课程考试改革的任务很艰巨,改革的理论需要与时俱进,改革的实施需要计划和科学理论的支撑,需要教育界的广泛关注,需要各个学校和所有教师的积极配合。只有选择合适的教学管理模式,并根据满足其具体的人才需求,建立适当的实现机制,才能不断提高高校教务管理工作水平,为高等教育发展作出应有的贡献。我们需要从各个方面深入、细致地研究,认真分析考试过程中出现的新问题,积极探索考试管理工作的新思路,使考试工作日趋规范化、科学化,从而进一步促进高校教学质量的提高。

参考文献

[1]夏静.学分制下影响学生选课的因素分析及对策.安徽工业大学学报,2004(3).

[2]林培朗.创新能力培养与考试改革.中国教育学刊,2001(2):31—33.

[3]杨文斌.高校考试管理改革与素质教育.广州师范学院学报,2000(8).

[4]邹姝稚.适应高校素质教育的考试形式研究.扬州大学学报,2000(4).

[5]刘海峰.以考促学:高等教育考试的功能与影响.厦门大学学报,2002(2).

从管理上看科研服务

罗莉梅

（中国传媒大学信息工程学院教学办公室）

摘　要　本文简要分析了新形势下科研管理工作面临的众多问题，提出了一些细节上的改善科研管理、加强科研服务的方法，指出科研服务必须立足于宏观上的科研管理，才能真正起到服务的作用，使科研工作更高效更好地进入良性循环。

关键词　科研管理　科研服务

管理是社会发展到一定阶段的产物，它利用组织及其成员赋予的权力为组织及其成员的利益服务，其实质与服务是统一的。科研管理是管理的一大分支，而服务是科研管理职能中最重要的组成部分，从本质上讲，科研管理就是为科研服务，保证服务的同时又要加强科研管理来巩固服务的质量。

中国传媒大学信息工程学院正在努力逐步扩大其社会影响力，提高传媒技术领域工科科研能力。判断科研管理优劣的标准，主要是看其是否有利于学院科研力量的凝聚，是否有利于促进科研的发展，是否有利于促进科研成果向更高更深层次的转化。

一、科研管理工作中存在的问题

但是我们不得不看到，在新形势下科研管理工作面临着许多新的问题：

1. 科研管理权限较小

课题（项目）负责制决定了课题（项目）负责人直接对自身的课题（项目）负责，这在一定程度上有利于发挥课题负责人的自觉能动性。但是同时也使科研管理部门的管理权限变得很小，只能作为一种服务机构来履行服务职能，而缺少了宏观的管理过程，对课题（项目）的实施进程无法干预，导致只重项目申报、不重结项以及无法保证项目质量的局面。

2. 科研管理对象较为分散

以往科研管理的工作对象是各课题组甚至科研人员个人，学科方向众多导致了科研方向众多，致使科研管理人员的工作量增大、工作难度增加，同时也使科研力量缺乏强有力的凝聚力而处于散沙状态。

3.科研成果质量控制难度较大

课题研究是由个人或课题组分散承担的,科研经费、科研成果由个人或课题组掌握,且课题众多,难以对各类课题的质量从总体上把关,科研机构与科研管理人员对科研成果质量把握的难度大大增加。

4.科研管理成本较高

随着部门利益的分化,科研单位内部各方面力量的整合难度随之增加,统一组织科研活动的难度也随之加大。凡是组织全院性的科研活动,都要拿出更多的精力去协调方方面面的各种关系,大大增加了相应的科研管理的成本。

面对如此众多、方方面面的困难,我认为,科研管理过程就是要提供合理配套的科研管理政策、规章制度,提供科研基础设施,提供与之配套的后勤保障服务,提供科研公共资源供给的组织协调管理服务。

二、如何改进科研管理

1.加强科研信息平台建设,建立科研人才库

当今社会,计算机技术飞速发展,渗透到了人类生活的各个领域,其在科研管理领域中的应用也在日益扩大。科研管理已经进入"网络信息化时代",科研网站既是对外交流的窗口,也是人们了解科研信息动态、展示科研成果的平台。所以,应当加强科研信息平台建设,建立一个科研管理网络系统,充分利用网络进行高校科研管理工作,促进高校科研管理工作科学化、规范化、现代化。

(1)建立自己的网站,形成一个科研人才库。通过一个以数据库作为支撑的网站平台,可以建立一个人才库,收集各位教师科研方面的简历,包括以往成果、项目、专业特长以及今后的发展目标等。内部科研人员可以通过人才库灵活地组织科研团队,针对每个项目的指向随时调配具备本方向专业特长的人员。这有利于提高和改善科研管理效率、集中管理科研人员,也减少了科研管理成本。

(2)利用科研管理信息平台,加强与外界的有效沟通。也可作为一种展示,向有意与本单位形成科研合作的合作者充分展现自身的实力,并可针对合作者的要求随时调出可与之形成合作的负责人资料,让合作更快更放心地完成。

(3)人才库的建立对于促进产学研孵化也是一个有益的资料。单独搞开发步履维艰,科技成果商品化、产业化程度低,使科研处于一种非良性循环中,得不到企事业单位的支持,水平也难以提高。

(4)可以加强本单位内部的联络,及时接收到第一手的科研信息资料,及时解答教师

的疑问,为科研工作者提供帮助,做好服务工作。

2. 注重科研成果管理

科研成果是科研工作的充分体现,特别是科研成果所获得的各种奖励,更是对各位教师科研工作取得的成绩的肯定。科研成果体现了一所高校科研实力的强弱和科研水平的高低,它是一所高校科研工作的反映。所以,有必要保存好科研成果,对科研成果进行妥善的管理。具体来说,可以从以下几方面着手:

(1)项目资料的收集和保存。注意收集和保存每个项目的有关资料,包括从申请书、项目立项文件、合同书、项目进展报告一直到成果鉴定书等。因为一个项目的研究是一个长期的过程,短则几个月,长则几年,要保存好这么一套完整的资料,并不是容易的事情。特别是在科研管理人员变动较大的情况下,由于时间的久远和交接的不连贯,往往造成资料的遗失。所以,一开始就要注意这方面资料的保存,要有一个系统的工作方案,即使科研管理人员变动工作岗位时,也要做好这方面工作的交接。

(2)成果登记手续的简化与集中。一道简单的登记手续会促进成果登记更快、更便捷、更实时地进行。同时,集中管理、集中分发、集中登记,将同一类工作交给同一个部门或同一位管理人员来做,而非越过管理部门直接面对课题负责人,这有利于转被动为主动,起到真正的管理作用。

(3)成果的保存与交流。科研成果如果只是作为一纸文书或者一张照片被存于文档之中,便失去了它的交流价值。因此,科研成果应通过信息平台进行展示,作为科研人员内部互相探讨学术的重要内容实现资源共享。也可与教学相结合,在服务科研人员、教师的同时加强学生和教师的科研沟通,促进教学与科研相结合。

(4)学术交流成果。学术交流成果是指科研人员参加国内国际各类学术会议与外界交流的成果,包括各种会议汇报演讲以及在会议上发表的未正式出版的文稿。人们容易忽视这类成果,但是,这类成果具有潜在的价值,极有可能代表学科发展方向。因此,学术交流成果也应当引起重视,收集起来作为内部交流资料,这样有助于科研人员的经验共享。

(5)成果的分级与公示。成果分级不仅是科研奖励的依据,更是体现科研人员科研成果质量的一个重要依据。因此,对成果分级进行必要的公示,有助于扩大成果的内部影响,形成一种良性的竞争机制。

3. 注重在研过程

人们往往以科研立项项目的多少、重大项目的多少、科研经费的多少来衡量一所高校科研实力的大小,换句话说,就是很注重课题项目的申报结果,以此作为衡量科研实力大小的尺度。而对于立项的科研项目,往往对其在研过程不够重视,缺乏必要的督查措施,以至于有些项目不能按质按量按时完成,出现"虎头蛇尾"的现象。其实,科研立项只是主观的设想,而更重要的是科学研究的过程。如果一所高校仅将重心偏向于高层次的立项,而忽视科研实施过程的质量控制,就不会有高质量的科研成果,当然更不会有创新性的科研成果,就不会有后期的开发转让,达不到科学研究的目的。这种做法将导致资金和资源的重大浪费,以及上级机关和一些横向协作单位对这所高校的科研诚信和实力产生怀疑,最终产生科学研究走向由大到小、从有到无的恶性后果。为了防止这种恶性后果的产生,就要对这些立项项目进行有效的管理,利用好资金,最大限度地发挥其效益。

(1)制订相应的规章制度,做到有"法"可依、奖罚分明。为确保科研项目顺利进行,建立健全必要的奖罚措施是十分必要的,这不仅有利于激励先进、鞭策后进,也有利于减少损失,最大限度地利用有限的资金和资源,从而促进科研工作的健康发展。对在科研项目研究过程中工作出色的科研工作者予以精神上和物质上的鼓励和支持。密切关注科研进程中出现的各种问题,随时提供最大可能的帮助,充分调动科研工作者的积极性和主动性。对于科研过程中出现重大失误或对待科研项目态度不端正的人员要予以批评,不能按时结题的取消再次申报课题的资格。

(2)签好合同,明确责任。对于每个立项的科研项目要签好合同,双方的责任要明确,并且合同内容要求详细。合同内容包括科研进度计划,明确每个阶段应达到的要求,使科研工作者做到"有的放矢"。科研管理人员要做好监督工作,随时关注科研进程,做好项目检查工作,做到心中有数,确保项目的顺利完成。

(3)改革考核办法。改变过去只重视项目立项数和经费到位数的做法,将项目研究进程和进展质量纳入考核范围。我们应当看到,没有考核的压力,就缺少了一些动力。没有好的过程,很少有好的结果。所以,不要只看到科研立项的多少、经费数的多少,科研管理者应更注重科研过程。只有把过程抓好了,才会出色地完成科研任务,才会有好的科研成果,才会有高的科研诚信度,才会为今后的科研立项、多争取经费铺平道路,从而从一个侧面扩大学校的影响。

总之,科研管理工作承担着对科研方向、任务提出指导性建议的责任,对制订科研规划、组织项目申报、落实协调科研任务起着直接的领导作用。科研管理工作不能一味地注重为科研人员服务的过程,而应该从管理上,在制订管理制度并实施的过程中对科研工作给予指导性的影响,并保证其完成的效率,这样才能不一味地处于被动过程,彻底改变一盘散沙、各自为政的局面。

科研管理中的激励机制与绩效评价体系探讨

柴剑平

（中国传媒大学信息工程学院）

摘 要 本文深入分析了建立激励机制与绩效评价体系的必要性，根据多年从事高校科研工作的经验，总结了高校科研工作的特点，论述了设计这一体系必须遵循的原则，最后给出了一套相对完备的绩效评价体系。本文是中国传媒大学绩效工资改革背景下的一种探讨，旨在找出一套切实可行的方法，以提高教职工的积极性，促进学校进一步发展。

关键词 科研 激励机制 绩效评价

中国传媒大学在"十一五"规划中明确指出：到 2020 年或更长一段时间，把中国传媒大学建设成为世界知名的高水平传媒大学。为此在"十一五"期间，全面落实科学发展观，坚持内涵式发展，以质量、管理、特色为主线，以改革创新为动力，着力提升学校的教育质量、学科实力和办学水平，为实现学校奋斗目标奠定坚实的基础。

为了实现建设世界知名高水平传媒大学的目标，"十一五"期间，中国传媒大学的办学类型由过去的教学型大学向教学研究型大学转变，重点突出了科学研究，提出了"十一五"期间学校科研的发展目标，即：科研经费到账总量达到 1.1 亿—1.5 亿元；承担国家级科研项目 37—39 项，省部级项目 110 项左右；各学科核心刊物上发表学术论文 3000 篇左右，CSSCI 检索论文年均 200 篇以上，SCI、EI 检索论文年均 20 篇以上；国家重点实验室或国家工程中心争取实现"零"的突破；力争新增国家级和省部级研究基地 3—4 个。

这些目标高瞻远瞩、催人奋进，如何实现这些目标是我们每一个教职工必须认真思考的问题。根据高校对教学和科研两大任务不同程度的倾斜，以及在科学研究方面所做的工作和取得的成果多少，一般将高校分为教学型、教学科研型、科研教学型、科研型四种不同的类型。在我国，高等专科学校和一般的普通高校均属于教学型学校，它们涉及的科研工作较少，主要承担教学任务；以科学研究为主，以培养硕士和博士研究生为主的高校则是科研型学校。不管是哪种类型的学校，都涉及科学研究和科研管理。

目前，中国传媒大学正由教学型向教学科研型大学转换，经过长期不断的努力，以及本科教学评估的促进，教学体系已经建立了比较完善的绩效评价和激励机制。相比之下科研由于其特殊性，如涉及内容种类繁多、不容易量化等问题，还没有建立起有效的、规范化的制度体系，在一定程度上影响了学校科研水平的提高。所以，本文重点对科研管理中的激励机制与绩效评价体系进行研究和探讨。

、建立激励机制与绩效评价体系的必要性

所谓"激励机制"就是职能部门通过设计适当的外部奖酬形式和工作环境来满足个人的需要,使其努力工作,从而实现个人目标和集体目标。所谓"绩效评价"就是职能部门对全体员工的工作过程和最终结果从成绩、效益和效率方面进行量化统计,达到全面、客观、科学的评价目的,它也属于激励机制,是激励机制的基础。

大量的调查发现,在没有激励的情况下,人一般只能发挥个人能力的 20％至 30％,如果有良好的内外部激励条件,可发挥个人潜力的 80％至 90％。可见,激励在调动人的积极性方面作用重大。

激励理论按其所研究的激励侧面的不同及其与行为关系的不同,可归纳和划分为需要型、过程型和行为矫正型三大类。美国心理学家马斯洛的需求层次理论认为人的基本需要可分为五个层次,即生理、安全、社交、尊重和自我实现;赫茨伯格的双因素理论认为,激发人的积极性的因素有两类:一类是保持因素,它能保持人的积极性,维持工作现状,如工资、工作条件、人际关系等;另一类是激励因素,它能促进人们的进取心,激励人们做出最好的表现,如社会承认、成就和进步等,以上都是需要型理论的代表。过程型激励理论主要有弗鲁姆提出的期望理论,认为目标是一种刺激,合适的目标能够诱发人的动机,规定行为的方向;美国行为科学家洛克提出了目标设置理论,认为致力于实现目标是工作的最直接的动机,目标会使人的行为具有方向性,引导人们去达到某种特定的结果。行为矫正型理论最著名的是斯金纳的强化理论,即行为与影响行为的环境有关,通过不断改变环境的刺激因素可以使某种行为增强、减弱或消失。

激励是以人为中心的管理活动,它追求管理活动的人性化;机制则是以制度为导向,追求管理活动的制度化。在组织中建立科学的激励机制,就是追求管理活动人性化与制度化的平衡。因此,激励机制的实质就是:在组织系统中,激励主体(组织或管理者)运用多种激励手段并使之规范化和相对固定化,是与激励客体(组织成员)相互作用、相互制约的结构、方式、关系及演变规律的总和。一定的激励机制会"自动"地导致激励客体的一定行为,呈现出某种规律性,而且激励只有形成机制,才能持续有效地发挥作用。

激励机制可以用于社会运行的各个方面,高校科研管理也不例外,它能激发广大科研人员的工作动机,推动并引导其行为使之朝向预定目标。也就是说,用各种有效的方法去调动科研人员的积极性和创造性,使科研人员奋发努力去完成学校的科研任务,实现学校既定的科研目标。正如比尔·盖茨所说的:"激励是调动人们积极性、创造性的一种好方法,激励在管理活动中具有积极的意义。对群体成员的激励,是提高全体活动效率的根本前提。"因此,建立合理的激励机制对实现高校科研管理任务和目标具有保证作用。具体体现在:

1. 有利于强化个人动机,激发和调动个体的科研积极性

科学研究和管理实践的经验表明,人的行为或工作动机产生于人的某种需要、欲望

或期望,这是人的共性,也是人的能动性的源泉和动力。一旦这种需要、欲望或期望得到满足或实现,个体的满意度就会增加,有利于巩固和强化他的行为或动机,使他保持或者更加努力,向更高的需要、欲望或期望奋进。

2. 有利于改变个体行为,使其行为符合学校科研活动的目的

个体目标和个体利益是个体行动的基本动力,当它们与学校的组织目标和总体利益一致时,往往能够促进和推动学校整体目标的实现;当二者背离时,个体目标往往会对总体目标的实现产生干扰。激励的功能就在于以个人利益和需要的满足为基本作用力,引导个体把个人目标统一于学校的整体目标,促进个体目标与学校目标的共同实现。

3. 有利于密切科研机构内部关系,培养团队精神和增强群体内聚力

学校的科研机构、学术群体或学科群体是由若干个体组成的。根据马斯洛需要层次理论,我们知道个体往往有尊重、社交习惯、工作价值的实现等方面的需求。机构内部的规章制度和学科群体的工作守则,可以保证自身工作的正常运转,而激励机制能够更好地满足个体尊重、社交习惯和工作价值等方面的需求,因此,能够鼓舞士气,密切内部关系,增强群体的凝聚力和向心力,促进群体间或个体间的协作。

4. 有利于提高科研人员水平,推动高校科研不断创新与发展

激励对于每个个体来说是均等的,但作用力是具有差异性的。由于群体或者个体的能力、水平的差异,有的人得到更多或者走得较快,而落后的个体往往不甘心,势必努力提高自己的素质和创新能力,追赶前者。正是在这种竞争状态下,学校的整体创新能力将进一步提高,并不断推动学校的科研事业向前发展。

二、高等院校科研工作的特点与体系设计原则

人的积极性与需要密切相关,需要是积极性的源泉,动机是行为的原动力,目标是行为的诱因。需要的满足是发挥积极性的动力系统,因而满足每个高校科研人员的需要,是高校科研管理目标的内容之一,是高校管理者调动科研人员积极性搞好科研的重要前提。因此,必须从科研者的需求结构出发,正确认识他们的需求特点。

1. 高等院校科研工作的特点

(1)基本生活的物质需要增加

物质需要在人类各种需要中具有不可动摇的基础性地位。古人言:"君子忧道不忧贫",而今高校教职工既"忧道"又"忧贫",尤其是中青年教师,他们的职业受到社会肯定,而收入水平却不如其他职业,一些人不能全身心地工作,甚至放弃科研转而经商或做兼职。因此,必须提高科研工作者的经济效益,使他们更好地从事教学、科研活动。

(2)自我实现的需求强烈

对于高校的大多数职工来说，虽然基本物质需求还没有得到满足，但强烈的责任感和使命感，使他们依然敬业爱岗，对事业执著追求。他们最大的乐趣就是在科研和教学上取得成功，来实现集体价值和自我价值。据有关调查资料表明，目前高校中、青年教师主体意识增强，可望成就事业，95％以上的中青年教师的兴奋点集中在"事业成功"、"有所作为"和"贡献社会"。因此，精神鼓励具有不可替代的作用。

(3)学习深造的需要突出

学校、医院和科研院所是高层次人才聚集的地方，经济和文化的迅猛发展对身处其中的工作者提出了更高的要求。在这种情况下，自己如果不及时更新专业知识、补充边缘学科知识、调整知识结构、提高学历层次和知识水平，就不能适应未来科研和教学工作的需要，也难以在学术上有所建树。因此他们渴望能有机会继续深造、参加国内外进修学习或攻读学位，得到更大的发展空间，这一方面的需求对于中青年科研者显得更为迫切。

(4)公平需要日益增加

随着主体意识的唤起和对公平认识的提高，面对现实中存在的某些不公平现象，高校教师及科研人员的公平需要日益增长。尤其是在高校内部，分配制度、人事制度、职称评聘、进修学习等方面表现出强烈的公平需要。因此，无论是收入分配、利益分配还是晋升与奖励制度都要有严格的考核标准，以建立公平竞争的环境和机制，最大限度地激发科研积极性。

2. 高等院校科研工作体系设计原则

根据上述特点，在设计激励和评价体系时，应该遵循以下原则：

(1)激励措施应考虑不同年龄段的差异

高校对教师的激励不能千篇一律，应针对不同年龄段的教师采取相应的激励措施，以达到最佳的效果。青年教师进入教师队伍的时间不长，他们活跃勤奋、工作热情高，但在生活上刚刚自立，购房、成家压力很大，经济需求占据其主要地位。因此对于科研工作出色者，重点是给予经济上的补贴并考虑职称破格晋级；此外，还要在学术上帮助其选择科研方向，吸收他们参加课题研究，完成一些基础的理论与实践问题的探索。

中年骨干教师在专业知识的深度和广度、研究能力和教学能力等方面，有较大的培训提高空间，职务职称评定的需求占据其主导地位。虽然他们收入增多，但家庭负担较重，经济上的需求同样存在。对此应该做好职称评定工作，保证其合理的经济收入，促进他们将精力集中于科研工作。

老教师拥有几十年的积累与学习，其学识水平、研究能力、教学能力等处在一个较高的层次上，提高自身学术水平，掌握学科前沿理论和知识，进一步扩大学术影响，以引导和带领学科的建设与发展，是他们的需要重点。因此，应给他们一个良好的工作环境和社会荣誉，放手让他们做科学研究，并鼓励他们多带年轻人，形成科研梯队。

从社会人的角度来看,每个人都希望自己的成功能得到别人的承认和赞赏;从其职位的角度来看,参加各种会议和提供有针对性的培训,与提高物质上的奖励同样不可忽视。当然,高校进入不同的发展阶段,工作重心自然会发生转移。因此通过正确合理的分类,从而因人而异地制订激励策略,才能达到最大的激励效果。

(2)合理评价科研人员的工作业绩

工作业绩评价是对科研人员工作现实的或潜在的价值做出判断的活动,是学校管理职能的关键要素之一。业绩评价可以作为奖惩依据,按劳取酬,改变平均主义的弊端,有利于形成竞争向上、乐观进取的良好风尚,有利于依法治校,维护学校和教师的正当权益。报酬激励的实现依赖于考评体系的科学、公正、公平,因此,建立一套科学、合理的绩效考评方案是高校对教师进行激励的关键。

对科研人员科研业绩进行评价,首先要遵循科研成果准则。科研成果反映了教师的工作能力和业务水平,它包括项目成果和论文著作两个方面。科研成果的产生,不仅能够促进科学技术进步,而且也是进行教学改革、促进教学水平提高的一个重要方面。其次,还要遵循学术素养准则。即对科研人员本身内在的潜质、知识积累过程以及在探索性工作中所投入的难以量化的积累性劳动进行衡量。科研工作具有探索性、创造性的智力劳动特征,学识水平、工作经验和解决问题的能力不尽相同,都会直接影响科研工作的有效性。

(3)合理使用经济与非经济报酬激励措施

根据期望理论,要使激励效果最大化,就要让高校科研工作者认识到,他们的努力能够产生良好的业绩评价成绩,而这种成绩会给他们带来相应的报酬。为此,必须构建合理的报酬激励机制。一方面,要调整经济报酬结构,即科研者的工资中既应包括固定部分也应包括变化部分。其中固定部分主要由职称决定,变化部分则应该与科研者个人的努力程度、科研能力与成绩成正比。当个人努力、能力强并取得成绩时,其工资报酬会高于原职称报酬,甚至超过上一级别职称的工资报酬;而当个人不努力时,就得不到原有的职称工资报酬。高校要根据实际情况确定工资中二者的比例,遵循按劳取酬、优劳优酬的激励机制原则,营建公平与竞争的氛围,最大限度地调动科研者的积极性。因此激励机制和绩效考核必须与工资改革和财务制度挂钩,才能保证其顺利执行。

此外,作为知识型人员的高校科研人员,他们除了希望获得一份令人羡慕的收入外,还渴望能够得到别人的尊重,获得事业成就感,提升人力资本价值。高校应利用非经济报酬使科研者个人对工作或工作环境在心理上或物质环境上得到满足感,具体包括:为教师提供良好的工作环境,赋予教师较大的工作责任,为教师提供参加高层次的培训、晋升、参与学校决策的机会等。由于非经济报酬能很好地满足教师的内在心理需求,解决教师高层精神需求的问题,激发教师更强的工作动机,因此,高校应根据教师的高层次要求,采取非经济报酬措施,激发他们充分发挥自己的潜能,实现激励效用的最大化。

(4)各种激励措施协调统一

首先,内外激励要相辅相成。双因素理论认为,激发动机的因素有两个:一是动机的激励因素,即内因素,二是动机的维持因素,即外因素。外激励只能达到"没有不满意",内激励才能导致"满意",这非常符合高级知识分子渴望成功的人格特征。学校管理者应把侧重点放在内激励上,通过内激励强化科研者的自主意识和主观能动性,同时,辅之以必要的外在激励。外激励是保障和条件,内激励是基础和先导,通过两者的相互促进,才能实现激励的整合功能。

第二,长时激励与短时激励相统一。在目标激励中,既要有相对较短且明确具体的近期目标,也要有相对久远且需要为之奋斗的长期目标。近期目标的实现是长期目标实现的基础和条件,长期目标的实现又是近期目标的最终目的,组织和个人的最大收益便来自于其中。要调整好科研者目标追求的长时激励与短时激励的关系,更要注意其价值目标实现后的继续或再激励问题。例如,个别人员把评上高级职称作为自己的最高价值目标追求,这一追求一旦实现,其工作动力便有意或无意地消减。管理者应该清楚这一点,并针对这一现象采取相应措施,如坚持职称的评聘分开、岗位特殊津贴浮动等,同时还要激发科研工作者拥有更高的追求,不断满足精神需求。

第三,正向激励与负向激励相结合。高校科研工作者文化层次高、道德品质强、心理素质优、自律观念强,若大量采取奖惩、批评等措施,会严重伤害教师的自尊心,从而产生消极、抵抗情绪。因此,在学校管理中,应以正面强化的正向激励为主,强化教师的正确动机和行为,而以惩罚的负向激励为辅,来改变错误态度,修正不良行为。总之,激励必须起到鼓励先进、惩治落后的作用,要奖得合理,惩得合法,奖惩都要起到激励的作用。从某种意义来讲,负向激励是正向激励的有效补充,是正向激励得以充分发挥功效的必不可少的手段。

三、方案设想

根据人事部、教育部的相关文件精神,按照教师在教学、科研等方面所侧重承担的主要职责,可以对教师岗位实行分类管理。在教师岗位中设置教学为主型岗位、教学科研型岗位和科研为主型岗位。一般来讲公共基础课和部分专业基础课教师定位为教学为主型,专业课教师定位为教学科研型,科研机构的人员定位为科研为主型。

教师岗位的工作职责主要包括教学、科研、学科建设、社会服务和其他工作等几个方面,其中教学科研型教师的教学工作量可以按教学为主型教师的60%教学工作量要求,科研工作量可以按科研为主型教师的40%科研工作量要求。

教学工作量学校已经有明确要求,而且易于量化,经过几年的实施,已经取得明显的效果,在此就不讨论了。与此对比的是科研工作量化还是一个薄弱环节,按照上述分析,并根据兄弟院校的经验,结合我校的实际特点,提出以下草案,供大家讨论。

表1 理工类科研为主型教师岗位的科研工作量要求(三年)

职称	岗位级别	科研项目	科研成果
教授 (研究员)	二	主持国家级科研项目1项和省部级科研项目1项。	在EI、SCI检索刊物上发表论文6篇。
	三	主持科研项目经费三年累计80万元,或主持省部级项目2项。	在核心期刊发表论文6篇,其中4篇以上发表在EI、SCI检索刊物。
	四	承担科研项目经费三年累计45万元,或承担省部级科研项目1项。	在核心期刊发表论文6篇,其中3篇以上发表在EI、SCI检索刊物。
副教授 (副研究员)	五	承担科研项目经费三年累计25万元,或承担省部级科研项目1项。	在核心期刊发表论文6篇,其中2篇以上发表在EI、SCI检索刊物。
	六	承担科研项目经费三年累计20万元,或承担省部级科研项目1项。	在核心期刊发表论文6篇,其中1篇发表在EI、SCI检索刊物。
	七	承担科研项目经费三年累计15万元,或承担省部级科研项目1项。	在核心期刊发表论文4篇,其中1篇发表在EI、SCI检索刊物。
讲师 (助理研究员)	八	承担科研项目经费三年累计10万元,或承担省部级科研项目1项。	在学术期刊发表论文6篇,至少3篇发表在核心期刊。
	九	承担科研项目1项。	在学术期刊发表论文6篇,至少2篇发表在核心期刊。
	十	承担科研项目1项。	在学术期刊发表论文6篇,至少1篇发表在核心期刊。
助教 (实习研究员)	十一	不要求	在学术期刊发表论文3篇。
	十二	不要求	在学术期刊发表论文3篇。

注:(1)上述指标均按三年为期进行考核,且科研项目和科研成果两项指标要同时具备。

(2)科研项目主持指项目第一负责人,科研成果按署名前两位者计。

(3)在科研成果考核过程中,学术著作10万字可以核算为在核心期刊上发表论文2篇。

(4)1篇EI、SCI检索的国际会议论文可以核算为0.5篇SCI、EI检索刊物论文。1篇SCI、EI、SSCI、CSSCI检索刊物论文可以核算为3篇核心期刊论文,1篇核心期刊论文可以核算为3篇普通学术期刊论文。

(5)1项国家发明专利可以核算为1篇SCI、EI检索刊物论文,1项国家实用新型专利可以核算为0.5篇SCI、EI检索刊物论文(以专利证书为准)。

(6)教学研究与改革项目等同于同级别的科研项目。

(7)在聘期内获省部级科研教学二等奖(排名第一)视同完成聘期内科研工作量。

表2　理工类教学科研型教师岗位的科研工作量要求(一年)

职称	岗位级别	科研项目	科研成果
教授 (研究员)	二	主持国家级科研项目1项。	在EI、SCI检索刊物上发表论文3篇。
	三	主持科研项目经费三年累计30万元,或主持省部级科研项目2项。	在核心期刊发表论文3篇,其中2篇以上发表在EI、SCI检索刊物。
	四	承担科研项目经费三年累计20万元,或承担省部级科研项目1项。	在核心期刊发表论文3篇,其中1篇发表在EI、SCI检索刊物。
副教授 (副研究员)	五	承担科研项目经费三年累计10万元,或承担省部级科研项目1项。	在核心期刊发表论文2篇,其中1篇发表在EI、SCI检索刊物。
	六	承担科研项目经费三年累计7万元,或承担省部级科研项目1项。	在核心期刊发表论文2篇,其中1篇发表在EI、SCI检索刊物。
	七	承担科研项目经费三年累计5万元,或承担省部级科研项目1项。	在EI、SCI检索刊物发表1篇论文。
讲师 (助理研究员)	八	承担科研项目经费三年累计3万元,或承担科研项目1项。	在学术期刊发表论文3篇,其中1篇发表在核心期刊。
	九	承担科研项目1项。	在学术期刊发表论文2篇,其中1篇发表在核心期刊。
	十	承担科研项目1项。	在核心期刊发表论文1篇。
助教 (实习研究员)	十一	不要求	在学术期刊发表论文1篇。
	十二	不要求	在学术期刊发表论文1篇。

注:(1)上述指标均按三年为期进行考核,且科研项目和科研成果两项指标要同时具备。

(2)科研项目主持指项目第一负责人,科研成果按署名前两位者计。

(3)在科研成果考核过程中,学术著作10万字可以核算为在核心期刊上发表论文2篇。

(4)1篇EI、SCI检索的国际会议论文可以核算为0.5篇SCI、EI检索刊物论文。1篇SCI、EI、SSCI、CSSCI检索刊物论文可以核算为3篇核心期刊论文,1篇核心期刊论文可以核算为3篇普通学术期刊论文。

(5)1项国家发明专利可以核算为1篇SCI、EI检索刊物论文,1项国家实用新型专利可以核算为0.5篇SCI、EI检索刊物论文(以专利证书为准)。

(6)教学研究与改革项目等同于同级别的科研项目。

(7)在聘期内获省部级科研教学二等奖(排名第一)视同完成聘期内科研工作量。

表 3 理工类教学为主型教师岗位的科研工作量要求(三年)

职称	岗位级别	科研工作量
教授 (研究员)	二	聘期内完成下列一项: 1. 主持 1 项国家级科研项目; 2. 主持 1 项国家级教改项目; 3. 主持 1 门国家级精品课程建设; 4. 编写 1 本国家级规划教材或精品教材;
	三	聘期内完成下列一项: 1. 主持 1 项省部级科研项目; 2. 主持 1 项省部级教改项目; 3. 主持 1 门省部级精品课程建设; 4. 编写 1 本省部级规划教材或精品教材;
	四	聘期内完成下列一项: 1. 承担 1 项省部级科研项目; 2. 承担 1 项省部级教改项目; 3. 承担 1 门省部级精品课程建设; 4. 编写 1 本省部级规划教材或精品教材;
副教授 (副研究员)	五	聘期内完成下列一项: 1. 主持 1 项校级科研项目; 2. 主持 1 项校级教改项目; 3. 主持 1 门校级精品课程建设; 4. 编写 1 本教材;
	六	
	七	
讲师 (助理研究员)	八	聘期内完成下列一项: 1. 承担 1 项校级科研项目; 2. 承担 1 项校级教改项目; 3. 承担 1 门校级精品课程建设; 4. 参与编写 1 本教材;
	九	
	十	
助教(实习研究员)	十一	不要求

　　以上是根据我校定岗定编所设置的不同岗位、不同级别进行分类考核的一种初步设想,主要目的就是在学校的总体要求和教师的实际情况之间找到一个平衡点,寻求一种切实可行的考核办法。

　　考核的内容分"科研项目"和"科研成果"两大类,要求每位教师同时具备科研项目和科研成果两项指标,其目的就是鼓励教师在项目和成果两方面齐头并进,多承担项目、多出成果。考核时间以聘任起每三年为考核期限,这样设置能比较全面、客观、真实地反映教师的实际科研水平和成果,符合科研本身的特点和规律。

　　该草案突出了向高水平的国家、省部级项目和高水平论文的倾斜,具有明显的导向性,符合学校建设成为高水平传媒大学的要求;另外草案也规定了各级别科研经费的要求,主要是考虑到各个教师之间的差异性,例如有些教师承担国家、省部级项目较多,而有些教师承担的横向项目较多,横向项目按照科研经费多少评价比较合理,这也符合学校对科研"顶天立地"的总体要求(顶天指纵向课题,立地指横向课题)。另外在"科研成果"评价中,主要考虑到成果的种类较多,有论文、著作、专利和奖励等,不便于统一考虑和评价,故草案中均将其他科研成果折算为论文篇数统一评价。

定岗定编、分类考核是学校的大政方针，近期　定会启动并实施，我院作为学校最大的二级学院、作为理工课教学科研的主要承担者，一定要未雨绸缪、积极主动地探讨，参与学校的规章制度的制订，创造良好的工作环境。

总之，建立激励机制与绩效评价体系是个复杂的系统工程，牵扯面广，不能一蹴而就，只能在动态中不断总结和改进。只有完善岗位竞争激励机制，坚持效率优先、注重公平的原则，按岗位责任、工作业绩、贡献大小确定岗位绩效工资和津贴，才能激励教师承担科研项目的积极性，才能实现学校制订的宏伟目标。

学院科研创新信息支撑条件服务模式研究

曹三省　蒋青苗　罗莉梅　苗方

（中国传媒大学信息工程学院通信工程系）

摘　要　本文在中国传媒大学信息工程学院综合信息管理平台和基础数据库项目规划、分析、设计和实施的具体工作基础之上，分析了面向高等学校中学院或二级学院的科研创新工作、建立信息支撑条件的服务模式，并重点论述了在学院科研创新工作信息化和建立基础数据库及其查询检索功能系统中的工作要点和关键问题。

关键词　科研创新　条件服务　学院　数据库

一、概述

2007 年 3 月，中国传媒大学信息工程学院为促进学院教学科研各项工作，提升信息化管理水平，在对学院的教学、科研、行政管理等各项工作的信息化需求进行充分调研的基础之上，启动了"信息工程学院综合信息管理平台与基础数据库"开发项目。此后，在经过历时数月的开发过程后，2007 版信息工程学院综合信息管理平台与基础数据库投入使用，并在此后经过了不断更新与改进。目前，在学院的科研、教学工作中，综合信息管理平台与基础数据库已承担起一部分数据提供和信息服务功能。在学院领导的大力支持下，结合实际工作需要，平台开发组制订了后续开发工作规划。本文对信息工程学院综合信息管理平台与基础数据库开发项目的具体工作进行总结，并对学院科研创新信息支撑条件的服务模式进行分析研究和探讨。

二、信息工程学院综合信息管理平台与基础数据库项目工作概况

2007 年 3 月，信息工程学院综合信息管理平台与基础数据库工作组对项目的信息管理需求进行了总体分析。根据系统分析，项目一期工作主要目标是构建信息工程学院综合信息管理与办公自动化系统的基础数据库，并开发基础数据检索核心应用，具体包括教师信息检索、学生信息检索、科研项目检索与固定资产检索四个应用子系统，同时开发功能可扩展的系统管理功能子系统，以及基于用户角色库管理的功能模块操作授权子系统。

在系统分析与总体设计阶段,考虑到今后以基础数据库为核心的扩展开发及扩展应用模式,具体问题包括:

(1)今后系统将在校园网环境下运行,需从接入模式问题考虑系统开发技术选型;

(2)今后系统将支持可扩展、功能可配置的内部办公自动化应用系统,需统一建模分析;

(3)按照规划,今后系统将长期运行,需保障系统的可靠性与稳定性,并设计数据备份、迁移和异常恢复机制。

信息工程学院基础数据库及相关核心应用系统的基本架构如图 1 所示。

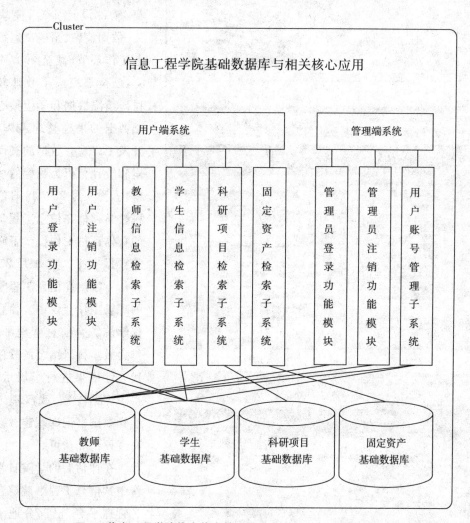

图 1　信息工程学院综合信息管理平台与基础数据库系统架构图

基础数据库包括:教师基础数据库,学生基础数据库,科研项目基础数据库,固定资产基础数据库,共 4 个。应用端系统包括用户端系统与管理端系统。两个端系统均采用 B/S 结构实现,基于 Web 数据库访问模式实现各后端功能模块对基础数据库的访问。

具体功能模块与子系统包括:用户登录功能模块、用户注销功能模块、教师信息检索

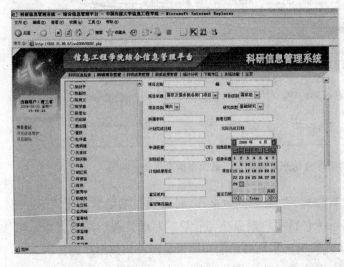

子系统、学生信息检索子系统、科研项目检索子系统、固定资产检索子系统、管理员登录功能模块、管理员注销功能模块、用户账号管理子系统，共9个。

经过需求分析、系统架构、系统分析设计、数据采集、软件设计实现、模块联调、数据整理、系统试运行等各工作环节，截至2007年9月，已全部完成了教师教学科研情况数据和学生核心基础数据的采集整理工作，并开发了以现有数据的查询检索和统计分析为目标的功能模块，为9月23—28日的本科教学评估在信息工程学院的具体评估工作提供了必要的数据支撑。在9月27日评估专家组在信息工程学院的现场工作会议中，"信息工程学院综合信息管理平台"作为教学科研结合的软件类代表性成果进行了展示，获得了评估专家、武汉理工大学党委副书记邱观建教授的高度评价和认可。

在评估后的学院日常工作中，"信息工程学院综合信息管理平台"已部分地承担起学院信息化管理工作中的基础数据提供和信息服务工作，多次为不同部门和老师提供符合学院信息管理流程的数据提供和相关信息服

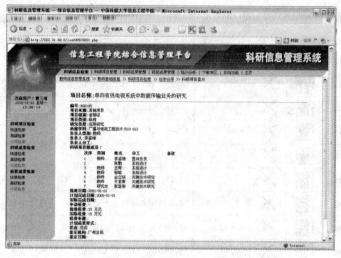

图2 科研管理系统界面图

务，其中包括学院网站、学院科研服务平台等学院信息化建设相关项目。目前，针对与学校"质量工程"相关的信息化建设项目，平台开发组已根据学院领导的具体要求，制订了若干项功能子系统的后续开发工作规划，并将结合质量工程相关教改项目的深入建设，进一步完善综合信息管理平台，在智能文档提供等技术层面实现技术创新与突破，同时结合学院信息化建设实际需求开发和完善具体信息管理功能子系统，为促进信息工程学院的科学化与信息化管理做出扎实具体的工作与探索。

表1 信息工程学院综合信息管理平台数据逻辑统计图

表	操作						记录数	类型	编码	大小
bysj							0	MyISAM	*latin1_general_ci*	1.0 KB
cj							0	MyISAM	*latin1_general_ci*	1.0 KB
country							0	MyISAM	*latin1_general_ci*	1.0 KB
js							115	MyISAM	*latin1_general_ci*	80.1 KB
jskh							0	MyISAM	*latin1_general_ci*	1.0 KB
jthdcq							0	MyISAM	*latin1_general_ci*	1.0 KB
kc							1	MyISAM	*latin1_general_ci*	2.1 KB
kycg							515	MyISAM	*latin1_general_ci*	104.2 KB
kycgcjz							432	MyISAM	*latin1_general_ci*	21.7 KB
kyjl							104	MyISAM	*latin1_general_ci*	26.2 KB
kyjlcjz							261	MyISAM	*latin1_general_ci*	14.4 KB
kyxm							179	MyISAM	*latin1_general_ci*	43.8 KB
kyxmlb							1	MyISAM	*latin1_general_ci*	2.1 KB
kyxmzcy							559	MyISAM	*latin1_general_ci*	30.9 KB
org							127	MyISAM	*latin1_general_ci*	9.4 KB
sb							41	MyISAM	*latin1_general_ci*	6.9 KB
sbfl							3	MyISAM	*latin1_general_ci*	2.1 KB

续表

表	操作					记录数 ⚠	类型	编码	大小
sblyrz						0	MyISAM	*latin1_general_ci*	1.0 KB
sbwxjl						1	MyISAM	*latin1_general_ci*	1.0 KB
sbzt						8	MyISAM	*latin1_general_ci*	2.2 KB
subj						75	MyISAM	*latin1_general_ci*	4.8 KB
sys						1	MyISAM	*latin1_general_ci*	2.1 KB
sysglms						2	MyISAM	*latin1_general_ci*	2.0 KB
sysyy						0	MyISAM	*latin1_general_ci*	1.0 KB
sysyysj						500	MyISAM	*latin1_general_ci*	19.2 KB
wbry						238	MyISAM	*latin1_general_ci*	14.6 KB
xs						1,246	MyISAM	*latin1_general_ci*	204.8 KB
xscf						3	MyISAM	*latin1_general_ci*	2.1 KB
xsdk						0	MyISAM	*latin1_general_ci*	1.0 KB
xsgb						0	MyISAM	*latin1_general_ci*	1.0 KB
xsgblb						0	MyISAM	*latin1_general_ci*	1.0 KB
xshd						0	MyISAM	*latin1_general_ci*	1.0 KB
xsja						0	MyISAM	*latin1_general_ci*	1.0 KB
xsjl						0	MyISAM	*latin1_general_ci*	1.0 KB
xsjthd						0	MyISAM	*latin1_general_ci*	1.0 KB
xsjthdcq						0	MyISAM	*latin1_general_ci*	1.0 KB
xsjz						0	MyISAM	*latin1_general_ci*	1.0 KB
xslwyy						0	MyISAM	*latin1_general_ci*	1.0 KB
xszbb						1	MyISAM	*latin1_general_ci*	2.0 KB
yjs						2	MyISAM	*latin1_general_ci*	2.6 KB
yjsjb						3	MyISAM	*latin1_general_ci*	2.6 KB
yyljks						0	MyISAM	*latin1_general_ci*	1.0 KB
yyljkscj						0	MyISAM	*latin1_general_ci*	1.0 KB
yysjks						0	MyISAM	*latin1_general_ci*	1.0 KB
yysjkscj						0	MyISAM	*latin1_general_ci*	1.0 KB
45 个表	总 计					4,418	MyISAM	*latin1_general_ci*	624.7 KB

三、学院科研创新信息支撑条件服务的意义和作用

随着国家对科技事业的不断投入,科学研究中的支撑条件在数量、质量和先进程度等方面都有了非常大的变化,为此国家分层次组织开展了科学基础条件资源共享的推进工作。而高等学校中的学院或二级学院,则是建设科研创新团队、开展科研创新工作的中坚力量和重要环节。因此,结合学院的教学科研各项工作的管理特点,通过建立综合信息管理平台以及其基础数据库,可以为学院的科研创新工作提供强有力的信息化功能支撑,为学院教师、研究生和本科生提供参与科研创新工作的各类信息资源服务,有利于促进团队建设,提高科技项目申报、立项、开展、鉴定和验收等各项工作的效率,提升学院科研创新工作水平。

对于一个兼具教学与科研工作的学院而言,科研项目及成果所涉及科学领域较广,其数量也比较大,这给职能部门的管理工作带来了一定的困难。通过计算机进行管理无疑是最科学和最有效的方法,一方面可提高工作效率和工作质量,同时又便于部门之间进行信息交流,实现资源共享。20世纪90年代初由国家教委社科司科研处组织、湖北大学经济系、中国人民大学统计系联合研制发布于1994年的《全国普通高等学校人文社会科学研究管理系统》,是基于DOS版的FoxPro平台,其功能简单,界面呆板,操作、使用极为不便。1997年10月第二版发布,功能完善了许多,但仍然是单机系统,不适应计算机网络技术迅速发展的需要。在此背景下,2002年网络版发布,但其出发点仍站在学校管理部门的角度,对高校二级学院自身的需要考虑较少,缺少工作量核算功能,然而这项工作在学院科研管理中又是很重要的。其次是不具备资源共享功能,各部门无法从中调用数据。第三,学院领导无法通过此系统掌控科研情况。第四,系统安全措施不完善,尽管系统是在校园网环境下运行,用户也仅限于校内人员,不允许校外人员访问,但网络服务器与Internet相连接,单一的B/S架构存在安全隐患。学院科研信息的管理十分重要,每年承担的科研项目、发表的学术论文、出版的著作等都要上报学校及主管部门,这些信息资料必须准确可靠,安全隐患成为需要解决的关键问题。第五,成果录入方式不够灵活,这对于几千乃至上万教职工的学校来讲,也难以适应需要。因此,采用先进的基于服务的信息系统架构,建立学院科研创新信息支撑条件平台,具有突出的迫切性和重要意义。

四、总结

从学院的科研创新管理实际需求出发,建立和完善信息支撑条件服务平台,对提升学院的信息化工作水平和科研创新能力而言,具有十分重要的意义和作用。在前期对信息工程学院综合信息管理平台进行研发的工作基础之上,平台开发组已根据学院领导的具体要求,制订了若干项功能子系统的后续开发工作规划,并将结合信息化工作的深入

开展,进一步完善综合信息管理平台,在智能文档提供等技术层面实现技术创新与突破,同时结合信息化建设实际需求开发和完善具体信息管理功能子系统,为促进学院科学化与信息化管理做出扎实具体的工作与探索。

参考文献

[1]张景元,巴连良.基于 Web 的科研信息管理系统.计算机工程与设计,2007(10).

[2]肖杭,张秀彬.高校科研管理信息系统的开发与实现.华侨大学学报,2007(4).

[3]杨云香.基于知识创新的高校科研信息服务系统建构.郑州大学学报,2007(6).

[4]郭加书.高校数字化校园建设的研究与实践.中国高教研究,2007(10).

人才培养

教学和科研之间关系的探讨

金立标

（中国传媒大学信息工程学院通信工程系）

摘　要　本文分析了在高等学校中教学和科研之间的关系，教学和科研既相互独立，又相互促进，相辅相成，从而得出教师应该教学和科研两手抓的结论。

关键词　教学　科研　相互促进　相辅相成

目前我们学校正在向教学科研型大学发展，一些老师也由原来的纯粹教学型转变为教学科研型，而一些原来只做科研的老师也想转变为教学科研型，那我们就会面临一个问题：如何正确处理教学和科研之间的关系。首先教学是学校的中心工作，是高校存在的基础；科研则是学校进一步发展的动力。二者之间既相对独立，又相互联系，相辅相成。并且教学和科研的关系会直接影响到教学质量、科研水平、教师队伍建设、学校功能的实现以及学校的发展，也关系到高校综合实力的强弱。所以，探讨教学和科研的关系以及如何协调是很重要的。作为老师，是侧重教学或者侧重科研，还是二者齐头并进？这是一个比较复杂的问题，每个老师的情况不一样，无论是从教学能力、科研能力、学校环境，甚至是个人的时间和精力各个方面都存在差异。所以，应该根据每个人的情况，具体情况具体对待，但是应该从大方向上正确把握教学和科研之间的关系，把矛盾处理好，才能够在教学和科研中都取得好的成果。

一、目前存在的问题

随着社会的发展，高校的职能也发生了变化，作为大学老师，应该能够迅速的适应高校职能的发展和变化，从各个方面提高自己的素质，从目前来看，主要存在以下几个方面的问题：

1. 现有知识水平滞后，跟不上社会和时代的发展

随着现代科学技术的迅速发展，对人才素质的要求不断提高。但与教育事业的客观需要相比，教师的现有专业知识水平和教学能力一般具有相对滞后的特点。因此需要不断吸取新知识，提高自己的教学能力，这样就需要教师付出艰辛的努力，在完成教学任务的同时，还要不断地更新自己的知识，提高自己的业务水平。否则，就会造成知识陈旧，观念落后，方法单一，不但对科研造成影响，甚至对学生的教学也带来负面影响。有的学

生甚至会觉得老师的讲课内容不够新颖,教学方法也提不起他们的兴趣。

2. 教学和科研的不平衡

如果我们能够处理好教学和科研之间的关系,那么可以使二者之间相辅相成,相得益彰。如果不能够处理好,把时间和精力过于放在教学上,或者把重点放在科研上,那么可能会影响到教学的效果,或者影响到科研的成果。有时候如果二者之间的关系处理不当,甚至会造成人际关系的复杂化。

3. 重视教学,轻视科研

传统的教育观往往认为学校的主要任务就是"传道、授业、解惑",侧重于系统地讲授知识。有的老师没有认识到科研对教学的促进作用,重教轻研。一是由于有的教师科研观念淡薄,只满足于按教材上好每一节课,只是在改进教学方法、教学手段上下工夫,缺乏科研动力。二是由于一些骨干教师的教学任务繁重,教学时间严重挤占了科研时间。

4. 重视科研,轻视教学

随着科研地位的强化,许多高校认为,科研水平是高校办学水平和综合实力的反映,只有重视科研,有重大科研成果,才能更快、更好地为学校带来声誉,从而带来更多的资源,如科研课题、经费资助等。近几年,大多数高校在评定职称和对教师进行奖励时,采用量化考核的办法,分别对科研工作量和教学工作量制订了考核细则。科研成果的价值比重被夸大,有的教师凭借获奖的论文可获得职称晋升,从而导致许多教师在现实面前应付教学,对教学工作重视不够,将大量时间与精力投入科研,使教学质量下降。但是这种仅为早出成果、获评职称而浮躁地进行科研,却偏离了科研的最初目的。那么科研对教学的促进作用也就体现不出来,也就达不到提高教师的学术水平的目的。

那么对于这些问题,我们应该如何来正确处理?关键还是要把握教学和科研之间的关系。教学工作应当同时又是一项科研工作,作为一名优秀的教师,就要做善于研究、敢于探索的教育者。只有钻研教学艺术、摸索教育规律,才能提高教学质量,同时提高自己的科研能力。对于一个教师来说,教学工作中的难点可以成为科研工作中的课题;科研工作中的成果,可以促进和提高教学工作的水平。因此我们应该做到既是教学工作的骨干,又是科研工作的中坚。

二、教学和科研之间的关系

1. 教学是科研的基础

在教学过程中,教师能加深自己对基础理论的理解,在给学生讲解的过程中,可能会对过去一些自己未曾深入思考过的问题进行更多、更细致的思考,从而加深自己对基础理论的理解,为从事科学研究活动奠定良好的基础。如果教师在教学的过程中引导学生进行创造性的学习,加强对学生创造性思维的训练,也能够提高学生的科研能力。在教学的过程中,教师会在教学方法等方面展开多方面的研究。研究成果的应用可以提高学生学习的兴趣,提高教学水平,同时也为科研提供了良好的教学实践基础。

教学是对知识进行传播,科研是对知识进行创新。知识的传播与创新是同等重要的,这两项工作由同一批人在同一地点承担,就可以完成得更好。教学与科研如果能够紧密结合,那么可以在教学中对科研成果进行验证,因为科研成果可以作为知识的一种形态,从而在教学中得到进一步传播,并通过"教学相长"刺激科研灵感与科研能力。对于理工科的老师可以将科研成果在实验课上进行验证,并在验证过程中发现新问题,提高自身的科研能力。

教师和学生是大学的两个主体,在教学过程中教师和学生相互作用,特别是教师宽厚的基础理论和学生积极活跃的思想相互作用,有利于科学灵感的产生。学生年轻、思想活跃、涉猎面广,在学习过程中容易产生科学灵感,教师可以通过课堂讨论和实验等形式培养学生的科研能力和创造性。在教学过程中,教师可以举办各种各样的竞赛活动来激发学生的创造性和想象力。

2. 科研促进教学

首先,科研可以促进教学内容的更新和教学方式的改革,有利于教学水平的提高。在科研过程中,教师会得出一些新的成果和结论,这样可以把这些新成果或者新结论应用到教学中。此外,教师在科研过程中,会了解到本学科领域内前沿的知识,也可以不断充实到教学内容中。经过一段时间的积累,可能会形成新的、系统的、科学的体系,成为培养学生创新能力的宝贵素材。同时,教师在课堂上将科研活动中的研究方法及手段通过教学向学生展现出来,可以激发学生学习的兴趣。

其次,科研可以提高教师的教学水平。教师只有经常从事科学研究,才能真正按照教学科研统一的原则上课,才能教出高水平的学生,才能引导学生运用专业知识解决实际问题。教师在教学和科研的过程中,可以不断学习和吸收新知识,接触新事物,研究新问题,能够将最新的思想、方法、成果引入到教学中去。如果教师不搞科研或不具备科研能力,就可能缺乏知识创新,就不可能成为高水平的教师。这样就会囿于基础教学中,久而久之知识落后或者能力下降而遭淘汰。因此教师不参加科研,就没有科研经验的积累,没有学术交流的扩展,也就只能维持浅层次的教学,照本宣科,使教学缺乏生机。

三、结论

从上面的论述中,我们可以得出结论:教学和科研相互促进,相辅相成。教师在教学的过程中,应该一手搞教学,积极申请教改项目;一手抓科研,积极申请科研项目。只有这样,才能把教学和科研有机地结合起来,才能坚持教学带动科研、科研促进教学,为社会培养出更多的创新人才。

参考文献

[1]吴平,陈学敏.论"教学型"教授——兼谈大学教学与科研关系.中国大学教学,2006(6).

[2]梁爱华.高校教师教学与科研的矛盾分析.哈尔滨商业大学学报,2004(2).

[3]程良伦,万频,王春茹.教学与科研相互促进共同发展.广东工业大学学报,2008(1).

[4]庞艳玲.浅析高校教学与科研的统一性.牡丹江大学学报,2008(5).

[5]许海青.对高校教学和科研关系的思考.内蒙古财经学院学报,2008(2).

论高校教学与科研的互动

王玲

（中国传媒大学信息工程学院通信工程系）

摘　要　本文主要探讨了高校教学与科研之间的关系，认为教学与科研是大学教师不可分割的职责和使命，教学与科研互动是新时期高校发展的主旋律。要实现教学与科研互动，首先我们必须要转变观念，树立教学与科研整合的管理思想，其次，改革现行的教学与科研管理体制；第三，建立协调的教学与科研激励机制。

关键词　高校教学　科研　激励机制　互动

一、引言

自从建设世界一流大学的口号提出以来，科研和教学之间关系的讨论就不绝于耳。要说明科研与教学的关系，就必须先了解大学的概念、大学的定位及功能。所谓大学，英文中的含义是指综合性的提供教学和研究条件并授权颁发学位的高等教育机关。大学传授多科现代高等知识，从事学术研究，由学生、教师和学术研究设施组成。蔡元培先生曰："大学者，研究高深学问者也"，"大学并不是贩卖毕业的机关，也不是灌输固定知识的机关，而是研究学理机关"。大学是传承现代知识、发现和创造知识的场所，但大学的定位和功能还不止于此，大学还是文化熏陶和浸染的场所。因而大学应具有三个功能：知识传承、知识创新和文化熏陶。

如果大学只是一个知识传承的地方，那么教与学便是唯一的活动。作为教师的使命便是皓首穷经，为知识作注解或考据，继而为先人所发现或创造的经典击节赞赏并加以传承，这就是中国式书院的功能。但是大学与中国式书院的不同在于知识的创造和文化浸染，知识的创造是指"立一家之言"，是跳出现有知识框架和格局的知识发现和知识创造。没有知识创造的活动就谈不上文化浸染，大学文化的本质在于一种渴望发现，勇于求真、求新的精神。

二、教学与科研的关系

在谈到教学与科研的关系时，很多人会以为它们是一对矛盾体。在我看来，教学与科研是一件事物的两个方面。换句话说,教学与科研是大学教师不可分割的职责和使命。

1. 高校的教学与科研作为一个整体,共同构建了高校的育人环境

学校的一切工作都应以培养人才为中心,在育人这个目标下看教学和科研承担的功能,才能找到教学与科研的最佳结合点。传统的教学观念认为,教学的功能是教化学生,侧重于系统地传播科学知识。今天,对知识的概念有了新的理解,知识是动态的,知识首先产生于具有科学研究能力的高校和其他专业研究机构,产生于少数科学家和研究人员的创造。随着时间的推移和教育的作用,由少数专家掌握的知识转化为公共知识,真正推动历史进步和人类文明发展的是科学发明和创造。知识的生命力在于它的鲜活,在于它的创造性,科学研究是创造知识的源泉。高校是集科学与人才为一体的有机体。学校的教学、科研、人才和知识之间的关系可以表述为:教学与科研是手段,培养人才和创造知识是目的,受过教育的人才推动科学的研究,科学研究创造的知识反过来支持人才培养。其内在的联系形成一个良性循环,构成高校的整体环境。

2. 教学与科研互动是高校发展的主旋律

受传统教育观念的影响,人们往往把教学与科研割裂开来,互相对立。对教学和科研在高校中的地位,有两种对立的理解:一种观点认为,教学工作是高校的主体,学校的一切活动都应以教学工作为中心,为教学服务,科研也不例外;另一种观点认为,在这两者之间,关键的关键、核心的核心是科研,没有科研的大学,就不成其为大学,世界重大的科学研究成果创造了知识,同时创造了世界名牌大学,因此,高校的发展在于科研。其实,这两种观点都只强调了事物的一个方面,只突出了教学与科研单方面的功能,而没有看到它们之间的联系和互相促进的一面。科研为教学服务是高校区别于专业科研机构的重要标志,开展科学研究为教学创造了培养创新型人才的环境。同时,高校教学过程也离不开科学研究。当今世界,科学技术突飞猛进,知识的更新给高等教育带来巨大的压力,对教学内容要求之广度和深度、对教学方法要求之灵活,都是前所未有的。教师怎么教,学生怎么学,是教学改革的首要话题。传统的教育思想以教学为中心,重知识继承,轻知识创新,教学方法重课堂学习,轻实践锻炼。现代教育思想以素质教育为中心,强调全面培养人的综合素质,使受教育者的知识、能力和素质全面得到发展。教师上好课,必须要研究两方面的问题,一是要研究知识,即所教学科的基础知识和前沿学术动态,二是要研究教学的效率,即研究学生心理,研究教给学生学习的方法和工具,学生受教育的过程,是"学会学习的过程",是学习创造的过程。这些都需要科研做后盾。

在教师的职责和使命中,科研与教学的关系已经显而易见。高等学校中部分人的思维定式将教学和科研理解为两个不相干的功能或者是一对矛盾体,这是非常错误的。教与学都是大学教师本身要完成的环节,教学过程即传承分享知识与探索发现知识的过程。大学其实是一个知识传承、知识创新和文化熏陶的场所,教学和科研本来就是大学教师不可分割的职能，教学和科研是现代大学这架马车上的左右两个车轮。

三、如何实现教学与科研的互动

要实现教学与科研互动，需要我们做多方面努力。当务之急，应做好以下工作：

1. 要转变观念，树立教学与科研整合的管理思想

校长要转变观念，把教学管理和科研管理纳入一体，为教师和学生创造良好的学习环境和研究环境，在教与学中共同提高知识水平和研究能力。教师要转变观念，由传授科学内容转变为传授科学研究的方法，培养学生的创新意识和创新精神，采用现代化的教学手段和方法，使学生从单纯的文化知识的接受者变成探索者和创造者。

2. 改革现行的教学与科研管理体制

目前，我国大多数高校的教学管理和科研管理体制是从上到下分属两条线，从主管教学的校长、教务处到各系主管教学的主任和教务秘书形成一条教学管理线，从主管科研的校长、科研处到各系主管科研的主任形成一条科研管理线，两条线分工明确。或分权施政，令出多头，或各自为政，强调部门利益，客观上造成了教学与科研的分立，这是造成教学管理与科研管理互相脱节，教学和科研方向产生偏差的主要原因之一。改革这种现状，首先要改革这种管理体制，建立教学管理与科研管理为一体的管理体系，从根本上打破科研和教学分立的局面。

3. 建立协调的教学与科研激励机制

高校办学的主体是教师，对教师的各种激励机制，要充分考虑发挥教学和科研两种积极性，消除教学与科研的对立。笔者认为，协调教学管理与科研管理两方面的矛盾，建立科学的教学与科研激励机制，需要做好两方面的工作。在科研管理上，要严格把好科研成果的质量鉴定关。在教学管理与科研管理中引发矛盾的主要原因之一是科研和教学的价值导向问题，影响科研价值和教学价值的主要因素是对科研成果评定的量化标准。只有严格把握科研成果的标准，才能净化学术风气，消除科研"泡沫"，消除学术垃圾，端正教师和研究人员的科研态度，才能从根本上解决科研和教学价值导向失衡的问题。在教学管理上，要认真研究教学工作的量化标准。评价教师的教学工作有质量标准和数量标准，教学质量标准的量化，涉及标准本身的科学性、执行标准的操作过程等多种因素。制订科学的、与科研成果价值成正比的教学评价标准，才能建立起教学与科研互动的教师激励机制。

融教学科研为一体　提升本科教学质量

王玲　朱亚平

（中国传媒大学信息工程学院通信工程系）

摘　要　一个高水平的大学必定是融科学研究与教学为一体的高级机构，教学与科研的关系如鸟之两翼、车之两轮，缺一不可。近年来，一些具有高学历的青年教师源源不断地进入高校的教师团队和科研团队，如何处理好教学和科研的关系，是目前高等学校培养创新人才需要认真研究的一个问题。本文结合教学实践，对教学与科研相结合这个问题提出了一些观点和看法。

关键词　教学　科研　本科教学质量

在高校，教学与科研的关系就如鸟之两翼、车之两轮，二者相互依赖、相互促进，缺一不可。一所高水平的大学，总是坚持教学与科研两个中心；一个称职的教师，总是在努力完成教学任务的同时，积极从事科学研究工作，做到教学与科研并重。

笔者在高校从教的几年中，深深体会到科研工作的价值。科研与教学是高等学校的两个重要职能。高等学校一方面通过科学研究探索真理、发展知识，成为社会发展的思想库；一方面通过教学挖掘和开发人的潜在能力，为社会发展积累有知识和创造性的人力资本。高等学校科研和教学的共同作用，构成了社会可持续发展的原动力。因此，一个高水平的大学必定是融科学研究与教学为一体的高级机构。这是一个不争的命题。但在高等教育的实践过程中，如何处理教学与科研的关系却一直是一个重要的命题。这是因为教学与科学研究虽同属高等学校的重要职能，但其对社会的发展却有不同的作用方式、不同的时间效应，其成果的表现形式不同，社会对其认同的程度和方式也不同。一般来说，科学研究的成果比教学的成果来得直接，教师个人所作的贡献也相对比较明显，容易得到社会的承认。教学的成果则需要通过所培养的人才间接体现出来。由于人才培养的复杂性和长期性，教师个人在成果形成过程中所发挥的作用难以体现。社会较容易对学校或学科人才培养的成果做评价，却较难对教师个人的贡献做评价。由于社会对高等学校教学科研成果的评价系统的不完善，使得大学里教学与科研关系的矛盾日渐突出。从事科研的教师不直接从事本科教学工作，教学内容体现不了学科发展和科研成果，课堂远离科学研究，学生难以学习科学研究的思维方法，致使高等学校所培养出来的学生缺乏创造性。因此，如何处理教学和科研的关系，是目前高等学校培养创新人才需要认真研究的一个问题。关于在教学实践中教学与科研相结合的问题，笔者的看法如下：

一、名师上本科基础课程,促进科研与教学相结合

高等学校要培养人才,师资队伍的素质是关健,教授特别是名教授是高等学校的精英,他们为本科生讲授基础课是培养人才质量的保证。教授特别是名教授不仅从事科学研究,同时也为本科生讲授基础课,是中国传媒大学的一个优良传统。这一传统在近年来的教学改革中得到了进一步的发扬。

然而,随着学科的迅猛发展,科学研究领域的竞争日趋激烈,科学研究经费的投入逐年增多,国家主管科学研究的部门希望有更多的更直接的科研成果。同时,随着工业经济向知识经济的转变,社会对大学的期望越来越高。企业希望通过投资,从大学获得能使企业占据竞争优势的高新技术。比较之下,教学活动和教学研究获得的资助相对较少。为了向社会证实学校的研究实力,获得更多的资助,学校对科研成果的要求越来越高;教师全力以赴于科学研究和高新技术的开发,以便获得新的研究资助。这在客观上使得大学中相当多的中青年教师不愿意或没有精力投入与其科研项目无直接联系的本科基础教学。有些中青年教师即便是承担了教学任务,也在思想上和时间上投入不足,影响了教学质量。有的中青年学科带头人,尽管也认识到教学对自身知识结构的改善有着重要的作用,但由于科研任务重,难有精力投入基础教学,同时也由于缺乏教学实践的积累,难以驾驭基础课程。因此,有必要采取措施解决教师在科研与教学上精力与时间投入的矛盾。

教授特别是名教授上课,不是一个招牌的问题,也不是有没有人上课的问题,而是一个实实在在提高本科教学质量的问题。教师既从事科研又从事教学,对本科教学过程的优化作用是明显的:

第一,教师的科学思维方法、创新思维习惯、科学素养在教学过程中对学生科学素质的培养起着潜移默化的影响。这种影响是非文字化的,但其作用是巨大的。一般来说,从事科研的教师探索性较强,不迷信权威,敢于质疑。这些素质在教学过程中体现为不迷信教材,善于提出开放性的问题,引导学生积极思考并参与讨论。

第二,在科研上富有学术成果的教师参加教学工作,有利于以最新的学科发展和学术成果丰富教学内容,促进了教学思想、教学内容的更新。例如,我们在听课时就注意到学科带头人在讲基础课时,大多有一个特点,就是将基础理论中的知识点和学科发展的前沿有机地结合起来,并且这种结合是一种自然的、水到渠成的结合。这是因为,这些学科发展的前沿课题有的就是教师自己的研究领域,或是与自己的研究课题相关的领域。当他对这个研究领域有着更深入的了解时,讲起基础课程来自然就有了一种高屋建瓴之势,真正做到深入浅出。

第三,有利于促进教学方式与方法的更新。科学研究培养了教师对新兴领域的敏感性,他们对新的教育技术总是比较敏感,也容易接受。

第四,教学与科研相结合,可以促进师资队伍自身素质的提高。在科研上富有学术

成果的教师参加教学工作,既能以最新的学术成果丰富教学内容,反过来又能在教学中夯实自身的理论基础,在科研工作中有更宽广的思路。我们认为这是促使中青年教师安心参加教学工作的内在动力,这也是教学与科研最本质的联系。另一方面,也让一些长期从事教学的教师从繁重的教学任务中解放出来,有更多的时间参加科学研究。

二、教学科研结合,促进科研成果向教学资源转化

教学科研结合,还体现在科研成果向教学资源的及时转化。对于高等学校,知识和科学研究成果向生产力的最成功的转化在于人力资源的开发,在于培养一流的学生,培养未来科技界、工业界和商业界的拔尖人才和领袖人物。我们应注重用最新的科研成果丰富理论教学和实验教学的内容,使专业知识的教育跟上学科的发展,培养符合时代需要的专业化人才。

综上所述,一个高校教师如果能把握住各种机会从事科学研究,不仅选题宽广,而且效果甚佳,总能直接间接地推动教学,提高教育教学水平和个人素质。无疑,教师的教学任务重、时间紧,尤其是青年教师要拿出很多时间从事科研工作,不是容易办到的。我的体会是:一要下定决心,二要合理安排时间,三要发扬艰苦奋斗的精神,四要有科学方法,五要多写多练、坚持不懈。

文献资料阅读和文献综述 *

吕朝辉　　沈紫华

（中国传媒大学信息工程学院数字媒体技术系）

摘　要　本文介绍了文献资料的来源、分类和阅读方法，探讨了文献综述和阅读报告的写作方法。

关键词　文献来源　文献阅读　文献综述

文献资料阅读和文献综述是科学研究的重要组成部分，学会从浩瀚的科技资料和文献中寻找新方法、新知识和新思路是开展科学研究的第一步，也是培养具有创新能力和现代知识结构的研究生的有效途径。[1]掌握文献阅读和文献综述能力，可以开阔专业视野，了解研究进展。为此，本文重点介绍文献资料来源、文献阅读方法以及文献综述和阅读报告的写作方法。

一、文献资料来源

1. 图书馆

图书馆、情报所等收藏的纸质资料包括期刊、会议录、专业书籍、专利以及其他。重要的期刊论文全文仍然主要来自图书馆，同时图书馆提供大量网上资源。网上图书资源通常需有授权，例如 IEL（IEEE、IEE）全文数据库、ACM 全文数据库、EI Village、Springer Link 全文电子期刊、CNKI 中国学术期刊、万方数字化期刊等。

2. 互联网

从互联网上搜索的资料包括部分期刊和会议论文、报告、商业资料、其他网页资料等，特点是信息资源丰富、时效性强、检索效率高、使用方便。[2]网上资料的激增已在很大程度上改变了科研人员的文献检索习惯和工作方式，要善于搜索和取舍，从浩如烟海的数字资料中找到有用的信息。例如可利用免费的计算机文献数据库 Citeseer 进行搜索、向文献作者发送 Email 索取全文等。

---

*　资助项目：中国传媒大学 2009 年教学改革项目（项目编号：JXGGX0917）。

二、文献分类

1. 学术期刊论文

学术期刊论文是科学研究中最重要的文献来源,对期刊论文的基本要求是创新性和学术水平,重复性的工作或对现有技术的介绍不能成为期刊论文的题材(高水平的综述性文章除外)。学术期刊有严格的同行专家匿名审稿程序,发表周期从几个月到一两年不等,个别情况更长。

关于理工类学术论文的质量和层次,有三大检索:SCI(Science Citation Index)、EI(Engineering Information)和 ISTP(Index of Scientific and Technical Proceedings,主要收录会议文献)。

2. 会议论文

会议论文是重要的文献来源,通常反映最新研究成果,也可以是阶段性成果,有待于更深入的理论研究、更充分的实验验证,在此基础上最终发展为期刊论文。会议论文的特点是快和新,对创新性的要求与期刊论文相同。不同层次的学术会议审稿程序有很大差异,从基本上来稿就收到严格审稿都有。应主要阅读高水平和近期的会议论文。

3. 专著

专著是著者对某一专题的系统性总结和著者自己在该领域的研究成果总结。其优点是集中反映某一专题,系统性强。

4. 学位论文

学位论文特别是博士论文,是创新性的研究成果总结,通常作为相关研究人员阅读的重要文献。

5. 其他专业书籍

其他专业书籍是成熟知识的系统性总结。但因为不是作者的原创性成果,而且内容往往比较旧,故不宜作为学术论文的主要参考文献。

6. 专利

专利是发明人保护自身知识产权的重要手段,其首创性毋庸置疑。对应用性研究有参考价值,但专利说明书往往不提供原理、方法等的详细介绍,在学术论文中引用较少。

7. 技术报告

技术报告主要介绍新的研究结果,与会议论文相似,但不一定成熟,还未达到发表的水平,对前沿技术的发展有参考价值。现在网上可搜索到大量未发表的报告,因其非永久性质和非正式性质,一般不能作为引用的主要对象,也不能作为正式依据。但由于其搜索的便利性、资料的广泛性、内容的新颖性,对科研有重要的参考价值,已日益受到重视。

三、文献阅读方法

如何有效地阅读文献是研究生必备的科研技能,可以使学生对本研究方向的现状和前沿有较深入的了解,使理论与实践的结合更紧密,强化了发现问题、提出问题的能力。[3]文献阅读有几个要点:(1)追踪国际前沿,学术只有"奥运会",没有"全运会";(2)阅读外文文献,寻求新思路、新方法;(3)阅读中文文献,熟悉专业词汇、术语;(4)阅读学位论文,参考他人的文献综述。

一篇学术文献大概包括以下几个部分:标题、摘要、引言、正文、结论和参考文献。了解学术文献各主要构成部分的功能,有侧重地阅读感兴趣的部分,会极大地提高阅读效率。

1. 标题

标题是全文主要内容的高度概括,标题阅读是对文献进行大范围初选的过程。如果你对文献标题的内容不感兴趣,阅读全文可能只是浪费时间,只有你对文献标题的内容感兴趣,才需要进一步阅读文献的摘要或全文。

2. 摘要

摘要用于说明研究的主要目的、内容和结果,不仅是对论文清晰准确的概括,还提供了必要的细节。很多期刊的主页和文献检索系统都提供论文摘要,通过选择性地阅读摘要部分,可以迅速了解一篇文献研究的主要内容。

3. 引言

在引言部分,作者会对研究的问题进行简要的阐述,以及该论文要做的工作。因此阅读引言部分,可以了解问题的产生和发展过程,前人做了哪些工作,以及作者是怎么思考和解决问题等。

4. 正文

当一篇文献研究的内容和你目前所从事的研究相关,或者文献研究内容是你有兴趣研究的领域,就有需要阅读正文。如果关联程度不大,则可以略过。

5. 结论

结论也是全文的关键之一,阅读结论部分可以了解文献是否达到了作者在引言中所预期的研究目标,还有什么遗留问题没有解决等。

6. 参考文献

阅读参考文献部分,可以了解作者引用了哪些前人的工作,从而了解作者是在什么样的基础和程度上开展研究工作的。

四、阅读报告和文献综述

1. 阅读报告

阅读报告应重点论述一个研究方向,指出该领域的几个研究热点,提出一些可研究的问题。报告一定要列出文献清单,并在报告正文中标明文献引用。许多研究生将文献阅读报告写成介绍某一问题或方法的介绍性文章,与文献关系甚少,甚至采用剪切、粘贴的方法拼凑一篇文字,并不能反映文献阅读的收获,这都是不可取的。

2. 开题报告

开题报告可以看做是围绕某一个中心论题的文献阅读报告,它根据对相关文献较为广泛的阅读、分析、综合,重点就一个方面的具体问题进行讨论,包括研究背景和现状、研究内容、主要技术或方法、存在问题以及进度安排等。

3. 文献综述

文献综述对与所研究课题相关的代表性文献进行较为全面的综述,对某一问题的研究动态作较系统的介绍和评述。好的文献综述可成为一篇有价值的综述文章。学术期刊发表的综述文章一般是具有相当研究基础的科研人员所写,包括对有关领域重要文献的详尽引述、分析、评论,或者包含作者自己的系列性研究成果。

五、结束语

文献资料阅读和文献综述可以使研究生紧跟国际研究前沿,掌握研究现状,有助于激发研究生的学习兴趣,开拓研究思路,提高自我获取知识的能力,是培养研究生综合能力和创新精神的有效途径。

参考文献

[1]戴佳筑,雷咏梅.研究生文献阅读研讨课教学方法探索.计算机教育,2008(10):149－150.

[2]程兴爱.Internet:新世纪获取文献信息的主要来源.现代情报,2003(4):43－44.

[3]崔巍.研究生文献阅读研讨课的教学特点和教学评价方法.中国电力教育,2008(4):86－87.

简谈研究生科技论文中的摘要写作和关键词标引

田沛　曹三省

（中国传媒大学信息工程学院电子信息工程系）

摘　要　针对一些研究生学术论文的摘要、关键词不够规范以及对相关知识的缺乏这一实际问题，着重介绍了摘要的定义、类型和写作要求，以及关键词的概念及其标引方法。

关键词　学术论文　摘要　写作　关键词　标引

一、前言

在近年指导、评阅研究生学术论文的过程中，发现很多学生对于论文摘要的撰写以及关键词标引的知识较为缺乏，很多研究生学术论文的摘要、关键词不够规范。这不仅导致学术论文总体质量下降，也影响了教师、读者对论文的检索和评价，因此，讨论研究生学术论文的摘要写作和关键词标引十分必要。

二、摘要写作

1. 摘要的概念

摘要在国家标准 GB6447－86《文摘编写规则》中定义为："以提供内容梗概为目的，不加评论和补充解释，简单确切地记述文献重要内容的短文。"国际化标准组织在国际标准《文献工作——出版物的文摘和文献工作》中对摘要的说明为："一份文献内容的缩短的精确的表达而无需补充解释或评论。"总之，摘要又称概要、内容提要，是论文中不可缺少的一部分。摘要是以提供文献内容梗概为目的，用简单明了、精辟、确切的语言对全文内容加以概括和总结。其基本要素包括研究目的、方法、结果和结论，具体地讲就是研究工作的主要对象和范围、采用的手段和方法、得出的结果和重要的结论。摘要应具有独立性和自明性，并且具有与文献同等量的主要信息。摘要一般不加评论和补充解释。

2. 摘要的类型

摘要大致分为报道性、指示性、报道/指示性三类。

指明文献实质性内容的摘要叫做报道性摘要。它要求概括地、不加注释地陈述论文的研究目的、方法、结果以及得出的结论等主要信息，重点把论文中的创新信息提供给读者。该类型摘要的特点是信息量大，参考价值高。学术性期刊多采用此类摘要，篇幅一般在 300 字以内。

指示性摘要一般不涉及论文的具体方法、过程以及相关具体数据，而是简要介绍论文的研究目的、主要内容以及取得的进展，目的在于使读者对于论文的内容有一个概括性的了解。一般的综述性论文多采用此类摘要，字数一般不超过 200 字。

报道—指示性摘要介于二者之间，论文中信息价值高的部分采用报道性摘要的形式，而其他部分采用指示性摘要的写法。主要用于资料性、评论性的学术论文，字数一般不超过 300 字。

3. 摘要的作用

摘要的作用主要体现在以下两个方面：

(1)帮助读者快速过滤信息。因为摘要能够提供与论文等量的信息，读者只看摘要就能了解论文的主要内容和创新点，使读者能在最短的时间内确定有无必要阅读全文，大大节省了读者的时间。如有人做过统计，关于石油提炼方面的文章，估计国内一年发表 12000 篇，一位研究人员以平均 30 分钟阅读一篇计算，需两年半时间才能读完。如果将每篇文献做成 100—200 字的摘要，只需 12 天就能读完，达到了用 12 天了解一年发表的全部文献概貌的目的。

(2)帮助提高论文的利用率，弘扬作者的学术观点。在科技信息日益剧增的今天，作为二次文献的文摘与原文献相比，信息质量更高、传播速度更快，在很大程度上能够提高论文的利用率，使作者的学术观点得到更为广泛的传播。如摘要可提供给情报信息检索人员，将其作为二次文献的基本素材，直接、方便地加工成规范的文摘，供数据库和检索类刊物使用。

4. 摘要的写作要求

摘要写作的基本要求有以下几点：

(1)独立性。摘要是一种可以被引用的完整短文，即摘要自身就能独立成文。

(2)自明(含)性。具有与一次文献等量的主要信息，只阅读摘要，不阅读全文就能获得必要的信息。

(3)客观性。客观报道文献内容、不加评论性的文字。摘要应紧紧围绕原文中提出的新观点、新方法进行提炼，切忌涉及原文以外的内容和结论，并不对论文内容作诠释和评论，尤忌自我评价。

(4)简洁性。摘要是原文的浓缩与精华，应用最简练的文字概括出全文的主要观点和内容。

(5)完整性。摘要内容一般应当包括研究目的、方法、结果和结论。

(6)规范性。尽量使用规范化的名词术语，一般不用图表和非公知公用的符号，新术语或尚无合适汉语术语的，可用原文或译出后加括号注明，也不直引用正文中的图表公式和参考文献序号等。书写要合乎语法，保持上下文的逻辑关系；结构严谨，表达简明，语义确切；慎用长句。

此外，摘要的写作还有有以下要求：

(1)要着重反映新内容和作者特别强调的观点，避免重复本学科领域内已成为常识的内容。

(2)不得简单重复论文题名已有的信息。

(3)一般不分段落。

(4)用第三人称，尽量不用"我们"、"本文"等作为主语。

(5)不用引文，除非该文献证实或否定了他人已出版的著作。

(6)缩略语、略称、代号等除了读者能理解的以外，在首次出现时必须加以说明。

(7)不能把应该在引言中出现的内容写入摘要。

(8)繁简不能失当，切忌内容过于简单或过于冗长。

三、关键词标引

科技论文的关键词是从其题名、层次标题和正文中归纳出来的，能反映论文主题概念的词或词组。关键词是科技论文的文献检索标志，是表达文献主题概念的自然语言词汇。关键词是为了适应计算机检索的需要而提出来的，位置在摘要之后。关键词标引得是否恰当，直接影响该文的检索率和该成果的利用率。

1. 关键词的分类

关键词包括叙词和自由词。叙词是指收入《汉语主题词表》等词表中可用于标引文献主题概念的、经过规范化的词或词组。自由词是反映该论文主题中新技术、新学科尚未被主题词表收录的新产生的名词术语或在叙词表中找不到的词。

2. 关键词标引的原则

(1)叙词标引

应注意专指性和组配原则。专指性是指一个词只能表达一个主题概念。只要在叙词表中找到相应的专指性叙词，就不允许用词表中的上位词或下位词；如果找不到与主题概念直接对应的叙词，而上位词确实与主题概念相符，也可选用。叙词组配应是概念组配。概念组配包括交叉组配和方面组配，交叉组配是指两个或两个以上具有概念交叉关系的叙词所进行的组配，其结果表达一个专指概念。例如："胆结石"可用"胆囊疾病"和"结石"这两个叙词表示一个专指概念。方面组配是指一个表示事物的叙词和另一个表示事物某个属性或某个方面的叙词所进行的组配，其结果表达一个专指概念。例如："嵌入式系统可靠性"可用"嵌入式系统"与"可靠性"组配，即用事物及其性质来表达专指概念。

（2）自由词标引

下列几种情况下，关键词允许采用自由词标引。

①主题词表中没有包括的主题概念词。

②表达新学科、新理论、新技术、新材料等新出现的概念。

③词表中未收录的地区、人物、产品等名称及重要数据名称。

④某些概念采用组配，其结果出现多义时，被标引概念也可用自由词标引。

自由词尽可能选自其他词或较权威的参考书和工具书，选用的自由词必须简练、概念明确、实用性强。采用自由词标引后，应有记录，并及时向叙词表管理部门反映。

3. 关键词标引的注意事项

按照规定，一般论文选取 3—8 个关键词，推荐选用 4 个关键词。前两个关键词一般定义研究的领域或对象，后两个关键词一般选择研究的方法和手段。

关键词标引应注意以下问题：

（1）关键词可以是基本词加修饰成分，如需修饰以一层修饰为好。

（2）一般不能少于 3 个或多于 8 个。

（3）中文关键词里英文缩写一般不能超过半数，并且英文缩写是大家熟悉的。

（4）不得选取与主题无关的关键词。

（5）一般不使用产品名、商品名或公司名称作为关键词。

四、总结

论文摘要和关键词是论文不可分割的一部分，它们的质量直接影响论文的整体质量，并且从论文检索和学术思想传播的角度来看，它们甚至比原文还要重要，因此，培养研究生重视论文摘要和关键词的工作十分必要。

参考文献

[1]汪廷璋.科技论文摘要撰写指南.物探装备,2007(2).

[2]刘永娟.科技论文英语摘要撰写探议.甘肃科技,2008(3).

[3]侯翠香.科技论文摘要的撰写.浙江气象,2004(4).

[4]张超英,周玉成.科技论文中英文摘要的撰写与编辑.科技编辑研究,2005(1).

[5]丁春.关键词标引的若干问题探讨.编辑学报,2004(2).

[6]熊定富.谈谈文献主题标引中常见的问题及其对策.现代情报,2008(9).

[7]赵立华.高校学报关键词标引中存在的问题与对策.现代情报,2003(2).

[8]饶华英.科技论文关键词的标引.武汉科技大学学报,2006(5).

数字媒体技术与艺术复合型人才培养模式研究

姜秀华　王晖　杨宇

（中国传媒大学信息工程学院广播电视工程系）

摘　要　数字技术与艺术的结合给数字媒体、数字影视制作领域带来了一场革命，形成了一个巨大的数字媒体产业，社会需要数字技术与艺术相结合的复合型人才。本文对数字技术与艺术复合型人才的需求和人才培养模式进行了论述。

关键词　数字技术与艺术　复合型人才　数字影视制作

在人们的心目中，技术与艺术是不相干的，技术追求的是严，艺术追求的是美，一个是理性的演绎，另一个是灵感的发挥，二者南辕北辙，没有共通之点。然而，在科技高度发达的今天，数字技术正在推动艺术进步、改变艺术的含义和工作过程，数字技术与艺术正在完美地结合在一起。产业发展，教育先行，高校如何培养数字技术与艺术复合型人才是当前教学改革重要的研究课题。

一、对数字技术与艺术复合型人才的需求

1. 概述

近10年来，随着数字技术、网络技术、计算机等高新技术的迅猛发展，广播电视领域发生了巨大变化，数字高清晰度电视、网络多媒体、非线性编辑、虚拟现实、3D动画等这些最新的数字制作技术正在取代传统的影视制作技术，大大提高了影视节目的质量和制作效率，给广电领域带来了一场变革，其意义远远大于从无声到有声、从黑白到彩色的前两次革命。

数字制作技术不仅具有模拟设备难以达到的高质量的图像指标，更重要的是，它改变了影视业的生产方式，给影视创作观念带来了深刻的冲击，可以说是一场思维意识的革命。数字技术与艺术完美的结合，已经形成了一个强大的数字媒体产业。

在我国，数字媒体产业在近几年时间内已经成为涉及面最广、增长最快的新兴产业，在很多领域已经取得了相当的成就。但是在数字艺术创作领域，同欧美、日本、韩国相比，在发展进度上有着不小的差距。深究其原因，能够掌握数字硬件和软件资源又具有艺术创作能力的数字技术与艺术复合型人才奇缺、人才结构失衡、人才培养模式不适合是制约产业发展的重要因素之一。

2. 网络多媒体领域对人才的需求

面向网络环境的新媒体艺术创作是近年来发展起来的热门学科，它涉及以计算机技术为核心的数字化技术、多媒体技术以及网络人机交互领域的知识和技能，如图像及声音信号的采集、压缩、存储、多媒体数据库技术、多媒体网络技术，以及各种各样的多媒体应用软件系统的实现等等。

网络多媒体技术应用还涉及艺术创作领域，例如电脑动画创作、数字音频特效制作（MIDI 创作）、多媒体课件制作、网页制作等等。实现上述多媒体应用的创作软件都需要有一个设计合理并具有艺术美感的交互性界面、使用便捷的链接关系等。

网站建设是技术与艺术的高度统一，网络技术主要表现为客观因素，艺术创意主要表现为主观因素，网络技术与艺术创意的紧密结合，使网页的艺术设计由平面设计扩展到立体设计，由纯粹的视觉艺术扩展到空间听觉艺术。网页设计者应掌握现有的各种网络技术规律，注重技术和艺术的紧密结合，这样才能穷尽技术之长，实现艺术想象，满足用户对网站的高质量需求。

3. 影视制作领域对人才的需求

高科技的发展使影视制作向多媒体、数字化、网络化全面迈进，非线性编辑和 3D 动画技术的应用是艺术与技术关系的最佳体现，计算机动画、数字图像处理、数字音频处理等多种数字技术手段在非线性编辑系统中得到了综合运用。数字媒体技术使编导人员过去难以达到的创意在数字化的制作环境中得以实现，将人类幻想、过去、未来、灾难等无法直接拍摄的景象，超越真实地展现于银幕上。虚拟现实技术采用计算机技术为核心的现代高科技，生成逼真的视、听、触觉一体化的特定范围的虚拟环境，用户使用必要的特定装备就可以在虚拟环境中进行交互，产生亲临现场的感受和体验。

总之，数字技术使影视创作进入了一个"只有想不到，没有做不到"的新境界，为影视制作开辟了更为广阔的发展空间。但同时也对影视制作人员提出了新的挑战，新一代的从业人员应该是具有扎实的数字技术理论，掌握先进的数字技术手段，同时又具有艺术创作能力的"数字技术与艺术"复合型人才。影视制作领域对复合型数字媒体人才的主要需求是技术导演，要求其具有充分的技术实践能力，能够和艺术导演进行充分的沟通和交流，能够实施导演的意图，最后以影视、动画领域为核心将其展现出来。因此其不仅应当具有一般的技术开发能力，还应在艺术修养和实际软件使用技能方面有一定的基础。

二、数字技术与艺术复合型人才的培养

为了适应数字艺术产业急速发展的需要，目前，国内许多大学纷纷开设了数字媒体艺术专业和数字媒体技术专业，但在实际运行中，都面临技术与艺术如何结合的关键难题。

数字媒体艺术专业大数都是按照艺术类招生,在教学计划中课程也是以艺术创作为主、技术课程为辅。由于艺术类学生学习数理课程和计算机编程课程比较吃力,因此开设的技术课程大多是应用技能类的课程。由于编程能力的欠缺,从而影响到学生创作能力的进一步发挥,这与数字媒体行业所需要的复合型人才的要求相距甚远。

数字媒体技术是国内近几年开办的专业,大多是设立在软件学院或信息工程学院,在课程设置上,主要以计算机技术和电子信息技术课程为主,以艺术创作课程为辅。培养目标是培养能够从事数字媒体技术(包括动画、游戏等)制作,并能够进行与数字媒体相关的软件(如动画软件、游戏软件及插件等)开发的具有艺术素质的高级软件人才。由于学生艺术功底较差,这种培养模式同样存在无法进行创新型创作的问题。因此如何使学生在学习过程中能够把技术与艺术课程结合好,还需要在人才的选拔和课程设置上进行长期的探索。

中国传媒大学早在 10 年前就尝试培养技术与艺术相结合的复合型传媒人才,1995年广播电视工程专业开始招收"多媒体技术与应用方向"本科生,培养方向就是为广播电视系统、影视节目制作机构培养掌握多媒体技术、电视节目制作技术,从事非线性编辑、特技、动画、制作、多媒体技术应用的具有一定艺术素养的高级技术人才。在培养计划中着重建立电子信息技术和计算机技术宽口径知识平台,重视人文和艺术学教育,加强实践应用环节,注重学科之间的交叉和融合。开设了部分广播电视艺术类课程,如电视色彩学、摄影艺术、影视编辑艺术、灯光照明艺术、动画制作、电视节目制作等。这些课程受到工科学生的欢迎,使那些工科生中具有艺术天分的学生,有充分发展个性、展现特长的机会。毕业生深受电视台、影视制作公司、多媒体制作公司等用人单位的欢迎,还有部分毕业生已经成为数字媒体艺术高等教育的专业教师。

在工科学生中培养数字技术与艺术复合型人才的教学改革中,我们发现,如果在工科学生中过早地开设艺术类课程,会使学生很难再安心学习那些枯燥的数理基础课程和电子信息基础类课程,从而影响以后对数字技术和计算技术课程的学习,在大二学习完技术基础课程之后再学习艺术创作类课程比较合适。2002 年,我们在广播电视工程专业本科生中开设了三个专业方向:数字电视技术方向、多媒体技术方向、数字影视制作技术方向。在课程体系方面,采取模块化方式,基础课和专业基础课模块打通培养,大三以后高年级学生可以根据自己的兴趣和爱好选择专业方向。其中"数字影视制作技术方向"就是为了培养数字技术与艺术的复合型人才而设立的,目的是吸引那些有一定艺术特长的工科学生,在打下了坚实的工科基础、掌握了数字技术和计算机技术之后,再从事数字艺术创作。

三、结束语

数字媒体产业的快速发展需要大量数字技术与艺术复合型人才,产业发展教育先行,高等学校担负着培养高素质复合型人才的历史使命。培养复合型人才的模式有多种,在那些打下了坚实的数理基础、掌握了数字技术和计算机技术的工科学生中选拔有艺术特长的人进行数字艺术创作的培养,是一种较好的数字技术与艺术复合型人才的培养模式。

探析基于动漫产业的数字媒体技术人才培养

肖博　杨磊

（中国传媒大学信息工程学院数字媒体技术系）

摘　要　国家数字媒体技术发展规划明确了向产业化方向发展的目标,并通过"863 计划"在动漫和网游领域进行布局,首批建设了四大国家级数字媒体技术产业化基地,急需大批高端技术人才。本文站在数字媒体技术的基点上,从技术与艺术结合的角度出发,分析了动漫人才市场需缺的内涵,提出了数字媒体技术层次化课程设置的设想,以及基于数字媒体技术的动漫产业人才的培养思路。

关键词　动漫产业　数字媒体　数字内容产业　人才培养

数字媒体技术涉及数字媒体的创建、表示、制作、处理、存储、传输、显示、管理、内容安全等各个环节的软硬件技术及其系统整合技术。图中所示为数字媒体专业知识体系。2005 年 12 月 26 日,科技部在其发布的《2005 中国数字媒体技术发展白皮书》中明确提出了我国数字媒体技术未来 5 年的发展战略、目标和方向,提出了以数字媒体技术产业化基地为抓手,通过联盟形成内容创作和内容服务链的建议,同时在全国范围内首批建设北京、上海、成都、长沙等四个"国家 863 计划数字媒体技术产业化基地",并通过国家863 计划在动漫和网络游戏两个领域率先进行布局,由此带来对于这两个相关领域的巨大市场需求。

在 2006 年 4 月 25 日国务院发布的《关于推动我国动漫产业发展的若干意见》中,进一步对动漫产业的概念进行了高度归纳:动漫产业是指以"创意"为核心,以动画、漫画为表现形式,包含动漫图书、报刊、电影、电视、音像制品、舞台剧和基于现代信息传播技术手段的动漫新品种等动漫直接产品的开发、生产、出版、播出、演出和

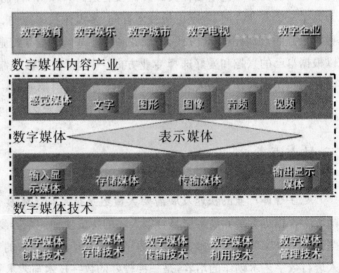

图　数字媒体专业知识体系

销售,以及与动漫形象有关的服装、玩具、电子游戏等衍生产品的生产和经营的产业。由此不难看出,仅数字媒体领域的一个动漫产业就涉及如此庞大的产业链,就会带来巨大的人才需求。然而,作为数字媒体产业之一的动漫产业离不开数字媒体技术的支持,在很多环节需要技术与艺术的良好对接、融合,因而对从业人员提出了较高的要求。因此,探索基于动漫产业的数字媒体技术人才培养具有十分重要的意义。

一、数字媒体技术与动漫制作

动漫是以技术手段来实现并以艺术形式来表现的一种数字表现媒体,而数字媒体技术与艺术融合的问题已广受社会关注。仅以动漫领域的 3D 动画制作过程为例,通过多种算法模块、插件或其他技术手段的组合应用,即可使 3D 动画模型按照某种设定好的程序进行渲染,从而表现出预期的艺术效果。但是如果没有上述良好的技术支持,动画作品则难以有上乘的艺术表现。特别是对于某些很耗费计算机硬件资源的真实感 3D 渲染算法,如果不理解其算法复杂度而在动画作品中大量地采用,则很有可能导致该作品在低配置计算机环境下无法流畅地渲染表现,甚至使机器无法运行(CPU 占用率长时间维持在 100%)。然而,从技术层面上来说,结合人眼的视觉特性,某些算法可以大为简化。比如基于细节复杂度的自适应多边形减除算法,在不降低 3D 动画作品主观视觉表现效果的前提下,就可以大大减少动画模型非细节部位的多边形面的数量,从而提高 3D 动画的渲染速度,技术算法对于艺术表现的支撑作用由此可略见一斑。另外,在数字媒体的创建、表现以及显示等方面,会更多地运用动画元素。

数字媒体技术的应用使得平淡的画面在平面上展现出动态效果,将"动态漫画"的概念与数字媒体技术、高科技光学材料结合,在动漫中更多地融入生活细节和动作魅力。

新媒体概念的出现及其表现形式的多样化,影响并改变了人们的生活态度和消费方式,也为动画、漫画内容制作企业提供了新的市场契机,而通过数字媒体技术手段对动漫作品艺术表现效果的渲染,进一步提高了人们对于动漫作品的关注度和接受度。高科技和艺术的结合使动漫渐渐崛起,出现了 Flash 动画、三维动画、全息动画等全新的动漫形式。本文将站在数字媒体技术的基点上,从技术与艺术结合的角度出发,分析目前动漫人才市场需缺现象,从而探析基于数字媒体技术的动漫产业人才的培养问题。

二、中国动漫产业现状及人才需求

动漫产业是以动画、漫画、游戏三大行业为主体,结合电影、电视、出版、音像及衍生产品互相渗透融合而形成的一个完整的产业链。截至 2007 年 10 月,国内已有 30 多个动漫产业园区、5400 多家动漫机构,有 450 多所高校开设了动漫相关专业,动漫专业在校学生人数达 46 万之多。而在中国 84 万个各类网站中,动漫网站约有 1.5 万个,占网站总数的 1.8%。

面对广阔的动漫市场,各地动漫产业发展计划的制订更是如火如荼,很多城市纷纷打造自己的"动漫之都"。北京、上海、广州、福州都已初步形成网络游戏、动画、手机游戏、单机游戏等与游戏相关的产业链。这一切都直接导致了国产动漫市场在全球地位的上升。[1]

数字媒体技术融入动漫产业后,在一定程度上突破了动漫作品"播出难、发表难、面世难"的瓶颈,同时,也弥补了电视媒体"局限于某一时段,受地域与时间的限制"这一劣势,让更多的观众无须定点定时守候,完全自主选择时间与地点,观看、点播自己喜爱的动画节目或作品。

然而,在动漫产业蒸蒸日上的今天,国内动漫产业链中的很大一部分制作工作仍是给国外动画做加工,而造成这种局面的主要原因则是由于缺乏大量的创意和技术兼备的复合型人才。根据2007SMIA首届高端数字媒体人才双选会的统计资料,我国数字创意和CG、游戏人才缺口高达80万人,兼通艺术和电脑技术的复合型人才严重不足,已经成为制约企业发展的瓶颈问题。[2]到2008年底,中国年动漫节目需求量为180万分钟,意味着将有一个250亿美元的市场空间,而目前国内达到播出要求的原创动漫作品每年只有2万分钟,不足实际播出总量28万分钟的1/10,因而大量依赖进口,即便如此,仍难以满足年度市场需求。[3]

面对动漫产业的巨大市场空间,面对动漫作品仍然依赖进口的局面,我们发现动漫人才的稀缺是问题的关键。目前,在我国从事动漫设计的人员,绝大部分都不是科班出身。由于这批从业人员多是"半路出家"的,对一些需要较强技术工具支撑的高难度动漫设计,他们就显得力不从心。这也从一个侧面反映出我国动漫人才需求尤其是擅长数字媒体技术的高级动漫人才需求,正处于一种深度饥渴状态。

事实上,通过将动漫产业所需人才进行分类,可以从中找出基于数字媒体技术的动漫人才的培养方向。通过对一些相关动漫企业进行调查,我们发现,大部分企业对于动漫产业人才能力的评价都是从专业基础、美术基础和专业特长等三个方面来进行。所谓专业基础是指对动漫专业本身及与之密切联系的其他数字内容产业的基础知识的领会,对基本技术手段的掌握,对动漫制作与生产流程的了解;所谓美术基础是指其掌握素描、色彩、造型的能力,对客观对象能够敏锐观察、捕捉并逼真表现的能力,以及对生活的感悟能力和较好的艺术修养;而所谓专业特长则特指对动漫生产制作流程中的某一环节(对应岗位)所具备的精深的知识及掌控能力。业内人士认为:专业基础是从事本行业所必须具备的;美术基础则是艺术之本,是动漫表现之根基。因此,我们对数字媒体技术人才的培养,重点应是专业基础,但同时也不能忽视美术及创意等专业特长。可以说,动漫产业目前所缺少的也就是我们要大力培养的复合型人才,就是技术过硬而又富有艺术灵感、敢于创新的极具"专长+复合"特点的人才。

三、动漫数字化趋势及人才需求

以上从动漫产业所需人才分类的角度明确了数字媒体技术人才培养的重要性,下文将就动漫数字化趋势来说明数字媒体技术人才在动漫表现中所充当的重要角色。

动漫数字化需要相应的数字设备来做载体。如今,通过互联网阅读生动幽默的漫画书籍、欣赏动画片(Flash)、玩游戏已成为许多人选择的休闲娱乐形式,用手机下载或在线阅读漫画图片、四格动画和动漫短片正在中国移动的新业务中逐步推广,而逐渐普及的MP4、PSP播放器也成为数字动漫产品的有利媒介。动漫从纸质媒体、电视媒体和电影媒体发展到互联网和移动电话媒体,动漫应新媒体技术要求而数字化以后,带来了对动漫生产的更大需求,形成新的赢利模式,让国产原创动漫搭上新媒体的快车。例如,中国首部原创三维动画电影《魔比斯环》,是我国第一部 3D 制作的动画长片。这部电影不仅在制作上采用了数字化的模式,在产品的推广上也采用了数字版权来作为一种新的营销模式。在电影上映前,迅雷公司以数百万元取得了《魔比斯环》的独家网络发行权,在运作 CG 动画大片《魔比斯环》时,则采用了微软最新的 DRM 数字版权保护系统,引入收费机制以解决盗版问题。在手机这个新媒体平台上,动漫产业和移动电话媒体的结合成为数字动画的新热点。手机动漫是中国移动 2006 年推出的一项新业务,其信息容量大、表现形式丰富,是现阶段 2.5G 带宽下非常好的数据业务形式,也被视作中国 3G 热点业务之一。

就人才而言,动漫数字化已经突破原有的人才标准,极具"技艺"双剑合璧的特点。在技术层面上,计算机是数字动漫制作的重要工具。在人才培养上,包括计算机图形学、计算机艺术等综合的基于计算机技术的电子化构图、造型渲染以及动画技能等都非常关键。在艺术层面上,动漫是具有专长的人才才能从事的工作,因为从前期的创意到后期的绘制和编排都需要较高的美术技能和人文知识。为此,在动漫数字化的今天,技术和艺术的结合是二者缺一不可,且须合二为一的。目前高校中的技艺单一化的教学模式,使得技术与艺术的教育处于分离的状态,造成了毕业人才的独立创作能力不足。无论是在艺术学科还是在理工学科所设立的动漫专业,其在艺术表现及专业技术方面都明显地片面化。所以我们在学科建设中,一定要卜意识地规避这种现象的出现,做到在重技术的基础上,兼顾人文艺术素养的培养。

四、面向动漫产业的数字媒体技术人才培养

动漫已经从一门艺术形式向一个数字内容产业转变,这就是动漫数字化的转化趋势。这种趋势联动着动漫产业和相关行业的共同发展,同时也将改变目前动漫相关专业毕业生的就业状况和市场人才需求。这些趋势所联动的领域即"泛动画"领域,包括网络、移动性新媒体动画、数字媒体技术应用、游戏、教育软件、智力玩具、电子出版等一切需要或可以利用动漫技术的领域。随着数字文化产业的迅猛发展,"泛动画"领域的人才需求将远远超过目前的教育规模。但值得注意的是,动漫教育的终端市场即动漫人才市场并没有出现这么大的质的飞跃。目前,在动漫公司的人才结构中,大部分是制作人员,而出于企业成本和实用性的要求,这些人员多是从中等教育人员中吸收的美术人才,或

是定向职业培训出来的。其工作内容也仅是动漫产品加工这样的低技术、低成本的重复劳动,知识结构与目前动漫教育内容相去甚远。以"北京 2008 年奥运会图像设计服务供应商"北京水晶石数字科技上海分公司为例,该公司于 2006 年全年招聘的制作人员就已达 170 多人,占上海公司人员总数的 45% 之多,但高端技术项目总监和创意人才仍严重不足。因此,在 2007 年的 SMIA 首届高端数字媒体人才双选会上,该公司再次全线高调出击,旨在网罗兼具数字媒体技术与艺术才能的高端技术项目总监和创意人才。

未来的数字艺术是无纸化的,是多媒介承载传播数字化的,是与技术型相结合的,对于计算机工具的掌握当然越多越好。我们可以看到新媒体背景下动漫产业的支持力量是信息技术,主体内容的核心是创意,而创意的根源在于文化。而作为工科背景的教育,我们主要是立足信息技术的教育,进一步说,动漫领域的信息技术主要是指信息时代的高科技如三维数码技术、数字成像技术、效果渲染技术、网络技术、手机技术等。这些信息技术主要是在动漫的艺术展现上增添了更多的表现手法,在动漫的传播上增添了更多的渠道。为此,我们所需要的是计算机技术、人文艺术、创新意识强的综合性人才。

由上可见,动漫技术教育必须处理好人文艺术与技术的关系。为此,我们在人才培养上需要站在更高的起点上,多单元学科联合协同培养。而且,我们所要求的高技术人才即高级专业技术人才,他们对动漫效果的实现不仅仅是停留在软件的使用上,而是如何完善现有的特效软件以及如何创造软件,如何完善整个技术系统。也就是说,我们应该尽可能地培养学生用高级计算机语言去实现动画特效,而不是只凭现有的软件做技术上的渲染;要培养学生对数字媒体技术系统的全面掌控,而不是单纯地在某个 IT 技术环节上封闭性地强化,从而培养出从事自主知识产权产品研发、产品技术创新和基础性研发的动漫产业高级层面上的高端人才。如此说来,有关软件使用的课程仅是用于拓展或验证专业技术基础,我们应该把更多的精力放在计算机语言和算法、数字媒体技术体系的教学上。

因为动漫专业有其自身独特的艺术化要求,为此,我们在培养人才时,人文艺术素养的培养是不可忽视的。除了人文艺术和技能的学习外,我们也要重视创作能力的培养。动漫是文化内容产业,形式和工艺则是多种多样的,但其核心价值是艺术创作。未来的动漫无论怎样发展,创作的价值比例只能越来越高。所以我们说在数字技术和手段广泛应用的今天,从本质上讲动漫是以技术科学为基础,并具有深厚的人文思想。工科背景的动漫教育应该将科学性与价值性、技术视野与人文视野融为一体,从而培养新媒体时代的动漫人才。

五、对数字媒体技术层次化课程设置的思考

随着信息技术和通信技术的发展,以计算机技术为基础的现代传媒技术已具雏形,创造了新的现代文化与时尚文化。这里我们所构想的层次化教育,主要是从动漫制作层次化、步骤化出发考虑的。动漫的创作过程主要有三个步骤,在每个步骤中对人才的需

求在层次和方向上存在着较大的差异。这三个步骤主要是前期的创作、中期的制作以及后期的调整合成。工科背景的新媒体动漫技术人才主要会在后期调整合成中大显身手。由于计算机大规模介入动漫制作，动漫产业中所需的技术人才基本是计算机人才，尤其是主攻计算机图形图像技术的专业人才，而且对这些人才的要求也越发"高级"和"深入"。这里所指的"高级"和"深入"主要包含两个层面：其一是指在复合型人才方面的"高级"和"深入"，我们不但要从技术修养上要求他们能与其他部门工作人员合作沟通，更重要的是要求这些计算机人才理解创作意图，能用计算机语言更好地表现作品内在的含义；其二是指对于计算机技术掌握程度的"高级"和"深入"，在动漫技术高级人才的培养上，不仅要设置一些动漫制作软件使用类的课程，而且要从基础到专业，将计算机语言以及面向数字媒体应用领域的计算机应用系统设计方法传授给学生，使得学生不仅仅停留在制作软件的使用上，而且能够自主开发软件、插件，设计面向数字媒体应用领域的实用系统。为了解决这个问题，我们可以在高年级的专业课中加入数字图像处理、计算机图形学、计算机视觉、虚拟现实技术、面向对象的程序设计、自然人机交互、软件工程、游戏工程以及媒体内容安全等相关必修课和选修课。

在工科新媒体动漫技术人才的教育中，我们要注意学科的深度融合、学科之间的交叉互动，充分扩展学科知识的积累，使技术和人文素质的培养齐头并进。

六、结论

本文从动漫产业的特点和人才需求以及动漫数字化趋势出发，探讨了在动漫技术的教育中技术性和人文艺术性相结合的问题，从而得出如下结论：动漫的创作和设计需要很强的技术性，所以我们必须重视对学生进行专业技术能力的培养，以提高学生的技术操作性和实践动手能力。在技术层面的人才培养中，要把目光放在如何完善现有的特效软件、如何创造软件以及如何构建实用系统的高度上。此外，动漫的创作和设计需要人文和艺术等知识，在课程设置中要予以重视。

参考文献

[1]秋凤.中国动漫人才告急.东北之窗,2007(6).

[2]我国高端数字媒体人才需求高达 80 万,http://www.qdhtz.gov.cn/n206250/n519273/n538768/34935.html

[3]张震鹏,张宝珠.动漫产业与新媒体结合发展之路.当代传播,2007(1).

[4](日)中野晴行.动漫创意产业论.国际文化出版公司,中国传媒大学出版社,2007.

[5]李思屈.数字娱乐产业.四川大学出版社,2006.

[6]张慧临.二十世纪中国动画艺术史.陕西人民美术出版社,2002.

[7]莫智勇,吴冠英.创意产业下中国式动漫的发展趋势.装饰,2006(6).

[8]隋杨洋,毛佳,隋映辉.动漫产业:21世纪最具发展潜力的产业.中共青岛市委党校·青岛行政学院学报,2005(5).

[9]朱志刚.新媒体艺术专业教育与研究.南京艺术学院学报,2005(4):114—115.

[10]周智佑.对储荷婷教授《数字时代中的信息表达与检索》一书的评介.情报学报,2005(5).

[11]胡占凡.在2008年度全国影视动画工作会议上的讲话,2008.12.22。

新媒体时代虚拟现实技术人才培养

肖博　杨磊

（中国传媒大学信息工程学院数字媒体技术系）

摘　要　本文首先介绍了虚拟现实技术和新媒体艺术的含义以及基于虚拟现实技术的新媒体艺术表现形式，然后提出了将虚拟现实技术与新媒体艺术交叉融合进行教学的设想，最后从课程设置、技术艺术结合、创意能力培养等几个方面归纳出培养复合型虚拟现实技术人才的新思路。

关键词　新媒体　数字媒体　虚拟现实　人才培养

虚拟现实技术是 20 世纪末才兴起的一门崭新的综合性信息技术。由于它生成的环境是类似现实的、逼真的，人机交互的效果是和谐友好的，因此，虚拟现实技术将一改人机之间枯燥、生硬和被动的交互现状，使人们陶醉在流连忘返的工作环境之中。虚拟现实技术的应用领域和交叉领域非常广泛，在应用和产业的形成方面都有强烈的市场需求和强大的技术驱动。虚拟现实本身也是一种数字媒体技术，从新媒体角度看，艺术与技术的融合是新媒体艺术最显著的特征，而虚拟现实技术的本质就是一种媒介、一种丰富艺术表现的手段，一种信息传达的方式。因此，为了更好地传达艺术家的信息，我们可以将虚拟现实技术这种新的表达媒介融入艺术之中，把静态艺术转换成观看者可以探索的动态艺术，使观看者更好地欣赏与理解作者的思想艺术。权威人士断言，虚拟现实技术将是 21 世纪信息技术的代表，它的发展将从根本上改变人们的工作方式和生活方式，人们将在享受环境中工作、在工作中得到享受。

本文将从数字媒体技术表现的角度出发，探究新媒体时代虚拟现实技术在艺术表现上的应用以及该技术在信息传播中的作用。通过对这个问题的分析，本文试图探析在新媒体技术和艺术结合的本科教学中，学科交叉以及学科建设的一点新思路。

一、虚拟现实技术

虚拟现实，也称虚拟实境或灵境，是一种可以创建和体验虚拟世界的计算机系统。它利用计算机技术生成一个逼真的，具有视、听、触等多种感知的虚拟环境，用户通过使用各种交互设备，同虚拟环境中的实体相互作用，使之产生身临其境的交互式视景仿真和信息交流，是一种先进的数字化人机接口技术。与传统的模拟技术相比，其主要特征是：操作者能够真正进入一个由计算机生成的交互式三维虚拟环境中，与之产生互动，进行交流。通过参与者与仿真环境的相互作用,并借助人本身对所接触事物的感知和认知能力,帮助启发参与者的思维,以全方位地获取虚拟环境所蕴涵的各种空间信息和逻辑信息。交互性是虚拟现实的实质性特征,对时空环境的现实构想(即启发思维、获取信息的过程)是虚拟现实的最终目的。[1]

二、新媒体艺术

媒体是交流、传播信息的工具,因此,一切能够承载文化、思想、情感等信息的物质形态就可称为"媒体"。从这个概念出发,新媒体则可以说是一切与传统的、旧的媒体相异的媒体,或者说是以一种全新的物质形态和时空观念重新组合起来的媒体。

因此,新媒体艺术是指依托新媒体平台,在现代艺术观念指导下的新的艺术形式。它融合了数字处理艺术、网络技术等多学科技术,形成数码图像、三维动画、数码音响、互动媒体等一系列艺术创作与制作环节。在新媒体艺术中,艺术创作的传统手工或低端技术被数码媒体技术所替代。通过科学技术手段,新媒体艺术把传统和现代的各种艺术形式结合起来,甚至让观众或读者参与进来,从而产生新的交互形式。新媒体艺术有自己的特性,就是强调数字性,特别是强调智能化、交互性。

三、虚拟现实技术的新媒体艺术表现

新媒体艺术是嫁接在新技术平台上的一种形式及内涵都得到更新的艺术,是将传统艺术和现代艺术结合起来的一种艺术。虚拟现实技术在新媒体平台上的应用越来越广泛,从而使虚拟世界也变得更为真实。例如,2003 年,经过中日两国艺术家、学者和科技人员的共同努力,我国第一部关于故宫的大型虚拟现实作品《紫禁城·天子的宫殿》诞生了。该片利用高性能的图形工作站生成了三维的虚拟故宫,再通过投影仪将图像投影在大型银幕上,配合音响,产生身临其境的视听效果。这也是虚拟现实技术在保护世界文化遗产方面作出的贡献。同样,当越来越多的人开始认为电子游戏也是一种艺术形式的时候,虚拟现实技术也被引入到了电子游戏领域,电子游戏开始结合音乐、绘画、文学等艺术形式来呈现,并且越来越贴近现实。

事实上,虚拟现实技术已经越来越多地应用于影视作品中。例如,电影《泰坦尼克号》中虚拟场景的制作使所有观众产生了"正在船上"的感觉,该片利用虚拟现实技术,虚拟重现了重大历史灾难,感动了全世界的观众。在这之后,令观众大惊失色的《后天》、充满了惊险打斗场面的《黑客帝国》、以虚拟形象表现的《怪物史莱克》、三维虚拟重现的《冰河世纪》以及中国本土的《紧急迫降》、《横空出世》等影视作品,都加入了虚拟现实技术场景特效的艺术表现形式。

从受众的角度来看,任何艺术形式上的表现归根到底都可认为是因信息传播形式的转变而带给受众的不同的感受。影视作品中越来越多地应用虚拟现实技术来重构事物原型,夸张地表现世界,并为受众提供直观的体验,均直接或间接地证明了这一理论。通过技术的再现,受众规避了现场危险,延伸了感觉器官,身临其境地感受周围世界。

四、虚拟现实技术与新媒体艺术的结合

虚拟现实是一种客观存在,新媒体艺术是一种新的艺术形式,技术与艺术不是各自孤立的两种形态,而是相互融合。

1. 虚拟现实技术与新媒体艺术的结合

虚拟现实技术就是要创造一种虚拟环境,在此虚拟环境中完全实现人机交互。为了更好地使用户沉浸在虚拟环境中,虚拟现实的设计就不可避免地要考虑艺术因素,这是因为单纯地依靠技术而产生的作品只是高度复杂的技术本身,而艺术的介入则会极大地提升虚拟现实作品的层次和水平。

虚拟现实技术的发展不仅仅依靠前沿的技术手段,更需要与艺术思想的结合,需要加入更多具有艺术表现力的元素。科学技术的飞速发展使艺术的表现方式逐渐发生了巨大的变化,但是并没有改变艺术的本质。虚拟现实技术能够生成一个可产生视觉、听觉、触觉等多官能感受的动态的、交互的环境。与传统艺术最大的不同就是,利用虚拟现实技术的新媒体艺术可以让作品与更多的观众进行直接的交流。虚拟现实技术在艺术中应用的重大影响,就是对于想象力的无限突破。因此,不管是技术工作者还是热衷于技术的人,不仅要正确掌握软硬件的技术技能,更应力求在审美上不断提高自己,使创作出来的作品在具有技术性的同时更具观赏性。

2. 学科交叉以及学科建设的新思路

发展新媒体学科,不得不谈到人才需求和人才培养的问题。而就新媒体本身的特点而言,人才培养的落脚点不能只停留在技术层面上,也就是说,我们要培养技术与艺术相结合的交叉学科人才。现在的大学里,与新媒体相关的课程已有不少,但它们要么是电子或计算机编程之类的以讲授技术原理为主的课程,要么是图形图像应用软件之类的以讲授软件使用方法为主的课程,而纯粹的艺术类课程却又因缺乏技术的支撑而显得空泛,因而真正能体现新媒体技术与艺术结合的课程很少,与国外的先进课程体系也有一定的差距。为此,我们应该把新媒体艺术从一般概念的数码艺术中区分出来,跟踪前沿动态,从技术、人文、艺术的角度来解决新媒体教学的定位问题。

从虚拟现实技术来看,它本身是一门集成人与信息的科学,其核心由计算机生成的一些交互式三维环境组成。这些环境可以是真实的,也可以是通过想象构建的模型,主要是通过人工合成的过程来表示和传达信息。虚拟现实融合了许多人的因素,并且放大了它对个人感觉的影响。从技术角度来说,虚拟现实技术是建立在集成诸多学科基础之上的,借助于计算机技术及硬件设备,使人们可以通过视觉、听觉、嗅觉以及触觉等多维

信息通道获取信息,并以下一代高级用户界面的形式来呈现。然而,正是由于新媒体艺术的现代科技含量及其跨学科的特性,决定了我们在教学中应力戒重技法而忽略艺术人文的培养。否则,学生将创作出一些求怪异而缺乏表现、有技术而没有文化内涵的作品,以至于降低整个新媒体艺术的审美品格,这是我们教育工作者所不愿看到的。

五、培养复合型虚拟现实技术人才

培养虚拟现实技术与新媒体艺术结合的复合型人才,无论是偏重技术教育还是偏重艺术教育,人才的复合型成为人才培养时需要关注的问题。由于新媒体艺术学科内涵、性质的不确定性,同时没有一个相对全面、准确、清晰的专业表达,使得跨学科的教学相关活动十分被动。因此,我们有必要从学科系统的角度出发,全面、深化地对复合型虚拟现实技术人才的培养进行研究,提出关于虚拟现实技术和新媒体艺术专业的学科界定以及对课程设置的一些思考。

在一些新媒体技术相对成熟的发达国家,经过几年的发展,目前已经有了比较完整的办学理念、课程结构以及对这一专业的理性认识,这些都是值得我们借鉴的。

首先,作为新媒体技术专业,对技术的学习一定是学科结构中的重中之重。就虚拟现实技术学科的特点而言,虚拟现实技术是建立在集成诸多学科基础之上的,需借助于计算机技术及硬件设备来完成,所以在课程设置上应涉及诸如控制学、计算机图形学、数字图像处理、多媒体数据库设计、实时分布系统、电子学、机器人及交互式多媒体技术等专业课程。

其次,我们所关注的是技术与艺术的融合、培养复合型人才的问题。技术可以更好地支撑艺术表现形式,而艺术更为广泛地依托于新媒体技术来完美呈现。所以说,新媒体时代,艺术表现和技术需求是共存的、相互依赖的。目前社会上新媒体的技术人才缺乏艺术素养,新媒体艺术从业人员懂艺术而缺乏数字技术,两者兼通的复合型人才严重不足。我们的教育目标应该是为社会提供既有较高数字技术水平又有较好艺术素养的复合型人才。

数字时代的技术人员应该具有更全面的素养和更广博的知识。新媒体技术人才培养的课程体系应该能使学生首先具备扎实的技术能力,具有较高的艺术素养,同时掌握市场营销知识与媒体传播理论,了解消费者心理和把握社会信息。以欧美一些成功的新媒体技术学院的课程设置为例,该类专业方向在一年级开设有"计算机应用基础"、"数字媒体设计概论"、"网络基础"、"多媒体技术基础"、"计算机高级语言"、"计算机应用软件的使用"等必修课,使学生从低年级开始就打好计算机软件应用的基础,具备简单多媒体技术的集成、管理和维护能力,并辅以"艺术概论"、"新媒体媒介"、"创意产业"等课程,使学生掌握各种艺术和新媒体创意的常识,并获得对新媒体艺术的感性认识。在二年级开设与多媒体技术专业相关的课程,就虚拟现实技术而言有"虚拟现实技术应用"、"计算机图形图像学"、"计算机视觉"等相关必修专业课。在三年级开设"软件设计"等必修课,使学生具备使用计算机语言独立完成多媒体作品的创作能力。在这二年期间,学校还提供"顾客管理学"、"市场营销学"、"电子商务"、"国际贸易"、"广告策划"、"经济学"、"物流企业人力资源管理"、"网络传播"等跨系、跨专业的课程供学生自由选修,为学生的个性发展预留了一定空间,力求使学生具备更全面的知识、较好的综合素质和较强的工作适应能力。

另外,在办学理念上,一些成功的欧美院校在新媒体人才的培养上非常注重"创意"能力的培养,以至于创意课程占新媒体课程的三分之一左右。一方面,创意指对学生的新媒体艺术修养的培养。有学者曾经指出:"新意"和"新异"是艺术始终不懈的追求,任何忽略或降低对创意的教学要求,都是对本科教学层次基准的降低。因此,在本科教学计划中,应该充分融合体现这一重要的教学导向,使教学在重点突出的基础上,任务明确地完成技术与创意新媒体艺术结合的复合人才的培养。另一方面,创意还包括学生从文化创意产业的角度去思考技术产业化的发展,培养学生独立判断技术产业化的能力,使得学生能够在掌握技术的基础上思考技术如何更好地满足市场的需求,如何更好地改变人们的生活使用习惯。同时,应重视相关创意产业的人文教育,打好学生的文化底蕴。其最重要的功能是提高学生对社会关系、人际关系、物我关系的认识和处理能力,引导学生形成一定的世界观、审美观,而这些正是作为数字技术创意人才在进行创作时所必需的精神指导。加强文化创意产业的人文教育,教师要在具体的教育过程中把人文精神渗透于学科教育内容之中,将知识内化为素养,注意挖掘教育内容本身内涵的社会功能和价值观念。

这里,我们强调艺术的基础作用并不是否认技术的作用,而是要达到使懂技术的人才能够擅长尝试更好的艺术表现的目的。新媒体技术学科的发展本身就应该立足于二者的结合之上,将二者有机地融合而不是相互独立。有人推论,数字新媒体艺术将成为未来社会的主流艺术。目前新媒体的表现形式快速向社会各个领域渗透,已经成为不争的事实。作为高校教师,我们在培养新媒体技术人才的时候不仅要看市场的需要,更要注重培养人才的质量。所以我们必须重视复合型新媒体技术与艺术结合的人才培养,注重学生技术和艺术知识的有机融合,为社会输送满足新媒体时代需求的技术艺术复合型人才。

参考文献

[1]胡小强.虚拟现实技术.北京邮电大学出版社,2005.

[2]张茂军.虚拟现实系统.科学出版社,2005.

[3]郑立华.新媒体艺术:用技术玩耍艺术.中国商报,2004.6.8.

[4]曹成.论身临其境的艺术设计——虚拟现实艺术设计研究.清华大学2004年硕士学位论文.

[5]王成为,高文,王行仁.灵境(虚拟现实)技术的理论、实现及应用.清华大学出版社,1996.

[6]肖永亮.美国的数字媒体学科发展.计算机教育,2006(5):47—50.

[7]邱晓岩.对数码媒体艺术现状的反思.深圳信息职业技术学院学报,2003(2):88—91.

[8]朱志刚.新媒体艺术专业教育与研究.南京艺术学院学报,2005(4):114—115.

[9]刘自力.新媒体带来的美学思考.文史哲,2004(5):13-19.

[10]钟心.高校招生关键信息大参考.合肥工业大学出版社,2005.

[11]金元浦.作为创意文化产业的艺术.美术观察,2004(4):12-13.

[12]沈海晖.广告新媒体探究.装饰,2004(11).

[13]史颖波.新媒体新英雄.电子商务,2000(6).

[14]王勉忠.上海南站地区发展新媒体产业的思考.技术经济与管理研究,2004(4).

[15]陈玉鹏.央视布局新媒体.互联网周刊,2006(12).

[16]何力.新媒体是伪命题.商务周刊,2006(17).

[17]刘峻.新媒体之我见.广告大观,2006(5).

[18]谭泽薇.新媒体"新颖"还是"新鲜".广告人,2007(1).

[19]王中军.新媒体带来新营利模式.商务周刊,2006(17).

浅谈非计算机专业研究生软件开发能力培养

徐品

（中国传媒大学信息工程学院数字媒体技术系）

摘　要　非计算机专业的研究生软件开发基础各异，需要选择不同的开发工具。面对林林总总的开发工具，究竟选择什么样的开发工具，如何学好开发语言是本文讨论的核心。本文首先介绍了各种语言和开发工具的特点，然后提出了非计算机专业学生学习语言的几条路径，最后给出了计算机语言和编程中几个值得注意的问题。

关键词　软件开发能力培养　计算机语言教学

一、引言

对于与信息技术有关的工科研究生，虽然有很多不同的专业和方向，但要完成其研究课题基本上都离不开软件开发。从这个意义上说，软件开发能力应该是大部分工科研究生必备的技能之一。但由于现行的研究生入学考核制度并没有要求非计算机专业的工科研究生考生必须具备某些软件开发能力，这就导致很多研究生入学以后，虽然具备必要的专业知识，但却缺乏软件开发的能力，这往往使其完成导师的研发任务有一定的困难，而且也影响到研究生应聘一些从事软件开发工作的岗位。

一般研究生入学后就有专门的软件开发的课程，但软件开发能力并非一门课程所能培养出来的。计算机专业学生关于软件开发的课程除计算机组成和语言之外，还有"编译原理"、"数据结构"、"数据库原理"、"软件工程"等。而非计算机专业的学生，普遍不具备这些课程方面的知识。如何在短时间内掌握软件开发能力，则是非计算机专业研究生面临的难题。

二、软件开发工具的种类及发展

软件开发语言经过半个多世纪的发展，从最初的记录计算机指令的穿孔纸带，到现在的基于因特网的网构软件，形成了名目繁多、特点各异的软件开发语言和开发工具。

作为非计算机专业的学生，使用最多的是应用软件。应用软件有大有小，从最简单的如 Microsoft 公司的"画图"软件到功能复杂的如 Adobe 公司的"Premiere"后期编辑软件,面向各种不同的应用领域,具备各种不同的功能。其中,适合于应用软件开发的语言也有多种(如图所示)。

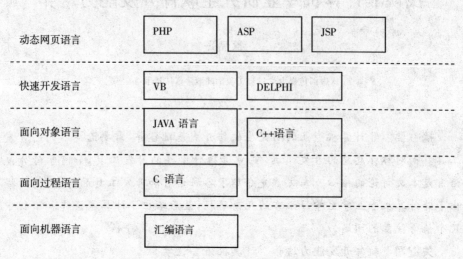

图　各种应用软件的开发语言

在应用软件发展的历史长河中,各种计算机语言相继登场,在不同的历史时期扮演着不同的角色。汇编语言最先亮相。由于采用与 CPU 指令直接对应的助记符,所以汇编语言最接近硬件,其执行效率最高,在 DOS 时代曾经流行一时。在计算机运算能力很差的时代,汇编语言由于效率高而被普遍用于应用软件的开发之中。因 UNIX 系统的成功而名扬天下的 C 语言是 DOS 时代流行的高级语言。汇编语言运行效率高但依赖于硬件,而 C 语言虽然效率差一些,但不依赖硬件,易于维护。所以 DOS 时代经常使用两者混合编程,在讲究效率的地方用汇编语言(比如图形创作和渲染、视频显示等),其他地方则用 C 语言。C 语言在 20 世纪 80 年代风靡一时,几乎击败了所有高级语言,而成为程序员的首选语言。

但是由于 20 世纪 90 年代 Windows 多任务操作系统的兴起,C 语言终因无法适应多窗口程序开发而逐步退出应用程序开发工具的舞台,让位于 C＋＋语言。C＋＋语言本身是不能直接开发多窗口程序的,它需要借助于 C＋＋语言的开发工具来实现应用程序的开发。比较著名的 C＋＋语言开发工具是 Microsoft 公司的 Visual C＋＋(简称 VC)和 Boland 公司的 C＋＋Builder。前者被市场普遍采用,成为市场的主流开发工具。

VC 被认为是最难掌握的开发工具。要学习 VC,首先要有 C 语言的基础,而学好 C 语言需要有一定的汇编语言的知识。在学好 C 语言的基础上,才可以学习 C＋＋语言;学会了 C＋＋语言,还要学习 MFC(VC 中窗口开发工具)。为了开发多媒体程序,还需要学习 OpenGL、DirectX 等程序开发技术。

鉴于 C＋＋语言的复杂难学,自然就有一些简单易用的软件开发工具,比如 Microsoft 公司的 Visual Basic(简称 VB)。VB 被称为快速应用程序(RAP),该开发工具不需要任何程序基础,可以依据控件基础快速构造应用程序。当然,其功能受到一定限制。

特别是在开发大型软件系统和需要与低层接口开发方面,VB显得力不从心。在比较底层的操作,如位运算、数据块快速拷贝、直接写屏等方面VB更是无法胜任,除非有控件支持。因此,VB比较适合初学者和规模不大的应用程序开发。

Delphi语言是Boland公司开发的类似VB的语言。它与VB一样具有快速构造应用程序的特点(RAP),并且引进了面向对象的思想,在大型程序的开发上比VB略胜一筹。尤其值得称道的是Delphi语言的网络数据库访问功能,颇受业界好评。可以说在难度和功能上,Delphi语言是介于VB和VC的一种语言。

进入21世纪以来,由于网络的发展,由SUN公司推出的新一代网络语言JAVA语言开始攻城略地,不断侵占C++语言的领地,也引发了C++语言会不会被JAVA语言取代的大讨论。JAVA语言的产生是对C++语言的批判和反思的结果。JAVA语言大胆地删除了C++语言中难以理解的指针、运算符重载、多重继承、流式输入输出等概念,去除了头文件和程序文件的结构,简化了语言,提高了程序的安全性。JAVA语言有句革命性的口号,叫做"一次编写,到处运行",使其非常适合网络软件的编程。

Microsoft公司积极应对网络时代对开发工具的需求,推出了非常类似JAVA语言的C#语言。C#语言对JAVA语言作了一些修订(在这之前曾推出了J++语言),并作为.NET战略的一个重要部分进行推广。

根据Evans Data调查公司的最近关于北美地区程序开发的调查报告显示,JAVA语言在市场占有率上处于领先地位,占45%;紧随其后的是C/C++语言和C#语言,占有率分别是40%和32%。从调查中可以看出,经过10多年的发展,JAVA语言虽然取得了决定性的胜利,但并没有使C++语言退出历史舞台,VC语言仍然具有顽强的生命力。另外,作为.NET战略的代表C#语言近年来发展神速,有望成为JAVA语言强有力的竞争者。

关于动态网页开发技术目前主要是三种:ASP、JSP和PHP。动态网页离不开数据库语言,常用的数据库语言有MySQL、Oracle、SQL Server等。目前在国内,PHP与ASP应用最为广泛。而JSP由于是一种较新的技术,国内采用的较少。但在国外,JSP已经是比较流行的一种技术,尤其是电子商务类的网站多采用JSP。采用PHP的网站如新浪网(sina)、中国人(Chinaren)等,但由于PHP本身存在的一些缺点,使得它不适合应用于大型电子商务站点,而更适合一些小型的商业站点,ASP和JSP则没有这些缺陷。世界上一些大的电子商务解决方案提供商都采用JSP/Servlet。比较著名的如IBM的E—business,它的核心是采用JSP/Servlet的Web Sphere。

三、非计算机专业学生软件开发工具的选择

计算机语言繁杂多样,即使是计算机软件专业的学生,也很难精通每一种计算机语言;对于非计算机专业的学生来说,更是眼花缭乱,无从下手。我们要清醒地意识到,对于非计算机专业的学生来说,计算机语言只是工具,并不是我们学习和研究的目的。这

部分学生往往没有很多时间来专门研究各种计算机语言,只希望在最短的时间内掌握最需要学习的语言。所以,我们可以根据自身基础和应用目标来决定语言学习的内容。

下面给出学习计算机语言的几条路径,以供学习者选择:

(1)C++到 VC

由 C++到 VC 是大部分程序员自然的发展道路。VC 的好处是能够完全兼容 C 语言,具有强大的底层开发功能,适合团队合作开发,并可开发大型应用软件。很多著名的单机软件或 C/S 软件都是用 VC 开发的,比如 Microsoft 的 Office 办公系统、Adobe 的 PageMaker、Photoshop 等等。就连 VB 开发工具本身也是用 VC 做的。但由于 VC 是目前最复杂的语言,学习 VC 要经过 C 语言、C++语言再到 MFC,还要学习 DirectX 多媒体开发工具,学习周期长。而且,由于 C/C++语言具有很大的灵活性,使得经验不足的程序员容易犯错误。

(2)C++到 JAVA

JAVA 程序与 C++有很多类似之处,可以说是 C++的一个简化版。学过 C++的人可以很快掌握 JAVA 的基本概念。JAVA 去除了 C++的指针、多继承等容易出错的概念,并有垃圾回收机制,使程序不容易出现诸如内存访问等低级错误,也易于编写可供网页调用的 Applet 程序。JAVA 程序学习周期比 VC 短,能完成 VC 大部分的工作。但某些底层运算还是 VC 好编。

(3)VB 或 Delphi

对于那些以界面为主,而且一个人就能完成的应用程序,使用 VB 就够了。当然,如果考虑使用继承、多态性等概念,并可实现代码重用,就需要采用 Delphi。Delphi 在数据库上有更加细致的访问手段,可方便开发 C/S 程序。VB 和 Delphi 都是很容易入门的语言,不需要有其他语言的基础。但由于 VB 和 Delphi 都是基于控件的,如果没有恰当的控件,就不可能开发较为底层的程序,并且也不可能对控件进行修改,所以它们具有很大的局限性。

(4)动态网页语言

严格讲动态网页语言不能算是传统的计算机语言,因为它使用的是标记语言,甚至不能完成起码的程序算法。由于很多网页设计要用到它,也就成为热门的软件设计方法。这种语言学起来很快,一般通过自学就能学会。当然,网页制作还必须学习数据库的设计方法,还需要有一定的美术功底。

选择什么语言,当然是根据课题的需要和自身的基础。一般来说,如果掌握了难度最大的语言,如 VC,学习其他语言就比较容易了。

四、软件开发工具的学习方法

在此需要专门讨论一下 VC 的学习方法。从上面的讨论我们知道,VC 是目前所有语言中最难学的一种。学习 VC 需要注意的事项:

(1)学习 VC 需要基础,必须从 C 语言到 C++再到 VC++。 知半解很难成为优秀的 VC 程序员。

(2)学习 VC 必须有实践,不是看一两本书就能学会的,需要一定的经验积累。与其他语言相比,VC 更复杂,所以需要更长时间的经验积累。从笔者多年培训的效果来看,如果在没有有经验的人指导的情况下,一般需要两年的摸索。如果有人指导,则只需半年或一年时间。

(3)VC 与 C 语言一样灵活,而灵活对初学者来说就是容易出错,特别是指针类型的错误、多态性设计错误等。

(4)软件设计错误,一般参考书都是讲入门知识,而很少谈及如何使用 VC 进行软件设计。如果软件设计不合理,即使程序开发出来,也无法读懂,或无法对其进行扩展。

对于非计算机专业的学生,学习计算机语言时通常表现出以下几种情形:

(1)急于求成型:因为马上要进行软件开发,但语言基础比较差,希望在很短的时间内掌握软件开发技术。这种心情可以理解。这类学生可以选择快速应用程序 VB 或 Delphi,上手快。但如果必须选择 VC,则即使有 C++基础,也必须学习一段时间。

(2)偏重理论型:以 VC 为例,由于 VC 的不断发展,除去 C 语言和 C++语言的知识,VC 理论本身也深奥难懂。有些人希望先学习 VC 的理论,然后再进行编程学习,其结果就会被 VC 艰涩的概念纠缠而无法自拔,耽误了宝贵的学习时间。这类学生应及早从 VC 理论的泥潭中拔出来,投身于实践中,在实际编程中学习 VC。

(3)只求效果型:很多人只为了完成任务,只要结果正确,中间步骤能省就省。对程序不作保护(防止极端情况),不进行适当的注释,随意为变量、过程和类取名,程序编写不规范,使得后继者难以看懂,出了错也不好跟踪。

要避免上述几种错误,正确学习编程,就要遵循以下几项原则:

(1)根据实际情况选择开发工具。从上面的分析我们知道,针对不同的用途可以使用不同的开发工具。选择 VC 要慎重,尤其对于没有 C++基础的学生,可以考虑选择其他语言,JAVA、Delphi、VB 等都是不错的选择。

(2)程序编写务必规范。源代码本身对后续的开发者具有重要的参考价值,所以务必遵循源代码编写规范。有关的文档和注释也是必要的,它可以帮助后来者或其他合作者尽快熟悉程序。

(3)开发者之间需要交流。软件编写有很多经验性的东西,也许别人的一个建议或一些参考代码可节省你几天甚至几个月的开发或调试时间。没有学习环境,靠单打独斗难以走远。

(4)边干边学,循序渐进。永远不要等到把理论都学透了再动手,当然也不能什么都不懂就直接干。要边干边学,把大程序分解成一个个小问题、小实验,把这些小问题解决了再来考虑大的问题,这就是循序渐进。

五、结论

对于非计算机专业但又必须学习软件设计的研究生来说,软件设计是一个必须经过的门槛。由于软件开发工具的不断发展,提供给我们的选择也是很多。其实在开发工具的选择上也是"没有最好,只有适合",根据各自的特点选择各自的开发道路,正是本文所要表达的意思。

参考文献

[1] Xu Pin. "Software Development Ability Training for the Non-Computer Engineering Undergraduates". Macao SAR:e-Education Conference'2004. 2004.

[2] 杨芙清,梅宏,吕建,金芝.浅论软件技术发展.电子学报,2002(12).

[3] 孙肖子,郭万有,陈南,杨颂华.建立一个以培养创新精神和创新能力为核心的实验教学新体系.电气电子教学学报,2000(1).

[4] 李滨.VC 与 Delphi 及 C++之间的比较.机械职业教育,2004(9).

[5] 徐峰.ASP、PHP 和 JSP 技术的比较研究.电子技术,2001(3).

[6] 陈力群,陈良,樊长兴.高校非计算机专业的计算机语言教学探讨.绍兴文理学院学报,2005(12).

浅谈大学生专业兴趣的激发

张莉

（中国传媒大学信息工程学院通信工程系）

摘　要　大学生们对学习缺乏兴趣的现象已经非常普遍，这直接影响高等教育教学质量的提高，本文通过分析学生专业兴趣低迷的原因以及产生的后果，对于如何激发大学生专业兴趣提出几点建议措施。

关键词　专业　专业兴趣

知识是能力的基础、智力的基础、思维的基础，是人的最重要的素质之一，但长期以来我们把知识看得太重，重得几乎就是一切，于是灌注式、"填鸭"式教育方式一直盛行。学生们从小学、初中、高中历经了长达十多年的"被动"学习后，在拥有了扎实的基础知识和基本技能后，与生俱来的求知热情却慢慢地消失了，取而代之的是对学习的抵触。当然，造成这个问题的原因是多方面的，但学生们学习兴趣的缺乏直接影响到高等教育的教学质量。高校必须多管齐下，综合治理，建立合理的激励与培养机制，充分调动大学生学习的兴趣。

爱因斯坦曾说过："兴趣是最好的老师。"如果人们对某事物有兴趣，那么兴趣就会像磁石一样紧紧吸引他们，促使他们排除干扰，最大限度地发挥主观能动性，激发创造的潜能。在大学里，学生的学习活动相对于中学具有较多的探索性和更大的主动性，这就更需要他们具有浓厚的学习兴趣来作为推动他们学习的内部动力，促使他们的学习活动保持一定的强度和力度。

但是据赵志红的调查显示，有 68.6％的学生学习动力不足，学习兴趣不高。[1]据徐新灶等调查显示，大学生对所学专业"很感兴趣"或"有兴趣"的学生占 36.2％，对所学专业"缺乏兴趣"占 33.4％，"厌恶"的学生占 5.3％。[2]对专业"很感兴趣"和"有兴趣"的学生比例，一年级为 2.2％，二年级为 33.3％，三年级为 43.9％，三年级显著高于一、二年级。这表明随着学生对专业知识的深入学习，其专业兴趣会稍微有所提高。

一、专业兴趣低迷原因的分析

1. 报考志愿的盲目

王勤、童腮军所作的一项调查表明，大学生第一志愿被录取的占 45.12％，第二志愿被录取的占 21.18％，第三志愿被录取占 15.15％，调剂的占 16.18％，其他占 0.17％。[3]

可见,第一志愿的录取率不是很高。并且"入学志愿"由大学生真正自主选择的并不多,相反,父母、老师、朋友的意见反而发挥更重要的作用。娄延常所作的一项调查表明,"依据自己兴趣爱好"填报志愿者仅占调查总数的 22.12%。[4]更何况相当一部分学生,他们所填报的高考志愿与入学后实际所学专业是不一样的,他们往往只是为了能够先进入到某所大学学习而不得已填写了"服从调剂"。这种情形下,更谈不上有什么专业兴趣了。

2. 专业了解的缺乏

由于学生以及家人对所学专业以及支持专业的课程了解不够,入学前填志愿不能使同学们选择真正感兴趣的专业。学生们在入学后的一段时间内,由于获得的知识面较窄,建立的知识结构不全面,对专业界限认识较粗,不可能很好地理解专业兴趣的重要性。学生的专业兴趣需要在大学的课程学习过程中来培养。学生对专业兴趣与课程兴趣的理解不一定一致,一般都把专业兴趣理解为对所学课程及其知识的兴趣。

3. 学习内容的枯燥

学习内容抽象枯燥和授课方式不当使专业兴趣培养困难。从理论形成的过程来看,理论是在前人长期的社会实践过程中,经过多次的尝试归纳总结而来的,学生们不可能经历理论的形成和发现过程,只是被动地验证。从学习的内容本身来看,书本知识就是概念判断推理、文字符号和公式这些从生活中抽象出来的系统化、理论化的内容,与丰富多彩的自然界和社会生活相比较非常抽象。学习这些抽象的内容是很枯燥无味的。在陈昌华对学生们学习动力不足的原因调查中发现,有 47.94% 的学生把自己学习动力不足的原因归咎于学习内容的枯燥。[5]

4. 授课方式的单一

通过老师的授课和在书本上直接获取现成的专业理论知识,对理论的原型没有感受,直接通过文字和符号的形式掌握理论知识。这使得学生对知识的学习被动依赖于授课老师,对专业兴趣的培养也较大程度地依赖于老师的授课是否生动,是否使学生感兴趣。同样在陈昌华的调查中发现,有 48.45% 的学生把自己学习动力不足的原因归咎于老师的授课方式不能为自己接受。[5]这部分学生认为老师讲课不能使其对讲课内容感兴趣,更谈不上专业兴趣的培养。

二、专业兴趣缺乏的结果

1. 影响大学生基本学习任务的完成

学习自己完全没有兴趣的知识,对于本来就缺乏学习热情的学生简直就是煎熬。如果对专业不感兴趣,其学习成绩不可能很好。再加上任课老师与学生除教学课堂外,并没有频繁交流,大学生课余学习基本处于放任自流、自我管理状态,所以大学生学习主要依靠自觉。而缺少专业兴趣，内在学习动力不足，使得相当一部分学生不学习，难以完成最基础的课程学业。

2. 影响大学生专业发展与创新

诺贝尔奖得主丁肇中教授曾深感："任何科学研究，最重要的是要看对于自己从事的工作有没有兴趣。比如搞物理实验，因为我有兴趣，我可以两天两夜，甚至三天三夜待在实验室里。我急切地发现我所要探索的东西。"由此可见，专业兴趣与创新探索精神是一致的，从某种意义上来说，兴趣是创新人才成长的诱因和原动力之一，要培养创新人才就必须培养学生的专业兴趣。

三、激发专业兴趣的措施

1. 加强教学环节中的学习兴趣培养

首先注重培养学生对专业的整体认识。一般我们在新生进校初期由各系组织例行的讲座，培养学生对本专业的兴趣。包括由系主任主讲专业介绍，参观与教学相关的实验室，介绍本专业的应用前景以及就业情况，让同学们较全面地了解本专业的基本情况、所学课程在本专业的作用和地位，对即将学习的内容有所了解。同时还会有高年级的同学做有关学习经验的交流报告，一方面能让同学们在学习时少走弯路，又能让新同学对所学专业产生兴趣。另外还可以安排毕业班同学讲述找工作的心得体会，让同学们真实感受社会对本专业所学内容的需求，激发同学们对所学课程的学习兴趣和学习动力。

这种学习活动对新同学专业兴趣的培养有一定效果，但随着学习的进一步深入、专业学习的困难增多，以及对专业认识的困惑，原有的学习兴趣可能会减弱甚至消失。因此，对于一个专业思想刚刚建立还不稳固的大学生，对其专业兴趣的培养应贯穿于整个教学环节和每一个教学任务之中。

2. 注重课程学习中的专业兴趣培养

学生完成一个专业的学习需要获得一定的学分，要学习与专业相关的各门公共课、专业基础课、专业课、选修课、专业实践和实验课，还包括课程设计和毕业设计。在每一个学习任务的完成过程中，都会存在一个专业兴趣的培养点。学生对整个专业的兴趣是在不同时期对各门课程的兴趣的有机的、动态的总和。对每一门课程的兴趣不会笼统地被专业兴趣取代，对专业的兴趣是抽象的、总体的，而对每门课程的兴趣却是具体的，学生的学习动力更多更直接地来源于对所学课程的兴趣。两者之间的关系是局部和全局的关系，但又不是机械的组合，每门课程只有放在专业的课程结构中才有意义和活力，对每门课程的兴趣只有放入对整个专业的兴趣中才能体会对本课程以及对专业的兴趣。对专业的兴趣在学习过程中不是一成不变的。因此，对专业兴趣的培养必须贯穿于其专业学习的全过程。这需要任课教师从教学的各个环节，从每一门课程中不断地发现课程兴趣以及专业兴趣的培养点,并在教学过程中不失时机地培养学生对所学专业以及课程内容的兴趣。

3. 以就业压力为导向,激发学生学习动力

走出学校的学生必须是一个自食其力的、有独立经济能力的、在经济上有安全感的人,否则难以实现理想。人们的谋生方式是多种多样的,作为大学生利用所学的专业知识背景参与社会竞争,是有利于其生存和发展的。对大多数大学生而言,如果离开其专业背景去谋求生存和发展,那么,在他未来的道路上竞争会更激烈,他的处境会更被动。因此把大学生的学习动机定位在求职竞争上,具有重要的现实意义。

通过求职竞争在社会上取得经济上的独立,是每个大学生必须面对的问题,适当的经济意识并不表明学生的功利。就业压力将学生与社会联系起来,将学习与所学知识的应用联系起来,因此,应让学生了解社会对专业知识的市场需求,激发学生们的专业学习动力,从而较好地激发学生的学习动力和对学习的投入。据调查,大学生们对求职竞争的相关事物非常关注,而且有62.88%的同学认为学习动力的最大来源是就业的压力,因此保持适度的求职竞争压力会增强学习动力,即通过学习上的投入来缓解竞争压力。

大学生的专业兴趣的挖掘和培养,应当受到人们的关注。合理引导个人兴趣点,努力培养大学生专业学习兴趣,对进一步提高大学生素质、帮助大学生顺利完成大学教育目标,有着非常积极的作用。

参考文献

[1]赵志红.大学生学习动机的调查与培养.山西农业大学学报,2008(3).

[2]徐新灶,林良夫,徐明.大学生价值取向调查分析.教育与职业,2000(8):28-30.

[3]王勤,童腮军.高考学生专业选择与专业兴趣相符性研究.黑龙江高教研究,2004(9):20-22.

[4]娄延常.大学生学习兴趣与创新人才的培养——湖北省大学生学情调查的启示.复旦教育论坛,2004(2):68-71.

[5]陈昌华.大学生就业压力大与学习动力不足的矛盾分析与对策.重庆工学院学报,2007(9).

[6]邓式阳.改进教学环境 培养大学生学习兴趣.潍坊学院学报,2008(3).

[7]董满生,胡传海.大学生专业兴趣研究.科技创新导报,2008(22).

浅谈工科学生创新能力的培养

李真

（中国传媒大学信息工程学院自动化系）

摘　要　21 世纪是知识经济时代，国际竞争将主要体现为创新人才的竞争。近年来，高校都十分重视大学生的创新能力培养。本文着重就高等工科教育中大学生创新能力的培养意义及实施措施进行了初步探讨。

关键词　工科学生　创新能力　培养

知识经济正成为 21 世纪的主导型经济，在知识经济条件下，经济和社会的发展不仅取决于人才的数量和结构，更取决于人才的创造精神和创新能力。在我国，高等学校特别是工科教育是培养创新人才的基地和摇篮，肩负着重要的历史使命，必须全方位更新观念，把培养大学生的创新能力作为教育改革的核心。

一、更新教育观念

所谓创新能力，就是人们产生新认识、新思想和创造新事物的能力。创新能力涉及一个人的多种能力，如认识能力、观察能力、判断能力、分析能力、想象能力、实验能力、自学能力、吸收知识能力等，是一个人综合能力的具体体现。创新能力的培养并不是脱离一定的知识与能力的基础，凭主观愿望可以达到的。它要求有坚实的理论基础，多学科交叉的宽阔视野以及一定的实践经验。这就要求我们的教育者，在教育观念上首先要进行转变，要充分认识到未来社会对人才素质的更高要求，使加强大学生科技及创新能力的培养成为时代教育的必然特征。

二、改革教学方法

1. 改革教学方法

教育者要改变传统的填鸭式的教学方法，采用启发式或讨论式教学。这样会使学生带着问题听课，变被动为主动，提高学生思维的积极性，激发学生独立思考和创新的意识。20 世纪 80 年代，美国在基础教育领域提出以"问题解决"为中心的课堂教学方法，实践证明，这些教学方法改革，对培养创造型人才起到很好的作用。

当今的科技发展日新月异，我们的教师不应只满足于课堂上将知识传授给学生，还应培养学生对知识的应用和掌握能力。要让学生自主地带着问题去学习、思考,变被动学习为主动学习,这样才有助于学生自主创新能力的培养。这就要求我们教师有广泛的知识基础、深厚的科研功底、丰富的教学经验,在日常的教学中引导、启发学生。

2. 改革教学模式

以我的经验为例,我在大学本科时已经学过单片机这门课程,但是当时学完的结果只是考试得到高分,至于这门课程在实际中有何作用,以及如何进行系统开发几乎一无所知。进入研究生阶段后,我的课题涉及单片机系统开发。根据课题要求,自己又重新学习单片机的知识,一边学习一边应用,课题结束后,对单片机的硬件和软件以及系统开发都了然于胸。

我深刻认识到,对于工科学生的一些实践性较强的课程来说,没有实践的理论教学几乎是无用的。我认为对于这种应用性强的课程,只有经过自己的实际课题的完整开发,才能更深入地理解所学课程的整体架构,达到灵活应用的目的。

首先,变以理论教学为主为以理论与实验相结合、以实验为主的教学方法,变课堂教学按教材章节顺序进行为按实验项目顺序进行。

其次,把如何能完全调动学生学习的兴趣,从被动接受转变为主动学习作为主要目标。一方面在教学内容上打破常规,不再按章节讲解,而是有选择地把教学内容与实验内容相结合;另一方面,尽量选择一些学生平时能见到的生活问题作为引起学生兴趣的话题,在课堂上以一种轻松愉快的方式讲述教学内容,并把讲授与学生自己动手实践相结合,培养学生的创新思维及创新能力。

3. 改革考试方式

高校的考试可以实行知识与能力并重、理论与实践结合的方式,重点测试学生理解、掌握、灵活运用所学知识的能力和实践动手能力。可以采取书面答卷与科研论文、产品设计等相结合的方式,做到既考知识,又考能力和综合素质,以促进大学生积极主动提高自己的创新意识与创新能力。打破传统的考试模式下学生为了及格而死记硬背课本知识的方法,这样就会"逼迫"学生必须对知识有整体理解,这样学习的知识才能真正被学生接受和掌握,为学生的创新性学习和应用打下基础。

4. 开发第二课堂

对于工科学生来说,兴趣是学习的主要动力。我们除了充分利用课堂时间通过改善教学方法、教学手段激发学生积极性以外,还要尽量利用学生的课外时间,让学生在课下自主学习与课程相关的知识。以课内教学带动课外活动,课外活动又有效促进课内教学,形成两个课堂良性互动的良好局面,从而使整体教学效果更好,充分调动学生的参与意识,增强学生的创新意识。

可以学生为主、老师为辅成立兴趣小组,提供开放实验室,使学有所长的同学有机会发挥他们更大的潜力,培养学生的创新精神和创新能力;鼓励学生参加各类与学科有关的竞赛,如电子设计竞赛、大学生创新项目等;建立必要的大学生教学实习与社会实验基地,指导学生理论联系实际,培养学生综合素质和创新意识;举办多种形式的专家报告会。这些对培养学生科学精神、创新意识等,有着重要的作用。

三、营造创新教育环境

学生参加创新活动的积极性,主要来源于学生有强烈的创新意识,因此要为学生提供一个宽松的、使其创新潜能得以激发、展现和生长的环境。为此,首先要不断拓宽培养工作的渠道和载体,积极营造创新的氛围,培养和增强学生的创新意识。学生的主要环境就是校园,学校应能为他们的创新意识提供好的环境和技术支持,让创新意识得以实现,让学生从中受益并得到提高,进而带动学生的创新积极性。第二,要创建一个合理的组织环境。创新人才的培养,要有与之相配套的组织机构。它决不同于应试教育的组织机构,而是应该围绕创新人才的培养进行组织创新、制度创新,形成一个良好的、有效的、运转灵活的组织机构。比如可设立学校创新人才培养指导委员会,专门研究管理学校创新人才培养方面的具体事情,研究如何组织各种形式、各种层次的兴趣小组、创新小组,这些小组应该如何活动等。校内各职能部门也要明确职责,相互配合,共同为创新环境的建立创造良好的条件。

四、结束语

培养大学生的创新能力,已成为教育领域的共识。而实际上,培养创新人才需要创新教育,教育的创新归根结底要以思想、观念的更新为前提。我们教育者要从教育观念、教育方法上首先进行改革,在学校教学工作和管理工作中,必须提倡思想和观念的更新,把培养创新性人才与社会发展紧密结合起来,从实际出发,从开拓新思路、探索新途径出发,不断提高素质教育水平,从而更有效地促进大学生尤其是工科生的创新能力的提高。

参考文献

[1]何秋叶.浅谈大学生创新能力的培养.山西教育学院学报,2001(4).

[2]宋孝忠.创新精神与实践能力:高等工程教育理应关注.华北水利水电学院学报,2003(2).

[3]曹卫真.网络教育中大学生创新能力的培养.中国教育报,1999.6.17.

浅析高校学生的自我管理与新生班主任的重要性

马佳　马丽华　路英

（中国传媒大学信息工程学院教学办公室）

摘　要　随着我国高等教育的普及与发展，高校班主任的作用越来越重要。在高校开展的素质教育中，"以学生为本"的理念是时代发展的趋势和实现教育人性化管理的必然，班主任是高校教育改革中一支不可忽视的力量。本文讨论了大学生自我管理的合理定位和新生班主任的重要性，以及从哪些方面引导学生学会自我管理。

关键词　自我管理　教学管理

随着高等教育体制的不断深化，"以人为本"的高校教育理念越来越被高校教育工作者所倡导。作为承载家长高期望值和社会高期望值的特殊群体，在当今国际国内形势越来越复杂的背景下，高校学生的心理和思想受到各种复杂因素的影响，呈现出许多新的特点。这些因素有积极的，也有消极的，这些特点使高校教育工作者面临着前所未有的挑战。班主任是高等学校教师队伍的重要组成部分，是高等学校从事德育工作、开展大学生思想政治教育的骨干力量，是大学生健康成长的指导者和引路人。

班级是学校教育工作的基层组织，学校的教学、思想品德教育以及课外活动，都是以班级为单位进行的。为了把几十名学生组织成为一个坚强的集体，把他们培养成为社会的栋梁，需要各科教师协调一致地进行教育工作，需要有一位教师全面负责，这位教师就是班主任。班主任是班级的管理者，一个班级中学生发展得如何，很大程度上取决于班主任工作的好坏。在我国高校中，与学生走得最近，最关心、最了解学生的就是班主任。一般学生在大学的几年中，往往只有班主任能够叫出他们的名字，只有班主任与他们真心地交谈过，也只有班主任才会与他们的家长经常沟通。因此，在高校教育改革中，班主任群体是一支不可忽视的力量。

一、当代大学生自我管理的必要性和紧迫性

当代大学生多出生于20世纪80年代后期，首先，对于这一时期成长起来的大学生来说，从小衣食无忧，且大多是独生子女，物质生活的普遍改善使得他们的生理发展成熟期前移，缺乏独立性培养的成长环境却又使得他们的心理成熟期后移。表现在平时就是凡事容易想当然，生活、学习依赖性强；人际交往关系紧张，容易自我，不能为他人着想作

出退让，心理的稳定性和承受力相对较差，遇到学习、工作或者情感方面不顺心的事喜欢抱怨周围的环境、周围的人等等。其次，由于网络、通信设备的发展，越来越多的学生热衷于网上、手机短消息交流，有些学生沉浸在网络的虚拟世界中，逃避现实、逃避与外界接触，足不出户。虽然不是所有的当代大学生都是如上所描述的状态，却一定程度上反映了被社会上公认为"充满希望的一代"的 80 后身上所存在的心理生理发展不同步性增大以及心理发展中出现的一系列新的问题，可见当代大学生学会自我管理的必要性和迫切性。

二、班主任在大学新生中的作用

班主任是班级学生的教育者和组织者，是学校进行教育工作的得力助手，他们对班级的日常工作全面负责，对班级的发展起主导作用。大学新生班主任应采取民主型管理模式，按这种模式培养出来的学生有明确的人生目标和正确的价值观。在采用这种模式时，班主任要充分发挥自己在班级管理中的主动性和积极性，要客观公正地对待学生、处理问题，要真正关心学生、爱护学生，要教给学生为人处世的道理和方法。从某种意义上说，能考上大学的学生在中学阶段学习成绩都比较好，平时深得家长、老师和同学的关注。但是许多学生一跨进大学校门便害怕起来，因为从中学到高等学府，各方面情况都发生很大变化：来自中小城市、乡镇、农村的新生，非常容易产生迷茫感和孤独感；人际关系和交往方式不同以往；过去学习上的优势地位可能不复存在；评价学生的标准也不一样。鉴于此，大学新生更需要班主任的正确引导。

三、班主任对大学新生生活能力的培养

新生离开父母过集体生活，必须增强自主意识。让学生知道为自己大学四年制订一套合理的计划的重要性，这是进行自我管理的第一步，也是最关键的一步。然后是时间管理，什么时间做什么事，什么阶段完成什么任务。处于小学中学阶段时，学生的在校时间基本上全是交由老师、家长安排好的，什么时间做什么事，甚至周末、放假也都有家庭作业可以支配自己的大部分时间。然而，进入大学以后这一切都发生了改变，除了有限的上课时间，面对其余大段的空白时间很多学生不知道怎么安排。如果不进行合理的时间管理，就会出现迟到、旷课等情况。所以如何减少并进一步杜绝高校学生迟到、旷课现象，关键还在于引导学生学会时间管理。再则是技能管理。技能是我们的生存之本，大学阶段是我们一生中增长技能、积蓄能量的重要时期。技能有硬件和软件之分，硬件如专业知识、各类证书等，软件如人际交往能力、沟通能力、竞争能力、合作能力等。我们要未雨绸缪，设想自己正处于大四就业与考研的十字路口上，剖析自己何去何从、长处与短处何在、如何适应社会挑战。这样我们才能树立起危机感与责任感，有意识地逐步提高这些技能。加强大学生自我管理，是提高本科教学质量的重要一环。

四、班主任对大学新生学习方法、学习能力的指导

作为现代的、开放的大学,它与社会经济的发展、科学技术的进步有着越来越密切的联系。既懂理论又有实践经验的人才,在现代科学技术的推广中正发挥着不可替代的作用。新生入学后,班主任要明确告知:进入大学后,以教师为主导的教学模式将变成以学生为主导的自学模式,教师在课堂讲授的知识,学生应主动去理解和消化,同时,学生还应大量阅读相关方面的书籍和文献资料。因为在大学里,自学能力的高低将成为影响学业成绩的最重要因素。这种自学能力包括:能独立确定学习目标,能将教师所讲内容表达出来并提出质疑,查询有关文献,确定自修内容,将自修的内容表达出来并与人探讨,写学习心得或学术论文等。从旧的学习方法向新的学习方法过渡,是每个大学新生都必须经历的过程。尽早做好思想准备,就能较好地、顺利地渡过这一阶段,少走弯路,减少心理压力,促进学业成绩的提高。大学的学习气氛和中学不一样,在大学里,很少有人主动指导你,没有人给你制订具体的学习目标,每个人都在独立地面对学业。现在,我国就业和经济发展正面临着两个大的变化,即社会劳动力就业需要加强技能培训和产业结构优化升级需要培养更多的高级技术人才。作为班主任,特别是大学新生的班主任,要及时地对学生进行提醒、指导,让大学新生主动地去听学术报告、参加学习竞赛等,使新生逐步由中学生转变为合格的大学生。

另外,现在教学管理选课灵活、模式多样,有利于适应学生的个性差异,因材施教。近几年,高校扩大招生,学生的个性差异也很明显,教学计划中选课的灵活性和模块的多样化,使学有余力的学生可以充分发挥自己的聪明才智,可以多学一些课程,有专长的学生可以选修自己最喜欢的课程,从而使优秀人才脱颖而出。学习基础较差的学生可以从自身实际出发,选择适合自己特点的学习进度,以便顺利完成学业。这样,使每个学生各得其所、各有所为,克服了学年制只求同一进度、不顾基础和智力差别的弊端,使每一个学生在智力、才能和个性等方面都有最大的发展空间。而班主任应主动有效地参与学校的教学管理工作,做好班级管理工作,当好学生的指导者,把握每一个学生的学习思想状况。班主任应根据每个学生的具体情况,帮助学生制订出适合自己个性特征的学习方案,指导学生确定学业计划、修读课程等实施目标管理,督促和检查学生学习任务的完成情况。

综上所述,大学新生班主任要时常代替父母对学生施以家长般的培养和引导,更要有长者般的责任心和义务感,以真诚的情感、耐心细致的教育来激发和鼓励学生积极上进。大学新生自身也应当认识到自己该如何去适应环境,甚至是改变环境,而不是怨天尤人;应充分认识到自己在学习中的主体地位,发挥自己的主体作用。因为适者生存、强者生存,在激烈的竞争环境中,只有充分认识自己的优势与不足,提高自己的自律能力,优化自己的自我管理,才能适应自己的学习需要。对于学校教学管理方面,则应该对学生严格要求。有的学生自己也认为:学校要提高教学质量,必须对学生施加压力,有更高目标。

参考文献

[1]姚铃丽.浅谈高校班主任工作职责.科技创新导报,2008(6).

[2]黄娅.学分制下的大学生自主管理研究.华中科技大学2006年硕士学位论文.

[3]史健.教学管理之我见.教育革新,2007(7).

[4]杨传凤.浅议促进学生自主学习的方法.中国科教创新导刊,2008(2).

浅谈在扩招背景下如何提高研究生教育质量

张华清

（中国传媒大学信息工程学院通信工程系）

摘　要　本文讨论了在近几年研究生扩招的背景下，影响研究生教育质量的若干因素，以及如何从课程设置、论文发表管理、合理利用淘汰机制、加强学籍管理等方面入手，来提高研究生的总体教育质量。

关键词　课程设置　培养目标　考核方式　淘汰机制　弹性学制

一、引言

在"深化改革，积极发展"基本方针的指导下，我国研究生教育从 1999 年开始进入了跨越式发展阶段，招生数量逐年急剧增长。1998 年全国研究生招生数量仅为 7.2 万人，1999 年为 9.2 万人，到 2006 年研究生招生数量已达 33 万多人，2007 年全国研究生招生 42.4 万人，是 1998 年全国研究生招生人数的 5.8 倍。据目前统计的数字，全国研究生在校人数已逾百万，成为世界上研究生数量仅次于美国的国家。预计到 2020 年，我国在校研究生数量将达到 200 万人至 260 万人。我国研究生教育的迅速发展、大规模扩招并不是盲目的，而是社会发展和国家经济发展的必然需要。但随着研究生教育规模的急剧扩张，研究生教育资源的承受能力和研究生教育质量的保障等问题日益突出。因此，在大规模扩招的形势下，如何保证和提高研究生教育质量，是所有从事研究生教育的人员应该考虑的一个问题。

影响研究生培养质量的因素有多方面，如：国家对研究生教育经费的投入多少；所处学科的研究环境；随着研究生数量的迅速扩张，师资力量是否相应地增长；指导教师的个人素质；研究生管理模式与考核制度；课程设置是否合理，是否适应社会的发展与需求；生源的质量等等。研究生教育质量的保证是一个系统工程，需要制度的制订者、执行者、教育的直接参与者共同努力才能达到预想的目标。下面是根据我个人在这几年的研究生教育工作中，对于如何提高研究生教育质量的一些体会和想法。

二、设置多种形式的课程，导师与学生因材选课

课程学习是研究生培养的重要组成部分和重要内容之一，也是提高研究生培养质量

的重要环节，合理设置课程体系是实现培养目标、优化研究生知识结构、保证研究生具有坚实宽广的基础理论和系统深入的专业知识的关键。

在 20 世纪 70 年代末至 80 年代初期，我国研究生的培养基本以"学术型"人才为主要培养目标。进入 80 年代中后期，为了满足社会对高层次应用型、职业型人才的需求，我国的一些研究生培养单位开始试点探索应用型硕士和专业学位研究生的培养工作。但由于对研究生培养的规格和类型的差别认识不足，导致培养目标不够清晰。学术学位和专业学位研究生的培养并没有突出各自的特色，在培养方案、课程设置、培养方式等方面，都没有明显的差别，因而导致了所谓"理论型人才缺理论，应用型人才缺实践"的问题，或者说，学术型研究生缺乏足够的学术训练、专业型研究生缺乏足够的实践训练的问题，有人称之为"人才培养的双向欠缺"。这个问题是研究生的培养目标问题，即硕士研究生的培养应该分为应用型和研究型两类，应用型应以强化专业技能为主，注重培养实践能力；而研究型以继续攻读博士学位为目标，以课程学习为主，强调基础理论学习和科研能力的培养。因此，为了适应不同的培养目标，在课程设置中应有足够多的相应课程供学生选择，构建满足研究生个体需求的多元化课程体系。

除了开设足够多的理论课程和专业技术课程之外，还应鼓励开设具有前沿性的课程，以自选学分的形式给予导师和研究生在课程设置和学习上更大的自主权。研究生一般都具备基本的专业理论知识，但对学科的发展方向及最新动态没有做长期的跟踪，因此缺乏对学科前沿的把握，专业课和方向课就应当将前沿性的研究成果及时反映到教学中来。另外，还应开设一些研究论文写作、学术规范之类的课程，这对刚开始从事研究工作的年轻研究生来说无疑是十分必要的。

但是，我们目前的课程管理体制决定了课程建设的权力过分集中在学校，导师开课要报研究生院审批，缺乏自由开课的权力，也由于导师自身的水平，难以像美国高校那样开设成百上千门的课程。另外，教育部规定的公共课和学校规定的专业基础课比重过大，学生也没有太多的时间选修其他课程。

因此，在课程设置这方面要提高研究生的教育质量，除了开设适应研究生教育发展需要的各种课程之外，在学分管理上也应做相应的改革和调整，使得导师与学生能够根据需要和培养目标选择相应的课程。

三、免去发表论文的要求，增加中期考试

许多高校为保证研究生的教育质量，进一步提高研究生的科研水平和创新能力，加强和规范对研究生科研能力和学术论文写作能力的培养，要求研究生在申请硕士学位之前必须在公开出版发行的国内外学术期刊上至少发表一篇本专业研究领域内的学术论文，甚至对期刊的级别提出苛刻的要求。诚然，要求硕士研究生发表论文，可促使其提高研究水平，也可从中反映其科研能力。但一刀切地把发表论文作为硕士毕业的通行证，从实践到理论，都不利于硕士生的健康成长。

在实践方面,研究生的数量和期刊数量之比实在悬殊,根据《中文核心期刊要目总览》所收录的 1500 余种期刊,其中学术期刊 1000 余种,其容量可供 1 年发表论文 15 万篇,而 2006 年我国入学研究生人数为 33 万多人,2007 年为 42.4 万人,到 2020 年,我国在校研究生数量将达到 200 多万人。按照很多学校研究生毕业需发表论文 1 篇,博士生发表 2 篇来计算,即便核心学术期刊完全提供给他们都不够用。"僧多粥少"造成了学术期刊市场上版面资源紧缺,权钱交易则不可避免,一些专为赚取版面费而为研究生发表论文的期刊应运而生。本来是一个为了提高质量而把关的规定,却让许多人不屑,"不就是交点钱的事吗"。硕士生、博士生用发表的论文求文凭,刊物趁机赚取版面费已然成了一条潜规则,大家各取所需,不亦乐乎。然而,在这"交易"的背后,研究生培养的目标和鼓励研究生发表论文的初衷却被扭曲了。从理论角度来说,在这样的硬性规定压力下,研究生往往不能专注地探求学术,而仅仅为满足这样的规定写作的论文也无法起到提高研究生学术水平的作用。

因此,必须用新的激励机制来替代"论文门槛",必须寻找更可靠的方式考核学生的学术水平和专业水平。比如,采用中期考试制度,中期考试内容既要考查学生的基础知识,也要考查学生的学术能力和对本学科的敏感性,考试形式可以多种多样。学生要通过这样的考试,必须有多方面的知识积累和对本专业理论知识的理解和应用能力。在国外,许多学校就是通过资格考试来决定研究生是否能进入最后的论文写作阶段,这样的资格考试甚至会持续一天。

让论文与学位脱钩并不是否定发表论文的价值,能在研究生读书期间发表学术论文是值得肯定的,但如何激励学生发表有一定水平和价值的论文是值得考虑的问题。其实,通过中期考试和最后的一篇毕业论文足以核定一个研究生的学习成果和研究能力,关键是中期考试的内容、模式和毕业论文从开题到答辩的层层严格把关。

四、切实执行相应的淘汰制度,避免"严进宽出"

同样在扩招的形势下,现在本科教育基本保持有一定的自然淘汰率。相比较而言,研究生学习阶段的学习压力就要小得多,淘汰率几乎为零。尽管有淘汰制度这一规定,但是却形同虚设,多年来一直没有切实执行。曾不止一次听到已经拿不到本科学位的学生说要考研,他考研的唯一目的就是想改变身份(没有学位),因为他知道,研究生比本科生还好念,只要好好复习那几门考试课程,考上研究生后基本都能拿到学位。

现在学生读研的动机呈现多样化,除了追求学术之外,有相当多的学生把读研作为改变身份、改善生活环境或者逃避就业压力的途径。考生考研动机的功利性过于严重,研究动力就不足,这些非学术类型的动机不可避免地导致部分研究生入学后学习目标的偏离,缺乏刻苦钻研的动力。

因此,要保证研究生的教育质量,把好"出口关"是一个关键。必须在研究生的教育阶段加强对研究生培养主要环节的考核,引入相应的淘汰机制,让每个读研的学生从入学那天起就要有危机感,要认识到必须努力学习才能拿到学位。研究生教育管理部门可以根据国家有关规定,建立合理可行的评估方法,对研究生教育和学位授予的质量进行经常性的自我评估,逐步完善研究生教育自我评估机制。例如,前面提到的中期考试、论文把关等,对不符合质量要求的学生,或推迟其毕业或予以淘汰,以确保研究生的培养质量。

五、推行和完善以两年学制为基础的弹性学制

从 2002 年开始,中国人民大学、北京大学、中山大学、南开大学、武汉大学等高校纷纷对硕士研究生实行或试行两年制培养模式,之后全国许多大学效仿,也开始将原来的研究生三年制教育改为两年制。但时隔数年,部分高校又悄悄地全部或将一些专业又改回了"三年制"。

研究生学制由三年改为两年,是因为研究生培养目标由研究型向应用型的转变。但随后几年,伴随着研究生扩招,使得社会上盛传研究生教育质量大滑坡,硕士研究生的就业优势也不再明显。曾听到一个硕士研究生说:"刚上研一时还什么都不懂,基本都是在上课,一年时间很快就过去了,到了研二就开始写论文、找工作了,觉得研究生学习好像刚开始就要结束了。"也有坚决反对两年制的导师说:"用一年时间学公共基础课程,再用一年时间去找工作的研究生们,能有多少时间和精力去看书和搞研究呢?"

其实,仅就研究生的学制年限来看,也并不是说三年的学习时间一定好于两年,尽管学习时间是十分重要的保证,但教育的根本还在于教育的模式和质量。学制到底是几年合适,与所学的专业内容、培养计划、管理模式及学生本身的素质相关。从这几年的研究生情况来看,学生入学时的基础知识、所学过的课程、所在本科学校的教学质量、个人能力等方面都参差不齐,入学后的努力程度有差别,所学的专业及自己今后的发展方向也不相同。况且,现在我们研究生的培养是研究型和应用型"两者兼而有之"的培养模式。因此,实行以两年学制为基础的弹性学制应该是比较好的措施,根据具体情况决定研究生学业的长短。若不视具体情况,采用一刀切的两年学制,对于大多数学生来说,可能研究生的学习阶段只是延续着本科的知识而没有得到实质性的提高。

有学校担心延长研究生学年,由于学习成本的提高,会失去一部分生源。上海财经大学曾在学生中做过一项主题为"你同意研究生只读两年吗?"的调查,结果显示,支持者和反对者的比例为 37:28,反对者占了四成。一名反对者则表示"强烈不同意",在他看来,研究生归根结底还是要向研究方向发展,"两年时间,怎么去科研"。也有同学认为要视具体专业而定。而在支持者中,多数是抱着急功近利的思想,认为只读两年可以尽早走上工作岗位,甚至有人认为"一年最好了,而且不要写论文"。由此看来,对于真正想通过研究生教育提高自身能力的学生来说,还是愿意接受两年制以上学习的。当然,在学校方面,在延长的半年或一年时间里,学校要能够提供充足的学习条件和学习机会。否则,很可能是多一年学习就多一年的抱怨,学生会认为是多交了一年

的学费,还浪费了时间。

各校回归研究生三年制学制或采用弹性学制,也许并不能在提高研究生教育质量上起到立竿见影的效果,但应该明确的是,在学制变更、教育和培养模式不断理性改革的前提下,研究生教育质量的改观是值得期待的。

六、总结

既要扩大研究生的数量,又要保证研究生培养的质量,这对研究生教育工作者提出了更高的要求。研究生的招生数量和研究生的培养质量并不是两个对立的方面,也就是说,招生数量的扩大并不是导致研究生培养质量下降的必然因素。要提高研究生培养质量,我们当前的重要任务就是在保持适度的研究生招生数量的同时,采取相应的措施切实保障研究生培养的质量。当然,要在实质上提高研究生的培养质量,是一个需要各方通力合作的过程。比如高校和研究生培养机构、参与研究生教育的各方人员在研究生培养意识和管理模式、教育实际施行中脚踏实地的工作,比如就读研究生的个人素质、努力程度,比如各项管理制度的可操作性、可实施性、可被理解和接受性等等,这些都是促成研究生培养质量提高的必要前提和保证。

新时期硕士研究生培养模式探讨

朱亚平　王玲

（中国传媒大学信息工程学院通信工程系）

摘　要　本文根据目前我国的硕士研究生培养状况,指出了当前的研究生培养模式由于社会经济生活发生变化而带来的越来越明显的弊端,结合国内外近年来较成功的培养模式和自己的教学经验,提出了对新时期下硕士研究生培养模式的几点看法。

关键词　硕士研究生　培养模式　交流培养　双轨制

一、引言

我国在恢复高考招生制度之后,很快也恢复了研究生的招生与培养工作。当时的硕士研究生数量很少,其培养目标如同"研究生"这个名号所指称的那样,目的在于培养高水平的"研究人才"。因此,我国在上个世纪 80 年代初所确立的研究生培养模式是以"学术研究"为导向,强调学位论文的核心地位[1-2]。

进入新世纪,中国的社会和教育状况已经发生了翻天覆地的变化。在 2007 年以前,我国研究生的招生规模急剧增长,平均年增长率超过 20%,"考研热"一年热过一年。但从 2007 年起,考研降温的迹象开始出现。据教育部的数据,相比前几年平均超过 20% 以上的高增长率,2007 年全国报考研究生的人数为 128.2 万,比 2006 年只增加了 7000 余人,增幅仅为 0.55%。这种趋势在 2008 年的报考中更加明显。2008 年全国普通高校研究生招生计划安排 44.9 万人,比 2007 年增长 6%,可报考人数却只有 120 万人,比 2007 年减少 8.2 万人,降幅达到将近 7%。

可以预测,日益严峻的研究生就业形势,将会使考研人数继续下降。近年来,随着高校研究生(主要是硕士研究生)招生规模的持续扩大,每个导师所带研究生的人数逐年增加,研究生培养工作正演变成"批量化生产",研究生的素质受到普遍质疑,毕业生声誉受到影响,使本来就很严峻的就业前景更加黯淡。

21 世纪市场经济的发展归根结底是知识经济的发展,它既要求知识的高度综合,又强调知识的交叉分化;既要求人们精于单一专业领域,又要符合未来社会多元化趋势的期望,研究生教育的社会功用价值更加突出。因此,必须转变过去单一的教育模式,提倡多层次培养研究生的现代教育,加强学校与科研、生产单位的联合培养,侧重于从培养高能力型人才到高效率型人才的转变,从以培养理论型人才为主到兼顾培养复合应用型人才的转变。

二、硕士研究生培养模式

硕士研究生的培养工作,可以从如下几个方面入手。

1. 交流培养

所谓交流培养,就是在相对较短(一般不少于半年)的时间内,交流培养单位之间互换硕士生进行培养的教育教学模式。

交流培养的优势有:

(1)顺应了研究生培养目标的要求

硕士研究生的培养目标是"在本门学科上掌握坚实的基础理论和系统的专门知识,具有从事科学研究工作或独立担负专门技术工作的能力"交流培养的模式。

交流培养模式对培养目标可以产生良好的效果:首先,可以开阔硕士研究生的研究视野,拓宽其知识结构,避免了学术上的"近亲繁殖"现象造成的知识结构单一的问题,可以吸取对方培养单位学风、教风和研风之长,实现优势互补;其次,可以增强双方硕士研究生的社会实践能力,为学生的择业、就业或者是进一步攻读博士学位打下一定基础。

(2)促进了交流单位的各项合作

通过交流培养,双方交流学生之间、双方交流学生与新导师之间以及双方交流单位之间产生了新的关系。研究生可以接触到新的导师及同学,可以吸纳对方科学研究的新鲜养料。就双方交流的研究生之间的合作关系而言,交流培养模式为双方研究生在思想上的启发和碰撞提供了机会。就双方交流的研究生与新导师之间的合作关系而言,交流培养模式建立并体现一种科学研究的合作机制。因为参与交流培养的研究生是在专业基础理论课程已经掌握的基础上,走近新导师的。他们拥有一定的理论水平,形成了一定的科研问题域,具备了一定的思维视角,有助于在科研过程中产生思想的碰撞,利于创新活动的开展。就交流培养活动中双方导师的合作关系而言,通过双方研究生的交流培养,也加强了双方导师的沟通与合作,随之为双方交流单位的合作提供了更多的机会。

据了解,目前越来越多的高校开始尝试交流培养模式。北京邮电大学与海军工程大学开展了双向交流培养优秀人才的项目。经过推选的海军工程大学本科生和硕士研究生来到北京邮电大学学习。与此同时,北京邮电大学也选送优秀的研究生到海工大学习。近年来,越来越多的高校之间签订联合办学协议,互相利用对方的教育资源培养高素质人才。

硕士研究生交流培养模式还出现向国际化发展的态势。北京邮电大学已经与美国、英国、新加坡、韩国、日本、香港等多个国家和地区开展了互换学生计划及交流项目。北京理工大学和英国南安普敦大学也连续数年开展了类似的交流活动。可见,这种交流培养模式已经突破了国家地域的界限，开始形成一种思想或文化相互碰撞与交融的研究生教育新模式。[3]

2. 双轨制培养模式

20 世纪 80 年代以来，主要发达国家对研究生教育进行了大力改革，使研究生管理模式日趋合理。美国的学位设计具有整体性和连贯性，管理模式具有灵活性、多样性；英国采用优化培养过程，加强研究生与社会需求特别是市场之间的联系；德国采用的是职业性和科研性分化；日本采取的培养模式是加大研究生教育基地建设力度，增强研究生教育体系的灵活性等等。此外，专业学位教育与管理，在欧洲和美国也有较长的历史，到今天发展的比较成熟。[4,5]

我国硕士研究生培养与管理的现行模式，已沿用了约 20 年。自 1991 年开始，我国除了单一的学术型硕士培养模式外，增设了硕士层次的专业学位、工程硕士学位教育。关于学术型硕士的培养目标、学术定位等讨论、争论日益增多，许多高校也做出了有益的探索性尝试。

研究生的"双轨制"培养模式最早开始于 20 世纪 80 年代的西方发达国家。所谓"双轨制"，就是把研究生分成直接就业和从事科研两个部分，区别培养。前者贴近市场需求，侧重培养就业技能，学制可缩短到两年；后者以科研为目标，读硕士是为读博士做准备。

为学术研究而读研，已非多数人所求，而纯粹的学术型研究生也未必得到买方市场的认可。厘清起点，学生、学校、社会才能矫正错位。区分培养目标，培养方式也会相应调整，同时也会改善研究生教育中存在的一些问题，比如保证上课出勤率、提高科研创新能力等。现在有很多学生觉得上课讲的东西对以后找工作没有用处，所以不去上课，也不能安心搞科研，而是找各种机会去打工积累工作经验。老师由于带的研究生人数多，也不能把精力集中在有志于科研的学生身上，不利于提高这部分学生的科研创新能力。

"分轨制"的实行，可以合理配置现有教学资源，以就业为目的的部分，减少课堂教学，增加实践环节；以科研为目的的部分，则可以加强师资，着重培养学生科研创新能力。

3. 毕业论文地位的改变

毕业论文地位的改变，实际上是对"双轨制"内容的进一步延伸。2006 年以来，教育部和部分高校对硕士研究生的培养方案进行了一系列改革与调整，包括重新制订奖（助）学金的分配政策，将学制从三年缩短到两年，不再将"发表学术论文"作为获得硕士学位的必要条件等等。

我国在 20 世纪 80 年代初所确立的硕士研究生培养模式是以"学术研究"为导向，强调学位论文的核心地位。但在当前的社会形式下，无论就个人的职业志向还是知识结构而言，绝大多数硕士研究生都不属于学术研究类型，而高校目前的师资也没有力量承担每年培养几十万研究型人才的任务。

在这样的形式下,我们有必要对硕士研究生的培养目标进行多样化的区分,对培养方案进行相应的改革和调整。在硕士研究生中,也有部分硕士生仍然以学术研究为职业目标,对他们而言,硕士期间的学习是攻读博士的一个准备和过渡阶段,也是一个接受训练、检验和淘汰的机制。对他们的培养仍然必须强调基础学科的训练,并且注重硕士学位论文的写作。而对其他大部分以硕士学位为最终学位的研究生而言,就不宜再以学术研究为导向,而应当以高水平的实用型人才或通用型人才为培养目标。基于以上的事实,可以借鉴美国硕士生培养的一个方法:学生本人可以自由选择是否做硕士学位论文。

我们无须也不可能把所有的硕士研究生都培养成"研究型"人才,学位论文具有一定的学分,如果学生决定不做学位论文,则必须多选几门课程,完成同等数量的学分。这样既可以避免那种学术价值低下的毕业论文的出现,又可以节省师生的时间及培养单位有限的教学资源。

总之,学校要努力创建研究生成长和发展的新环境,鼓励和激发学生的创新精神,倡导独立性、独创性、思考性,倡导学术自由,在学生之间、师生之间增强学术交流,让学生真正成为新时期下研究生培养的受益者。

参考文献

[1]侯彦芬.论高校研究生的培养模式选择.教书育人,2006(1):26.

[2]马克斯·韦伯.社会科学方法论.社科文献出版社,2003.

[3]张喜梅,冯丽娜.中美研究生教育人才培养模式的比较研究.中国冶金教育,2005(1).

[4]叶志明.对研究生教育与培养模式的思考.学位与研究生教育,2005(2):6-9.

[5]刘鸿.论研究生培养的理想模式建构——社会学的视角.乐山师范学院学报,2004(10).

两年学制硕士研究生的培养难点及问题探讨 *

孟放

（中国传媒大学信息工程学院广播电视工程系）

摘　要　我国硕士研究生的学制经历了从两年半/三年到两年的调整，而近两年，又有部分高校恢复了原先的三年学制。对于两年学制的硕士研究生培养机制，本文着重讨论这种短学制下硕士研究生的培养难点，以及如何改善并提高培养质量。

关键词　硕士研究生学制　两年学制　培养质量

在短短 10 年内，我国硕士研究生的培养年限发生了两次明显调整，先是"推行弹性学制"，实质是压缩研究生学习年限为两年，以适应不断扩大的研究生教学规模和日益多元化的社会需求。[1,2]但是随着这个新体制的运行，一些问题也慢慢浮出水面，更由于去年部分高校又开始"回归"原有的三年硕士学制，更多的人在思索，硕士研究生的培养学制与培养质量之间到底应该怎样平衡。[3,4]本文首先回顾了近几年硕士培养学制的变化，然后讨论了培养质量与学制之间是否有必然联系。结合工科学生的培养流程，本文着重探讨对于两年制硕士研究生，在培养中所面临的难点和主要问题，最后给出作者的一些想法。

一、硕士生培养年限的变更

在 1978 年刚刚恢复学位制度时，我国当年录取的研究生仅有一万人左右，硕士研究生教育的培养目标定位为学术型人才，以解决高校及科研机构的人才紧缺问题。在 1998 年颁布的《中华人民共和国高等教育法》中，明确规定了我国硕士研究生教育的基本修业年限为 2—3 年，但长期以来，我国硕士生的学习年限一直固定为两年半或三年。随着研究生教育规模的不断扩展，招生人数的日益增加，特别是随着博士研究生培养规模的扩大，硕士毕业生已更多地从事应用型岗位。考虑到国外硕士培养年限的一些相关规定[5]，更考虑到对我国教育资源的充分利用，硕士生培养年限的调整工作逐渐引起人们越来越多的关注。

早在 1994 年，哈尔滨工业大学率先开始了两年制硕士生培养，经过 10 年的实践，该校已经探索出知识、能力、素质教育相融合的两年培养模式。此外，北京大学在 2000 年开始在经济学院、光华管理学院及法学院等院系进行试点，也取得较好的成效。因此，在

＊　资助项目：中国传媒大学 2009 年教学改革立项项目"教学与科研互动的实践性教学模式探讨"。

2004 年，一些高校开始实行以两年制为基础的弹性学制，如武汉大学、清华大学的部分院系。虽说是弹性学制，但是学生多考虑就业压力，一般都会选择两年的最低年限。2005 年 1 月在哈工大召开的"全国硕士研究生培养定位及硕士生学制研讨会"更加确定了硕士生培养年限调整的大方向。之后，很多高校纷纷进行学制改革。但是，随着改革的深化和近几年的社会反馈，2007 年的学制改革却出现了"回流"。[6] 那么，在这个学制改革中，两年制硕士培养到底面临了怎样的难题？

二、培养年限与培养质量

随着我国高校教育事业的蓬勃发展，硕士研究生学制改革成为我国教育改革的热点问题。欧美很多国家的硕士生培养年限都在两年之内，且多为弹性学制，不同学位类别学制也不同。我们从 1999 年扩招之后，也开始尝试推行硕士研究生教学的弹性学制。但是，"硕士生年限不重要，与国际接轨的是质量"。[7] 我们从以下几个方面来分析培养年限与培养质量之间的关系。

1. 硕士学位的性质不同

欧美国家的硕士学位属于从应用型到研究型的过渡性学位，比如，英国一些学校，硕士研究生实际是博士研究生的前期培养，即预备时期，一年时间即可完成。一般认为，真正从事科学研究工作，需要经过博士培养这个系统工程，因此，一些不准备参与科研活动的学生，在本科毕业后即参加工作，不再读研。选择读研的学生，一般是致力于科研工作并最终会取得博士学位。而我国的硕士学位属于独立的学位，其培养目标是使学生掌握本学科坚实的基础理论和系统的专门知识，具有从事科学研究工作或独立担负技术工作的能力，要求较高。

2. 培养年限的"弹性"不同

我国的硕士研究生一般为全日制学生，学校需要负责学生的学习和生活，所需资源较大；同时，考虑到就业压力和经济压力，学生也希望能用最短的时间完成学业，因此，"弹性"学制并不弹性。而国外高校的学习年限却非常灵活，学校只需要负责学生在校的学习资源即可。有些学生选择全身心学习，从而很快毕业；也有的学生会选择边工作边读书，甚至会在读书中间完全就业一段时间再回来继续学业。

3. 考核方式不同

欧美国家的硕士研究生由于是过渡性学位，往往要求并不高，修满规定学分并提交毕业论文就可以。但国内高校的硕士研究生培养在很大程度上已经类似于培养一个"小博士"。在硕士期间，学生需要完成学分、教学实践、科研实践、研究选题和开题、学位论文答辩等工作，一些高校还要求学生必须发表论文方有答辩资格。

4. 就业目的不同

我们前面提到,欧美一些国家的学生,如果将来不打算从事科研工作,可能根本就不会开始硕士学习生涯。而我国,硕士学位是一个独立学位,在目前本科学历越来越普及的情况下,硕士学位在就业中会凸显一定优势。在就业中,同一个实验室甚至同一个导师名下的硕士生,最终所从事的行业也可能大相径庭。因此,在硕士生培养过程中所兼顾的方方面面,并不一定能提高硕士生在就业中所体现出来的培养质量。

从上面的对比分析我们可以看出,培养质量和培养年限并没有直接关系,关键在于"培养质量"是怎么定义又是怎样考核的? 面对社会需求和学科发展,对于不同的培养目标(或者面向学术,或者面向应用,或者只是单纯学习),如何制订切实可行的考核指标? 这就要求我们的学科结构能建立多元化、多层次的目标驱动机制,以最大限度提高硕士研究生的培养质量。

三、两年学制硕士研究生的培养问题

在三年学制的硕士培养过程中,一年(甚至一年半)的时间是用来完成课程学分的,半年至一年的时间是用来找工作的。此外,学生还会将一部分时间用于英语学习以便出国或参加相关证书考核以增加就业砝码。不考虑学生在此期间内参与社会活动或其他业余爱好,在三年期间内,全身心用于科研活动的时间往往不足一年。在这一年内,学生需要培养多方面的科研素质,完成一定的科研工作并有所创新,难度非常之大。因此,在实际的培养活动中,为了增加学生实际参与科研活动的时间,一些高校采用了"本硕连读"、"硕博连读"、"直博"等一系列措施,或者是尽早吸收优秀的本科生进入科研团队或实验室。

在国内很多高校,硕士研究生的培养学制已经改为两年,学分上也作了相应调整,但是毕业要求却改变不大。仍然要求学生"在硕士学习期间,掌握所选专业的专业基础及专业知识,培养较为全面的科研能力,能在导师指导下参加科研活动,并提出自己的想法。能独立设计并完成实验,分析实验数据并给出可靠结论。此外,学生还应该完整清晰介绍自己的科研成果,并能够与其他科研人员进行简单学术交流"。但是,在短短两年内达到这样的要求,难度还是相当大的。下面,我们从研究生的生源、学习习惯、读研难关等方面来讨论。

1. 硕士研究生的生源及前期基础

硕士研究生的生源一般由两部分构成:保研学生和录取的考研学生。

(1)保研学生:各方面素质均较高,且前期专业课学习扎实,学习能力、动手能力较强。这些学生在确定保研后,即可有大量时间用于科研工作,实际的研究生学习期间可以由原来的两年扩展为近三年时间。并且,这些学生在研究生一年级的课程学习中较为轻松,由于相关的专业课在本科阶段已经接触,因此在后期的专业实验中表现也较为突出。

(2)本校考研学生:各方面素质均较高,前期的专业课学习扎实。但由于保研比例或其他原因,只能参加统考。

(3)外校考研考生:来自同专业的学生,一般专业基础较扎实,学习能力较强,相关课程的实验动手能力也不错。对于其他专业的学生,则需要在一年级补充一些专业知识学习,也就是需要一个短期的调整过程。如何制订有针对性的学习计划,以快速接纳这批学生进入实际的科研项目,是一个需要考虑的问题。

2. 学习习惯

在本科教学中,相当一部分课程还主要采用授课教师主讲的方式,学生还处于听懂/学会的阶段,主动参与性不高。因此,对于大多数同学而言,很难形成好的科研习惯。而我国现在的硕士导师,往往身兼多职,要负责本科教学、研究生教学、科研项目申请、行政事务等诸多事情,也很难从学习习惯的细微之处指导学生。硕士研究生往往要经历一个"学习断层",这些也会直接影响到研究生的培养质量。

3. 读研期间的几关

要想顺利完成研究生培养计划,以工科学生为例,在研究生就读期间需要闯过如下几关:

(1)专业基础知识:所学专业的基础知识必须扎实。在研究生一年级的课程学习中,会安排本专业研究生期间的专业基础课。

(2)程序编写能力:或称之为实验关。工科学生必须通过实验来验证自己所提算法或理论的有效性,因此,必须能快速通过实验设计和实验来验证自己的理论。目前学生在本科期间的程序编写量较小,部分学生上研后,需要花费一段时间专门来学习程序的编写和调试,这样无形中就会拖延整个研究进度。

(3)文献查找阅读:要想在本专业做出创新的工作,对本专业的研究现状和最新进展要进行积极跟进。如何查找相关的科技文献,并对搜索到的文献进行阅读、分析、理解,找到自己的切入点,这一关对理解自己的研究工作以及提出创新观点尤为重要。这项内容是学生在本科期间很难接触到的,需要在研究生就读期间,在导师的指导下,积极主动地开展。

(4)实验设计和分析:对于自己所提的算法,必须通过实验验证方可说明其合理性。在教师的指导下,学生应尝试自己去设计实验内容、步骤、目标,并积极搭建实验平台,对实验获取的数据,应在教师的指导下,进行数据分析和结论分析。对于实验中出现的问题,要学会分析并提出解决思路。不但要知其然,更要知其所以然。

(5)阐述与交流:研究生期间的科研活动,应该是在教师的指导下,学生自己积极主动去实现的。因此,对于学生而言,不但需要具备完成任务的能力,更需要在完成任务中体现自己的价值。研究生应在学习和实验中,明白自己这项研究工作的意义、应用前景、研究现状,自己的研究有什么样的独特之外,研究目标是什么?自己是如何实现这一目标的,怎样验证、如何分析,得出了一个怎样的结论,等等。这些内容的理解,应贯穿在研究生的整个学习期间,并随着工作的进展,学生的理解应该更加深入和透彻。此外,在学习期间,学生应学会向他人介绍自己的工作,并能与其他研究人员进行工作交流,倾听他人建议,并完善自己的工作。这项任务相对于硕士研究生来说,是较为艰巨的,指导老师可以更多干预并促使学生掌握这项技能。

四、讨论

对于两年制的硕士研究生来说,培养质量是硬道理。不同学科应根据自己的培养目标和学科特点调整硕士研究生的培养方案和质量考核,但是更重要的是,应该调整本科教学环节:(1)本科教学中应培养学生的科研兴趣,鼓励学生参与科研小团队,培养科研后备力量;(2)本科教学环节中应适当增加对学生科研能力的培养,如文献查找、实验分析、观点陈述等,以弥补两年制学制的时间问题;(3)建立多层次、全方位的硕士研究生培养方式:多个课题相近的导师联合指导,构建导师指导小组集体指导,或是与企业单位合作指导等。增强师生间、各研究方向间的交流,共同提高硕士研究生的培养质量。

参考文献

[1]吴志伦,陈姝雨.推行弹性学制 加快硕士研究生教育改革步伐.中国高教研究,2005(6):25—27.

[2]任兵.缩短硕士研究生学制的探索与思考.中国高教研究,2005(3):12—16.

[3]李俊,许紫薇.对我国硕士研究生学制改革的思考.理工高教研究,2007(1):44—45.

[4]刘芳,磁湖.硕士研究生学制改革之痛.教育与职业,2007(22):50—51.

[5]唐拥军,戴炳钦,尹志新.地方综合性高校硕士研究生学制改革初探.高校教育管理,2007(5):43—47.

[6]董柏林.必然性之后应有的求实思维——关于硕士研究生学制改革"回流"问题的思考.南通大学学报,2008(2):19—23.

[7]陶短房.硕士生年限不重要,与国际接轨的是质量.新京报,2007.5.18.

加强科研能力　提高研究生培养质量*

邱净　任慧

（中国传媒大学信息工程学院）

摘　要　随着国家教育体制的改革,研究生教育发生了很大的变化,特别是近几年研究生的扩招,导致研究生的培养质量有下降趋势,因此必须把提高研究生的培养质量放在重要的位置,而研究生培养的一个重要环节就是具有较强的科学研究能力。要想提高科研能力,必须有创新意识、吃苦耐劳的精神;在教学过程中,指导教师应采用各种方式,提高研究生科研能力;根据研究生程度不同,进行分类指导;鼓励研究生参加各种科研学术活动;对研究生学位论文的撰写要严格把关。只有提高研究生的科研能力,研究生的培养质量才会显著提高,从而为社会作出更大的贡献。

关键词　研究生　培养质量　科研能力

为了进一步提高研究生的培养质量,必须进行科学研究,加强研究生科研能力的培养。科研能力是衡量研究生培养质量的重要尺度,具备独立的科研能力是研究生教育的基本目标。科研能力的培养要求研究生必须从事具体的科学研究工作。科研能力的培养主要包括文献阅读与综述能力、选题能力、社会调查能力、理解分析能力、课题创新能力、实际操作技能、文字表达能力等方面。除此以外,还要求研究生具有一定的组织管理能力、团结协调能力、语言表达能力等。因此,研究生不仅是具体的科学研究工作的直接参与者,而且还应该具有相当的合作能力,甚至具有组织策划和指挥协调能力。

一、培养吃苦耐劳的精神

研究生是科技战线的后备军,同时也是生力军,因此研究生必须强化创新意识,发扬创新精神,提高科研创新能力。创新就是要取得重大突破,这需要克服重重困难,付出艰辛劳动,锲而不舍。要做到这些,没有坚强的意志,没有大志向、大目标的动力支持是不可能的。不求短、平、快,不能急功近利,不能知难而退,需守得住清苦,可能长期做不出重大成果,但要矢志不移,才能最终获得重大创新。所以,要有大志,才能有持续不减的动力以及不屈不挠的献身精神,经得起挫折失败的打击。

＊　资助项目:中国传媒大学研究生创新项目"工科研究生教育质量保障体系建设研究"。

二、重视教学环节中的科研能力培养

教师授课时,应注重教学环节中的科研能力培养。在教学中,授课教师通过布置课后阅读书目、撰写讨论稿、组织学生讲座、对学生的学术论文严格把关的方式,培养学生初步的科研能力。在教学过程中,广泛采用研讨式的教学方法,能够收到较好的教学效果。教师根据所教授课程的特点采用不同的研讨方式,充分调动了学生学习的积极性和主动性。这种以"学生讨论、老师点评、相互启发"为特点的上课模式,能很好地激发学生的思维,加深他们对某一问题的理解。而且通过研讨,学生的语言表达能力、逻辑思维能力等各方面综合素质都得到很好的锻炼。同时,这种教学方式也对教师的教学提出了更高的要求,教师在上课前需要准备大量的材料,做最细心充分的准备,上课时要根据实际内容,引导学生积极展开辩论。

三、对研究生科研能力提出明确的要求

研究生在读研期间,需完成的科研工作量以及所要达到的科研能力都有相应的规定。研究生的培养目标是研究生在该学科领域内掌握坚实的基础理论和系统的专门知识,具有独立从事科学研究工作的能力,较熟练地掌握一门外国语,能阅读本专业该语种的外文资料,学位论文要对所研究的课题有新的见解,表明学生已具有从事科学研究的能力。同时在学习期间至少公开发表专业学术论文 1 篇及以上。研究生一入学,应让学生知道在读研究生期间自己在科研方面应达到的水平,让他们自我加压,形成自觉科研的良好风气。导师应严格按照要求,认真指导学生。

四、制订科研能力提升计划,实行"分类指导"的培养方式

在研究生科研能力的培养上,既要防止放任自流,又要反对揠苗助长。在制订研究生个人的培养计划时,我们也充分考虑到培养学生科研能力的要求。特别是在课程设置上,根据研究生个人的不同情况,如原来的学科基础、学术水平等,除规定的基础课、专业课外,选修课及补修课都是因人而异的,充分考虑到研究生在研究方面的兴趣和个人科研优势能力的发挥,做到分析差别、因材施教。

五、积极鼓励和组织研究生参加各类科研活动

凡是本校发起或参与的国内和国际的学术会议,都要求研究生参加,并鼓励学生参加各种专业性的学术会议,有些导师用自己的科研经费资助撰写论文的学生参加会议。信息工程学院每学期还邀请了多位国内外知名的专家来我校为研究生作专题学术报告,

使学生有机会与专家面对面交流。同时要求研究生积极参与导师的科研课题,并积极创造条件,使他们尽早获得科研实践的机会,在实际的科研工作中锻炼才干,培养能力。要求研究生积极参加学校、国内外科研机构组织的各种科研征文活动,争取发表论文。

六、重视学位论文的撰写

学位论文是培养研究生科研能力的重要环节,学位论文的质量是研究生科研能力、创新能力、掌握和运用知识能力以及文字表达能力的综合体现,是衡量研究生学习、科研能力和培养质量的主要指标。而学位论文的完成不是一蹴而就的事情,是前期学习、科研工作的总结。需要学生在课程学习、科研工作期间,一点一滴地积累,总结自己的科研工作,在学位论文中体现出自己的科研能力和学术水平。

七、结论

在当前的研究生教育中,必须把提高研究生的培养质量放在重要的位置。提高研究生培养质量的一个重要环节就是培养研究生的科学研究能力。要想提高科研能力,必须有创新意识、吃苦耐劳的精神;在教学过程中,指导教师应采用各种方式,提高研究生科研能力;对不同程度的研究生,进行分类指导;鼓励研究生参加各种科研学术活动;对研究生学位论文的撰写要严格把关。只有提高研究生的科研能力,研究生的培养质量才会显著提高,从而为社会作出更大的贡献。

谈研究生导师与研究生培养

杜怀昌

（中国传媒大学信息工程学院实验中心）

　摘　要　本文通过对导师的影响力在研究生的成长过程中起着重要作用；加强学科建设，促进导师队伍的发展；多方位努力，提高研究生培养质量等三方面的阐述，阐明了作者对研究生导师及研究生培养问题的认识。

　关键词　导师　队伍建设　学生培养

研究生导师在研究生培养过程中起着重要的作用，加强导师队伍建设是提高研究生培养质量的关键。如何发挥导师的工作积极性，确保导师队伍可持续发展，培养更多的高素质的人才，是每一个研究生教育工作者都应思考的问题。

一、导师的影响力

导师与研究生的关系比一般师生关系更为密切。这种关系决定了导师对研究生的影响是全方位的，导师的思想、品行在与研究生的频繁接触中潜移默化地影响着研究生，因此导师要从思想政治到学术研究，从道德情操到治学态度，从处事方法到生活习惯等全方位对学生施加影响。研究生导师的影响力主要表现在人格魅力、学术造诣、教育和管理水平方面。

1. 导师的人格魅力

教育者的高尚人格是一种无形而巨大的力量，这种力量更凝重、更持久，更具有潜在的激荡力、影响力、征服力，更具信赖感。导师只有具备高尚的人格，才会深得研究生的钦佩和爱戴。这样，学生才会尊其师、信其道，将导师的人格特征当成自己的人格形成的参照。在日常指导过程中，导师的品行不仅能对研究生的为学和做人产生潜移默化的影响，而且会使学生铭记终生。因此，导师必须在做人上具有一颗正直心，做事上有一种求实作风、有一份对科学真理的执著。

2. 导师的学术、科研造诣

导师渊博的科学知识、丰硕的科研成果、享有的学术声誉及高雅的风度和气质等，都是导师最宝贵的知识财富。导师的知识财富所产生的人格魅力，像巨大的磁场吸引着学生,使其心悦诚服地接受导师的教诲,服从导师的指导。许多研究生是因仰慕导师的学术成就和名声而来报考的,导师如果在学术、科研上不能成为学生的指引者,就很难受到学生的爱戴和敬仰。学高为师,作为一名导师,必须具有较高的学术水平、渊博的知识、较强的科研能力,要始终站在学术前沿,在本学科具有一定的影响力。

3. 导师的教育与管理水平

导师对学生的培养最重要的就是在"导"字上。研究生除了要继续学习一些专业知识外,更重要的是在导师的指导下参与课题研究,掌握科研方法,提高科研能力。优秀的导师不仅是科学家,还应该是教育家。培养研究生是一门教育艺术,导师应成为教育工作的艺术家,他的责任就是用良好的方式向学生展示知识和科学的魅力,激发他们的好奇心,扩大他们的视野,激发他们的探索精神,让学生们自由而和谐地发展。

导师的教育与管理水平主要体现在以下几个方面:

(1)从严管理

在学生的培养计划制订、课程教学、课题研究、论文撰写等各个环节,导师都要从严要求。毕业论文是研究生学习中极为重要的一环,它在研究生的培养中具有决定意义,从准备开题到最后通过答辩要历时一年时间,需要阅读大量的文献。这项艰巨的工作虽然主要靠研究生本人完成,但导师的点拨和启发可以起到画龙点睛的作用,老师的精心指点可以使学生增加信心、少走弯路,写出合格的论文。

(2)因材施教

导师要根据学生特点,选择合适的培养方法。学制的缩短,留给学生做论文的时间不多,针对不同学生,应规划不同的成才路线。

(3)加强引导,扩展思路,开拓创新

导师要不断提高指导方法和管理艺术,不断激发研究生的工作热情和开拓、创造的欲望。

(4)懂得关怀

除在学术上的培养外,指导学生全面地发展也是导师的分内之事。

二、加强学科建设,促进导师队伍的发展

高校应该采取有效的管理体制,形成一支素质高、学风优良、知识结构合理、科研能力较强、学术潜力较大、充满活力的导师梯队。

1. 大力加强学科建设,在学科群的发展过程中形成导师梯队

学科的建设和发展,很大程度上依赖于学科带头人以及研究生导师队伍建设。在学科群的发展过程中,要求各类学科明确重点研究方向,确定主攻目标,造就一批学术带头人。加强校际交流和国际合作,使学科建设沿着开放、国际化的方向发展。加强对应用

学科、新兴学科、交叉学科的建设和投入，培养其学术梯队，促进研究生导师队伍梯队建设的发展。

2. 坚持使用与培养并重，把终身教育体系引入导师队伍建设

对导师除了使用外，还要注意培养，要把终身教育体系引入导师队伍建设。治学不仅需要深厚的学术积淀，而且需要随时"充电"。近几年本科生、硕士生的急剧扩招，使许多导师不得不超负荷地承担着繁重的教学与科研任务。加之目前的管理模式与价值体系，把许多在学术上相对较优者推向系、所、院、校各级领导岗位，导师即使尽心尽力，其用于本职工作的时间与精力也必然受到影响，这导致部分导师知识结构老化，科研及研究生指导工作受到影响。因此，研究生培养机构必须把终身教育体系引入研究生导师队伍建设当中，让任何导师都有机会在任何年龄阶段进行专门学习。要对刚进入导师队伍的年轻导师进行岗位和政策法规方面的培训，让他们了解国家和学校关于研究生培养和管理的规章制度，树立正确的教学观念，熟悉学位制度与研究生教育的各个环节。可以聘请有丰富指导经验的老导师对他们进行辅导或召开导师经验交流会，发挥老导师的传、帮、带作用。

三、多方位努力，提高研究生培养质量

1. 建立督导机制

学校要对研究生培养过程进行监控，对研究生导师的课堂教学质量和指导研究生情况进行跟踪检查。通过督促检查，不仅可以及时发现并解决研究生培养过程中存在的问题，还可以促使导师对研究生教育提出科学、合理的改革建议，从而促进学校研究生教育的发展。

2. 成立导师联合指导小组

多年来我国研究生教育一直实行师徒培养方式，学生很难得到不同导师的指导，这不符合当今科技发展的潮流。哈佛大学将其最重要的成功归结于建立了交叉学科和教师之间或学院之间的合作。在科学技术高速发展、不断分化又互相渗透的发展过程中，创新性成果往往产生在多个学科的交叉点上。一个导师的知识面、思维方式由于受到单一学科的限制，很难独立培养出综合、交叉学科方向上的人才。因此，适应学科渗透、综合交叉、新兴学科发展的需求，应该由单一的导师负责制过渡到导师负责下的集体指导模式或协同式培养模式。

导师小组强调集思广益，优势互补，为研究生培养创造更广阔的空间。不同学科专业、学术背景、知识结构、研究方向的导师共同指导研究生，既可以以老带新，促进年轻导师尽快成长，也可以相互渗透和取长补短，更好地适应当前科学技术综合发展的形势，开拓新的研究思路，开创新的研究领域。跨学科的联合指导小组对培养复合型的创新人才

起着重要作用。

3. 注重产学研结合

教学—科研—生产相结合的研究生培养模式,是指大学和科研机构、企业结合,共同从事产品开发与研究生培养。它是现代新科技革命以及大学与企业一体化、协作化的产物,体现了大学与社会在更深、更高层次上的密切关系。协作式培养不仅强调专业式培养中教学与科研的统一,而且重视教学、科研、生产的一体化,是更切合实际的应用型研究人才的培养模式。在此模式中,大学对培养过程总体负责,企业在若干过程与阶段重点负责如课题选择、科研与论文撰写、提供实验与实习场所等方面。研究生在企业生产过程中可以承担部分开发设计工作,在这个过程中会得到更多的学习锻炼机会,得到更多在实验室中无法得到的知识,但要注意保守企业机密。

4. 加强研究生的学术交流与合作

研究生培养虽有多种模式,但都有一个共同之处,即围绕导师在学术上形成了许多孤岛。在培养过程中形成的学术传承关系容易形成学术门户现象。学术门户现象是随着师生指导关系的确立而逐渐形成的,它给学生提供了稳定的培养环境,能够保证学术思想的同一性和延续性,对研究生培养质量的保证也起到了一定作用。但同时在某种程度上,学术门户现象也存在着消极的一面,如阻碍了学术的交流和发展,不利于师生交往和学术创新。为此,我们一方面要鼓励与支持研究生参与学术交流,让研究生有机会出席、参加比较重要的全国性与国际性学术研讨会,以活跃学术氛围、开阔学术视野,同时还可以使研究生了解其他高校或导师培养研究生的方法,为导师提供有价值的参考信息。另一方面要加强高低年级硕士生之间及硕士生、博士生之间的学术交流与合作。我们每年研究生毕业论文答辩,低年级学生作答辩记录的形式有利于在学科专业中形成传帮带、团结奋进的学术氛围,但应使更多的学生参与其中,更好地激发其学习、科研的自觉性和主动性。

规范研究生教育的工作,是当前研究生教育工作的当务之急。在此发表几点个人看法,也是希望能起到抛砖引玉的作用。

参考文献

[1]陈俊珂.研究生导师队伍可持续发展的思考与探讨.学位与研究生教育,2007(6).

[2]杨再明.创新教育模式下研究生培养方案重构的实践与探索.学位与研究生教育,2008(4).

研究生培养质量保障体系的完善与方式手段研究 *

王会芹　邱净

（中国传媒大学信息工程学院）

摘　要　研究生培养质量是我国研究生教育可持续发展的核心。本文针对目前研究生教育中的问题，讨论分析了完善研究生培养质量保障体系的方法。

关键词　研究生教育　质量保障体系

一、引言

研究生教育是高等教育结构中的最高层次，其培养质量深刻影响着一个国家政治、经济、军事、文化等方面的发展。改革开放以来，我国研究生教育取得了快速的发展，初步建立起了学科门类较为齐全的学位授权体系，完善了研究生教育的基本制度，积累了学科建设和培养高层次人才的经验。进入 21 世纪以来，我国的硕士点大量增加，博士点也超常规发展，研究生招生规模迅速膨胀，每年平均以 27％ 的速度递增。研究生招生规模的迅速扩大在给我国带来历史发展机遇的同时，也使研究生培养的质量问题凸现出来。[1]具体表现在：①研究生教学实验条件与研究生数量增加矛盾突出，实验室拥挤，学生实际动手操作的机会少，理论与实践结合紧密程度不高；②研究生教育的课程体系设置不合理，课程教材缺乏及时更新；有些课程内容重复，任课教师缺乏相互沟通，教师之间配合不够紧密；少数课程理论水平不够，内容浅显；③研究生教学模式大多仍停留在传授知识的状态，不适应教育形势发展的需要；教学内容、成绩评定等也较本科随意，缺乏监督；④缺乏明确的学位论文评价标准，论文评审和培养质量评价指标无章可循；⑤研究生尤其是博士生的创新能力与西方发达国家差距拉大，原创性成果少；⑥学术风气下滑，研究生的学习积极性与主动性不高；⑦研究生教育制度、办学活力不如西方国家，缺乏激励机制。与此同时，当前研究生学位与教育实践也表现出新的特征：①多样化特征：源于社会对人才需求的多样化，办学目标、培养规格、培养模式呈多样化，改变了以往我国培养模式单一、人才类型单一等的缺陷；②个性化特征：包括保护个性、尊重个性、培育个性。创新已成为研究生培养的主题，没有个性就没有创新、没有怀疑就没有创新的观念已形成；院系给导师和学生个性发展的空间、学校给院系个性空间、国家给学校个性空间

＊　资助项目：中国传媒大学研究生创新项目"工科研究生教育质量保障体系建设研究"。

的趋势明显;③现代化特征:包括教育的理念、制度、手段的现代化等。④国际化特征:表现在学生国际化、教师国际化、教学内容、教材国际化。因此,在研究生学位与教育实践中的矛盾日渐突出和研究生教育个性化、现代化、多样化、国际化的发展背景下,完善研究生培养质量保障体系以满足社会公众对人才和获取高学位愿望的总体目标,发展研究生教育具有极其重要的现实意义。

二、提高研究生教育质量的措施

1. 进一步强化思想素质教育,端正学风

目前,研究生中的浮躁、功利和应付的学风比较盛行,市场经济的冲击、外部社会形形色色的诱惑,使部分研究生心思难平,致使研究风气淡薄、思考能力下降。因此,研究生教育的首要问题是培养良好的思想素质,着力培养研究生对国家和社会的责任感;加强献身科学的思想教育,培养研究生树立事业第一的风尚,并通过邀请知名专家和学者举行学术讲座激发研究生对科学和事业的执著追求精神;提倡和营造研究生积极参与科学研究的主动性,培养研究生的团队精神、协作精神和奉献精神。

2. 合理设置课程,优化课程体系

研究生课程设置一方面要重视基础理论技术课程的学习,特别是基础理论的学习,以确保学生具有在其领域独立从事科学研究的能力;同时课程设置中要注重实践能力和创新能力的提高,注重实效,以国家、社会的需求为导向,设置一些反映本学科和相关学科发展前沿的课程,开拓学生的视野,同时提高学生的学习兴趣,从而拓宽培养口径,扩大学生的知识面。应注重研究生教材规划与建设,它是事关研究生质量保障的重要环节之一,从满足本学科研究生培养质量提高的需要着手,遵循培养方案和教学大纲的基本要求,结合本学科的基本原理、最新发展情况、有待解决的前沿性问题及思路等开展探讨,同时跟踪国际上的最新研究成果,反映新知识、新成就。

3. 加强教学内容和方法的改革

目前国内研究生上课形式和本科生相似,基本上是以课堂讲授为主,学生的参与较少,对课堂的讨论不够,同时教学内容多是本科课程的延伸或重复,不能有效跟踪学科的发展。研究生教育是高层次的教育,应力求避免研究生教育与本科生教育形式雷同的现实问题,研究生的教学应注重系统性和完整性,注重教学内容的深化,避免陈旧和与本科的重复,尤其是应为研究生指明国内外本研究方向的趋势和学科前沿,及时更新教学内容;在教学方法上应注重研究生的思维能力的培养和训练,营造氛围,倡导自主式的学习。例如对于一些重点问题可采用课堂讨论的方法,加深学生的印象;对于一些重复性的知识,可以采用学生自学的方式,或由学生自己在课堂上讲授。对于和学科前沿相关

的内容,可以通过各种校内和校际的学术活动,如学术报告会、研讨会,邀请外国的专家教授举行讲座和作专题报告等,开展国际学术交流,以开阔视野,使学生能够走在国际学术前沿,具备国际思维。总而言之,不管是教学内容还是教学方法,都要理论联系实际,以培养学生的创新能力。

4. 加强实践,提高学生的综合能力

对于学生综合能力的培养,既包括技术实践能力的培养,又包括管理协调等其他方面能力的培养。对于技术能力的培养,一方面可以通过课堂学习得到,另一方面也可以通过参与导师的项目,获得实践知识,或者可以通过在相关领域的实习得到。对于在管理或其他方面有特长的学生,也可以提供机会发挥其优势,使其各方面能力得到锻炼。例如,学习比较突出的学生,可以作为助教,或者在办公室做些辅助工作。管理能力比较强的学生,可以担任本科生的辅导员。

5. 加强教学质量管理

加强教学质量监控的关键之一是加强中期考核和中期筛选工作。中期考核不仅是对研究生知识结构、科研能力、创新意识的检验,同时也是集中征求本学科及相关学科专家的意见,帮助研究生进一步明确今后的主攻方向的最佳时期。通过中期考核,可以做到"一门进三门出",即优秀硕士生可以择优转博,一般的继续按硕士培养方案培养,不合格的研究生给予退学处理。通过考核,鼓励了优秀,淘汰了后进,有效地提高了研究生学习的自觉性。第二方面就是要严把出口关,有效防范论文质量的削弱。应采取积极的应对措施,对研究生毕业论文加大盲评制度,并完善"双盲"评审制度,加强监督,以有效地防范研究生论文水准的降低,从而使各个方面尤其是研究生和导师意识到研究生培养过程的重要性,注重过程质量,从而最终保障研究生的教育质量。

参考文献

[1]张记龙,李飞跃.中美研究生培养质量保障措施比较研究.中北大学学报,2007(2):79—84.

[2]廖庆喜,李善军,舒彩霞,樊启洲,程友联.高等农业院校工程技术类研究生教育质量保障体系的研究.华中农业大学学报,2007(3):142—146.

[3]李建成,孟兵.提高研究生培养质量的思考.高等教育研究学报,2003(2):44—45.

研究生与本科生创新能力协同培养模式研究

曹三省　田沛

（中国传媒大学信息工程学院电子信息工程系）

摘　要　本文以规划和实施研究生将指导本科创新性实验作为主要教学实践培养环节内容的具体工作实践为基础，论述了在信息科学与技术学科领域中开展研究生与本科生创新能力的协同培养的意义与作用，并对信息科学与技术学科开展研究生/本科生创新能力协同培养的实践模式进行了探索，重点讨论了创新能力培养的实际问题和经验，并对改进这一培养模式的具体策略进行了分析。

关键词　创新能力　研究生培养　信息学科　教学改革

一、概述

近年来，由于硕士研究生培养规模和本科教学规模的扩大，同时承担研究生培养、学科建设、科研创新、本科生培养和相关行政事务性工作的高校一线教师，普遍感受到了培养创新型人才、指导研究生和本科生深入灵活掌握各项基本理论和基本方法的培养和教学工作中逐渐增大的压力。如何有效地结合硕士研究生和本科生的创新能力培养，在完成教学和人才培养的基础上，提升硕士生和本科生的创新能力培养效率，已经成为高等教育领域内一项亟待解决的重要课题。本文从中国传媒大学信息工程学院通信与信息系统学科方向硕士研究生参与指导以本科生为主的学生科技协会、兴趣小组、创新性实验等创新能力培养工作的实际探索基础出发，对研究生与本科生创新能力的协同培养模式进行了初步探索，从理论与实践的多个层面对其进行具体归纳和总结。

二、创新能力的内涵

就其实质而言，创新能力是指创造性解决问题的能力。创新能力意味着不因循守旧，不循规蹈矩，不故步自封。从理论探索的角度看，创新能力是一个不断证伪的过程中所具有的能力。创新者提出的想法最初看起来往往是内容特异、不切实际，但创新者的工作就是在持续的证伪过程中，冒着失败的风险和舆论的压力把创新向前推进。从实践的角度看，创新实际上就是一个不断的试错、实验的过程。从知识应用和知识创造的角度上看,创新能力是指一个人产生新思想、认识新事物的能力,即通过创新活动、创新行为而获得创新性成果的能力。更为具体地说,创新能力就是人们革旧布新和创造新事物的能力,包括发现问题、分析问题、发现矛盾、提出假设、论证假设、解决问题,以及在解决问题的过程中进一步发现新问题从而不断推动事物发展变化的一个系统过程。

创新思维是一种辩证思维,常常运用于人们的创新性活动过程之中,它具有不同于其他思维的特征,突出表现在以下五个方面:积极的求异性(它往往表现为对司空见惯的现象和已有的权威性理论持怀疑的、分析的、批判的态度而不是盲从和轻信)、敏锐的观察力(在观察的过程中,不断地将观察到的事物与已有的知识或假设联系起来思考,把事物之间的相似性、特异性、重复现象进行比较,发现事物之间的必然联系,产生新的发现和发明)、创造性的想象(它表现为不断地改造着旧表象,创造新表象,赋予抽象思维以独特的形式)、独特的知识结构(它表现为具有扎实的基础知识、精深的专业知识、广泛的邻近学科知识,以及关于科学技术发展的新成就的知识)、活跃的灵感(它能突破关键,使兴奋的选择性泛化得到加强,产生神经联系的突然性接通)。以上提及的创新思维的特征是互相联系的,它们有机地结合起来,就可以达到不断深入地认识社会和世界、改造社会和世界的目的。

创新能力的本质蕴涵着创新能力最基本的构成要素,即创新激情、创新实践和创新素养,而每个基本的构成要素又可以细分为三个构成元素。创新激情包括观察力、质疑力和想象力;创新实践包括关注力、实践力和拓展力;创新素养包括领导力、沟通力和协同力。

所谓创新激情,是指对于寻求新的突破有一种好奇和难以抑制的冲动。观察力、质疑力和想象力是构筑创新激情的三个最为根本的要素。在创新激情的支配下,会对事物进行仔细观察,并通过发挥想象、逻辑推理而产生质疑,以催生新的想法,形成创造性的成果。

所谓创新实践,是指积极参加创新实践活动,尝试用创造性的方法解决实践中的问题。只有在实践中人类才有了无数的发现、发明和创新。实践又能够检验和发展创新,一些重大的创新目标往往要经过实践的反复检验,才最终得以实现和完善。人们越是积极地从事创新实践,就越能积累创新经验、锻炼创新能力、增长创新才干,并进一步激发创新激情。创新是通过创新者的活动实现的,任何创新思想,只有付诸行动,才能形成创新成果。因此重视实干、重视实践是创新的基本要求。关注力、实践力和拓展力是付诸创新实践不可或缺的因素。

如果将创新能力看成一辆车,那么创新激情和创新实践就好比发动机和车轮,创新素养则是润滑剂。短时间里,发动机可以带动车轮正常运转,可是随着时间的推移,发动机和车轮都受到了损耗,如果没有润滑剂,就不可能将车子驶向远方。创新素养的基本因素为领导力、沟通力和协同力。

正如美国麻省理工学院著名教授彼得·圣吉所主张的那样,应当用系统的观点来看待事物和分析问题。世界是一个系统,不仅如此,即便是其中的每一个要素本身也是一个微观的系统。同样,创新能力也是创造能力这个大系统的构成要素,而它本身又是一个微观的子系统。创新能力系统是指创新能力系统内各要素之间的时空顺序、主次地位与结合方式,它表明各个要素如何联系起来形成整体模式。

三、研究生与本科生创新能力协同培养模式的实践探索

从 2005 年至今,笔者承担了信息工程学院信息科学类本科生课外创新实践小组(兴趣小组)、国家级和校级大学生创新实验和以本科生为主的学生科学技术协会各项竞赛、培训、讲座等的指导和协调工作。在工作过程中,通过积极引导硕士研究生参与到具体的科研创新实践工作中去,有效地提高了研究生的培养效果,提升了创新能力培养的工作效率。现将主要探索工作归纳如下。

学生科协宽带内容创新实践小组通过在每学期开学前定期开设面向每一个专业、每一个年级的必修课与选修课课程学习方法指导和专业课程学习目标指导,使电子信息类专业各年级本科生对自己所即将学习的课程的意义和重要性有了较为清晰的了解。并通过同专业研究生、高年级本科生直接传授自己的学习经验、要领与技巧,增强本科生对自己专业的学习兴趣和学习意识,使本科生对繁杂枯燥的理工科课程能够积极应对、主动学习,从而有效地促进了本科生学风建设。

例如,在 2007 年 10 月至 2008 年 5 月期间,面向宽带内容创新实践小组和学生科协的具体讲座包括:

表 由研究生负责的课外创新实践培训讲座表

Windows 操作系统基础[2007.10.26—11.2 每周五 18:00—20:00 及周日 14:00—16:00]
PHP+HTML 语言教程及实例练习[2007.11.25—12.16]
Flash/RIA 原理[2007.11.11—11.25]
visio2003 教程[2007.11.23]
Photoshop 交互图像处理[2007.11.16—12.16]
病毒防护技巧[2007.11.4—11.9]
图像处理技术学习(photoshop 等)[2008.4.25—2008.5.23 每周五 18:00]
Top Coder Regional Contest 编程大赛(国际程序挑战赛北京区域赛)[2008.5.24]

在课外创新实践小组内部,无论是研究生还是本科生,都时刻受到扎实凝重、严谨求实的学术氛围的熏陶,对于他们而言,这种治学态度、钻研精神和求真意识,都是不可缺少的。这种精神在学习中,则最终反映为学生对各门课程更为努力的学习、成绩的总体提高以及对所学课程知识真正意义与内涵的领悟。特别是对于抽象深奥的专业基础理论课程,如数字信号处理、通信原理、智能信息处理等,参加兴趣小组的同学普遍不会感觉这些课程"听不懂"、"在实际工作中没用"。在对这些课程对于今后所从事专业的深层次指导意义获得充分认识的基础上,他们学习课程的积极性显著提升,课程教学效果也

得以改善。

重要的是,在本科生得到培养的同时,研究生也获得了教学、研发和管理的实践机会。研究生通过部分承担课外创新实践小组学习团队的专题讲座,以及协助指导研发团队的课题研究工作,加深了对专业基础理论和应用技术的掌握,提高了综合表达能力、管理协调能力和科研创新能力。由此,宽带内容课外创新实践小组也从一个角度促进了研究生创新能力的培养。在 2008 年度,部分硕士研究生通过充分积累指导本科生进行创新性实验的经验,获得了学校研究生"三创"项目的课题立项支持,为后续的硕士论文工作和研究工作提供了更为有力的支撑条件。更重要的是,通过这种指导本科生进行科研创新的具体工作,研究生的动手能力、综合表达能力等都得到了显著的提高,在毕业后的求职和深造中体现出了明显的优势。

四、总结

在当前的研究生培养工作中,研究生与本科生科研创新能力的协同培养模式具有一定的有效性和优势,并将随着硕士研究生培养工作的进一步开展,体现出更多的优越性。在今后的研究生培养工作实践中,我们将进一步积极探索这一协同培养模式,为更好地提升研究生创新能力培养效果、造就更多的广播电视通信与信息工程技术高级人才,进行不懈的尝试和持续深入的努力。

参考文献

[1]张建林.基于创新能力的研究生培养机制改革探索.中国高教研究,2008(3).

[2]李芹.从教育主体视角探索提高硕士研究生教育质量的措施.中国电力教育,2008(5).

[3]曹三省,史萍等.课外科研实践小组与大学生创新能力的培养.中国传媒大学信息工程学院教学研究论文集,2007:101−103.

[4]朱小军,时章明,周萍.硕士研究生创新能力培养中的导师指导因素探究.长沙铁道学院学报,2007(1).

[5]马革兰.对研究生能力培养的研究与思考.重庆科技学院学报,2007(2).

中国传媒大学电磁场与微波技术专业研究生导师团队建设探析

逯贵祯　陈新桥

（中国传媒大学信息工程学院通信工程系）

摘　要　讨论电磁场与微波技术专业导师队伍的建设问题，对中国传媒大学的特色专业方向进行了说明，指出导师团队建设在研究生培养中的重要作用和意义，提出团队建设中的一些关键问题，最后给出了提高团队建设的方案与建议。

关键词　电磁场与微波技术　研究生导师队伍建设　专业特色

一、电磁场与微波技术专业的发展

电磁场与微波技术专业是中国传媒大学最早的硕士点之一，从 1981 年开始招生。经过二十多年的建设，形成了一批具有特色的研究方向，取得了一批国内领先的科研成果，在国内具有一定的影响。比如本专业黄志勋教授的超光速研究，逯贵祯教授的电磁散射研究，居继龙教授的大功率微波器件的研究，余文华教授的电磁场并行计算的研究等都处于国内领先水平，在国内外具有一定的知名度。

作为电子科学与技术领域高级专门人才培养的重要基地，中国传媒大学电磁场与微波技术专业几十年来为国家输送了大批优秀人才，形成了团结合作的教学科研氛围，以及高学历、高职称、年轻化的导师队伍，具备建立一个高水平、高素质的导师团队的条件。我校电磁场与微波技术专业具体的优势体现在以下几个方面：

1. 是我校最早的硕士点之一，具有博士学位授予权

电磁场与微波技术专业硕士点是我校最早建立的硕士点，经历了二十多年的建设，经过了两代人的努力，取得了一系列的成果，得到了国内同行的认可，处于国内先进水平，部分成果处于国际领先水平。2002 年该专业建立博士点，硕士导师中有多名是博士生导师。目前，该专业已经具备申请电磁场与微波技术所属的一级学科电子科学与技术专业的博士后流动站的条件，目前正在积极申请。

2. 引进了多名国内外知名专家做兼职导师

本专业引进的国内兼职导师主要有：中科院院士简水生，工程院院士黄培康，中科院

电子所博士生导师丁耀根研究员,航天二院博士生导师殷红成研究员、陈军文研究员。

本专业引进的国外兼职导师主要有:瑞典微波专家居继龙教授,美国计算电磁学专家余文华教授。

3. 与其他科研院所进行合作

本专业多年来与在电磁场与微波技术专业具有学科优势的科研院所合作,选派导师到这些科研院所学习,邀请这些科研院所的专家学者到我校讲学。

4. 形成了一个校外研究生培养基地

本专业多年来与航天二院进行多方面、多层次的教学科研合作,通过联合培养研究生、联合进行课题研究等方式,在航天二院已经形成了本专业研究生培养基地。

5. 已经形成了一个科研实体

由本专业居继龙和随强老师为主,于2004年组建了京隆广科公司,其产品远销国外,其水平处于国际领先地位。该公司为本专业研究生培养提供了一个良好的实验、科研基地。

6. 具有一批专业实验室

经过二十多年的建设,本专业已经建成了微波实验室、微波暗室、光纤实验室、电磁兼容实验室等专业实验室。2005年,由本专业余文华老师主持组建了高性能并行计算机网络,该网络目前在国内外处于领先水平。

二、导师队伍建设的意义

当今世界,国家之间综合国力的竞争在一定意义上是高层次人才的竞争。研究生教育作为我国高等教育的最高层次,目的之一就是培养高层次人才,为国家经济建设和社会发展服务。

在研究生教育过程中,导师在培养高层次人才的过程中具有举足轻重的作用,导师团队整体的素质和水平决定了所培养的高层次人才的素质和水平,建设一支高水平、富有感召力,在国际国内享有高知名度的研究生导师团队已成为世界诸多名牌大学和研究机构的共识。忽略了导师团队的建设,就是放弃了对高科技人才的培养,也就失去了占领世界科技制高点的先机。导师队伍对一个高校或科研院所的研究生培养乃至一个国家高科技人才的培养起着至关重要的作用。

加强导师团队建设,将成为我国改革高等学校教学、提高研究生教育质量的一个重要方向。只有结构合理、整体优化的导师队伍,才能将研究生教育规律成功地运用于指导工作中,使研究生改善知识结构,提高创新和实践能力,从而提升高校培养人才的层次和规格,使研究生教育适应科技进步与社会发展的需要。

由于种种自身或客观因素的影响和制约,我校电磁场与微波技术专业在研究生培养的各个方面与国家重点院校的电磁场与微波技术专业相比仍有差距。目前多数高校的电磁场与微波技术专业正在制订和实施加速建立导师队伍的战略。我校要保持电磁场与微波技术专业特色、专业优势,就必须加强导师团队建设。团队的建设具有如下重要的意义:

1. 是培养高素质创新人才的必要条件

研究生教育的根本任务是培养高素质创新人才。科技创新既是培养高素质创新人才的必要条件,也是研究型大学的本质要求。形成一支具备科技创新素质的导师团队,是培养高素质创新人才的必备条件。团队的建设是提高电磁场与微波技术专业科技创新能力和导师的学术水平的重要措施,对加速我校实现向研究型大学的转型具有重要的意义。

我校电磁场与微波技术专业各导师的研究方向、研究兴趣不尽相同,目前已经形成了电磁散射、电磁兼容、计算电磁学、微波器件、并行计算、光通信等多个研究方向。基于这种现状,我校电磁场与微波技术专业需要强调多个学科、多个研究方向之间的交叉和协作,需要建设一个团结合作的导师团队。只有这样才能把优秀人才组织成一个有机的整体,发挥集体的智慧,迅速提升团队创新能力,增强团队整体教学科研实力,为培养高素质创新人才作充分准备。

2. 有利于形成我校电磁场与微波技术的专业特色

专业特色是学校的闪光点,是把自身的条件与外部的环境和目标很好地结合起来的一种体现,是其生存、发展的重要基石,也是其跨入研究型大学行列的重要因素。国外一些堪称世界一流的研究型大学也并不是在任何研究领域都能居于世界一流,他们都往往是在某些专业领域处于世界的最前沿,形成专业特色,在优势专业领域为人才的培养作出卓越贡献,产生广泛的社会影响,从而提升和确立了学校的国际地位和知名度。

从一定意义上讲,专业特色就是水平,专业特色就是生命。因此,大学导师团队建设的重点是促进其专业特色的形成。通过从经济、科技和社会发展的全局以及学校的实际出发,选择某些重点研究领域,进而组建专业导师团队,使之形成优势,并率先在自己的优势专业领域为人才培养作出显著成绩。通过凝练专业目标,组建导师团队,可使本专业研究生的科研氛围活跃、科研成果丰硕。

三、导师队伍建设的主要内容及关键问题

1. 导师队伍建设的主要内容

(1)建设团队结构。对我校电磁场与微波技术专业师资队伍的现状进行分析,总结出优势和不足及其原因所在。针对所存在的问题,结合我校的实际情况,提出团队建设的若干对策。培养和建立起一支高学历、年轻化、专业化、职称结构合理的电磁场专业的

导师团队。

（2）培养学科和学术带头人。培养出在国内电磁场与微波技术领域具有重要学术影响，能担负学科梯队建设、人才培养、制订学科建设规划、促进学科发展等多项任务的学科与学术带头人。

（3）建立兼职导师队伍。广泛吸纳国内外电磁场与微波技术专家和具有相当学术造诣的高级技术人员充实导师队伍，建立一个有相当人数、专业面广、学术水平高的兼职导师队伍。

（4）建立团队合作机制。建立有效的团队合作机制，老中青相结合，促进教学研究经验交流，开发教学资源。

2. 导师队伍建设的关键问题

（1）培养电磁场与微波技术专业学科带头人。学科带头人既是学科学术的"领头羊"，又是研究生导师团队的骨干和核心，培养和选拔学科带头人是建立电磁场与微波技术专业导师团队的战略重点。

（2）培养青年导师。发扬传帮带的优良传统，加强青年导师的培养。

其中主要难点是科研经费不足、实验设备短缺。目前本专业的科研经费还比较短缺，科研项目不多，尤其是国家级的科研项目。电磁场与微波技术专业的实验室部分设备已经过时且不齐全，尤其缺乏高频设备。

四、导师队伍建设的方案建议

1. 选拔与培养导师团队带头人

导师团队的建设关键在于带头人的选拔和使用。团队带头人起着统帅的作用，其战略眼光、学术水平、学术洞察力以及领导和组织管理水平等决定着团队的兴衰。团队带头人是导师团队建设的领导者和组织者，负责确定学科和学术发展方向，带领团队成员开展科学研究工作，建设导师梯队，培养人才，制订团队建设规划，促进团队发展等。一个团队是否有效率，是否出成果，很大程度上取决于团队带头人的自身素质和才能。

我们可以采用"校外引进和校内培养相结合"的方针。在国内外广聘思想活跃、知识渊博、组织能力强的人物担任团队的带头人，以其良好的学术品质、民主的工作作风和人格魅力去赢得大家的信赖，增强团队的凝聚力和创造力。同时，对本专业一些学术水平高、科研成果显著、富有战略眼光、善于合作和群体攻关的中青年导师要重点培养，委以重任，培养成为学科的带头人。

2. 重视中青年导师队伍建设

中青年研究生导师队伍是高校导师队伍的生力军，是研究生教育的中坚力量。中青年研究生导师队伍的建设与优化，有利于中青年研究生导师的健康成长，加快研究生导师队伍代际转换的步伐,有利于学科建设和学位点的壮大,增强学校的科技开发实力,可以促进学科资源的合理配置,催生一批新兴学科、交叉学科的出现,构建学科交叉、渗透、融合、创新的平台,从而提高学校的科研水平,增强学校的科技开发实力。对青年导师队伍的建设拟定采用如下措施:

(1)在对中青年导师进行"普遍培养"的基础上,鼓励竞争,提倡能者上、庸者下,彻底打破论资排辈、搞平衡等不良做法。同时制订出切实可行的规章制度,由学校主管部门牵头协同各职能部门组成若干专家考查组,并聘请相应学科国内权威和校外专家、中青年学者,对中青年导师进行考查。重在考查他们的思维活力、学术眼光及提出问题、分析问题、解决问题的能力,评估其潜能。

(2)多渠道、多方位地吸收国内外电磁场专业的高素质人才加入到电磁场导师队伍行列。

(3)加强对青年导师进修、对外交流的支持力度。研究生的教育国际化趋势日益凸显,需要的是复合型人才。电磁场与微波技术专业的人才既需要扎实的专业知识,还需要综合知识。应制订本专业青年导师培养计划,有步骤、分期分批对青年导师进行培养。加大对青年导师的培养力度,加速青年导师的成长。促进青年导师参与国内外相关院校的科研、教学交流活动,鼓励团队中的年轻教师在国家和中国传媒大学相关基金资助下到国内外著名院校进行学习和科研,争取年轻博士申请到原版(英文)课程的进修机会,为本课程今后向原版教材双语教学的发展做准备,也使相关课程的双语教学更好地继续开展。

3. 建立兼职导师队伍

在本专业招生规模不断扩大和师生比不断上升的情况下,在保证质量的前提下增加导师人数已成为当务之急,通过建立兼职导师队伍既可以解决导师短缺的问题,又可以加强全职导师与兼职导师之间的合作,是对研究生导师团队的必要补充。

通过建立有效的人才引入和流动机制,广泛吸纳国内外的电磁场与微波技术领域的专家学者、高级技术人员做兼职导师,充实导师队伍。

建立专职和兼职导师相结合的用人机制,促进导师队伍的多元化,形成合理的学术梯队,提升导师团队的国际竞争力。

4. 提高导师学术水平和管理水平

高水平的导师是培养高水平研究生的前提。加强导师综合能力的提高,提高导师学术水平和管理水平,以精湛水平指导学生。在学术水平方面,导师要始终站在学科的前沿,要有远大的眼光和敏锐的洞察力,研究工作要有相对稳定的研究方向或领域,课题要达到一定的水平并有一定的经费支持。在管理水平方面,要从严管理,在研究生的培养计划制订、课堂教学、课堂研究、论文撰写等各个环节严格把关;根据学生的特点因材施教,善于引导学生开拓创新。

召开学术会议,或组织共同攻关,尤其要鼓励导师参加国际会议,吸取各种营养,博采众长,使导师不断更新知识,拓宽专业面,提高自身学术水平,进而促进研究生培养质量的提高。

5. 形成团队精神

团队精神是团队的灵魂,高绩效导师团队都有自己的团队精神,它是一种为了实现团队目标和利益相互协作、尽心尽力的意愿和工作作风。一般而言,团队精神主要体现为团队凝聚力,即团队对其成员的吸引程度以及成员之间相互吸引的程度,表现为团队成员的强烈归属感和团队的一体性。导师团队目标的实现与团队精神有着密切的关系,要促使团队成员认清团队目标与个人发展目标的关系,积极倡导团队精神并使其内化到每个成员的需要体系中去,促使团队成员大力协作,相互配合,相互支持,充分发挥各自的才能和长处,形成智力上的整合,围绕共同的科学目标,加强实质性合作研究,使团队在整体上表现出单个成员所不具有的集群效应,激发团队活力,增强团队创新能力,冲击国际科学前沿,攀登科学高峰。强调合作并不排斥竞争,合作是竞争中的合作。团队成员之间的相互合作与竞争是提高团队绩效的重要因素,也是推动团队进步的重要动力。团队成员之间的合作,能使团队获得远远大于各成员个体创造力之简单相加的整体创造力,体现出群体创造倍增放大的系统效应。而团队成员之间的竞争能够极大地激发各成员的心智能力,调动他们的创造积极性,发挥创造潜力,从而取得非竞争条件下无法达到的科研成就。

6. 加强团队管理

加强团队的管理,建立与团队相适应的行为规范、奖惩措施等规章制度,形成一种激励约束机制,促使大家围绕团队的共同目标而共同努力。导师团队体现的是整体优势,与团队成员的士气密切相关。对导师团队成员的激励既要从整体着眼、考虑整体利益的分享,也要考虑不同成员贡献的差别,必须使作出突出贡献的成员得到公平合理的回报,否则会造成人心浮动和涣散。团队成员综合能力的提高,需要民主的学术氛围、宽松的学术环境、和谐的人际关系以及能不断激发新思想、产生新观念的学术交锋。要通过彼此沟通来增进了解、化解矛盾、达成共识、统一目标,使全体成员能在宽松和谐、民主自由的环境里潜心钻研、不断创新,多出快出创新性成果,培养出更多的高层次人才。

7. 强调"理工融合"的教育理念

电磁场与微波技术专业需要良好的数理基础,而目前工科硕士专业教育中普遍存在着数理基础薄弱的问题。导师队伍建设要树立"工借理势、理势工发"的教育理念,即通过强化数理基础理论和思维方法的教育使受教育者获得一种在工程实践中可以终身受益的理论功底、科学素养和发展后劲,同时通过联系工程应用的实际培养受教育者理论联系实际的学风,使理论优势能够在工程意识的引导和促进下得以充分的发挥。

浅议高校工科青年教师的培养

石东新　蒋伟　马丽华　赵学敏

（中国传媒大学信息工程学院广播电视工程系）

摘　要　工科青年教师队伍建设关系到人才培养和院校的可持续发展。本文从当前工科青年教师现状和所面临的问题入手，提出一些切实可行并有建设性的工科青年教师的培养方式。

关键词　工科　青年教师　培养

继"211 工程"和"985 工程"后，教育部启动了惠及面更广的"高等学校本科教学质量与教学改革工程"（以下简称"质量工程"）。这一工程的主题更加直接也更加鲜明，直接关系我国高等教育近些年来因飞速发展而产生的各种问题。"质量工程"的六个重点建设项目紧紧围绕人才培养这一中心，其中"教学团队与高水平教师队伍建设"是"质量工程"的一个重要内容。

高校教师队伍建设是高校提高人才培养质量的关键，更是高校可持续发展的保证。近几年高校招生规模迅速扩大，大量 35 岁以下青年教师进入高校教学、科研的第一线。在国家日益注重本科教学质量、深化研究生教育的今天，迫切需要对青年教师进行高质量的职业培养，使其成为高校持续发展的重要人力资源保障。而如何通过有效的途径，充分调动青年教师工作的积极性、主动性与创造性，实现这一目标，已成为摆在高校人力资源管理部门面前的一个重要课题。

一、工科青年教师的现状和所面临的问题

谈到工科青年教师的培养，首先要清楚认识到当前工科青年教师的现状和所面临的问题：

1. 工科青年教师的自身特点

工科青年教师一方面思维敏捷，有干劲，观念新，充满活力，是学校教育发展的未来与希望；另一方面，新青年教师普遍没受过师范教育，尽管有较丰富的专业知识和一定的实践能力，但"教"与"学"截然不同，新青年教师对教师地位、作用、职业特点、职业道德、素养要求和教学规律了解不深。还有，青年教师求学期间主要从事的是科研活动，缺乏人际交流能力和组织协调能力。[1]

2. 工科青年教师的职业发展道路

工科青年教师在教学和科研上能独当一面,获得高级职称之前,其职业发展一般可分为以下两个时期:

(1)角色转变适应期。刚踏上工作岗位的青年教师,对教学各个环节的理解不深入,对师生关系的把握和科研工作的认识也比较简单。这一时期是青年教师实现从学生到助教的角色转变时期,也是教师职业发展道路上第一个重要阶段。

(2)职业发展期。经过几年的教学实践,多数新教师都能积累一定的教学经验,逐步胜任教学工作。在教学压力相对减轻的条件下,青年教师有条件专心进行一些科研工作,开始独立撰写学术论文,还有的可能考虑外出进修,为今后的职称评定做充分的准备,迈入职业发展的一个新阶段。因此,这一时期是决定青年教师发展的关键阶段,是完成助教向一名职业教师过渡的关键期。[1]

3. 工科青年教师的压力

(1)经济压力。很多青年教师工作年限不长,职称低,经济基础薄弱,面临家庭组建、住房等问题。

(2)工作压力。工科青年教师一般多属于教学科研岗位,兼顾教学和科研,造成脑力上的高消耗,易产生倦怠情绪。高校教师的工作时间和生活时间没有明显的界限,无论是在学校还是家中,都在进行备课与科研工作,工作压力不容易消除。

(3)深造压力。高校教师队伍博士化的趋势以及职称评定的需要,都迫使学历较低的青年教师必须继续进修深造。[2]

4. 工科青年教师的专业困境

刚工作的青年教师,普遍忙于适应新的工作岗位和教学工作,角色转变适应期一般需要两三年的时间。而随着科学技术的飞速发展和工业技术应用水平的提高,工科领域知识的陈旧周期也就四年左右时间,这就要求高校教师必须加强自学,紧跟科技发展的脚步。但自学毕竟效率低,局限较大,况且有些技术方法和手段单靠自学是难以掌握和融会贯通的。另外,青年教师普遍存在知识结构单一和欠缺的问题,也不能满足今后工科教学的需要。

5. 工科青年教师的相对弱势地位

(1)科研方面。青年教师虽然有良好的科研功底,受过严格的系统的正规训练,在读硕士、博士期间也已经积累了科研经验,但往往很难独立争取到各级各类项目。因此,在刚工作的几年时间里,虽然他们处于创造力的极盛时期,但作为并不是很大;或者虽然实际上作为主力参与了一些重大攻关项目的研究、调查工作,也出了不少的成果,但很多时候只能作为"幕后工作者",计算工作量时很难反映出来,获得与付出不成比例。

（2）教学方面。虽然青年教师新的理念、新的思想能带动课堂上大学生的激情和热情，但教学本身作为一种技能、一门艺术，需要时间的打磨。

二、工科青年教师的培养

1. 做好岗前培训工作，拓展培训内容

每年，新上岗的教师都要接受职业道德、教育学、教育心理学、教学法等课程的学习。但是由于课程学习时间周期长，学习内容与实践联系不密切，无专业针对性，绝大多数教师仅为了拿到教师资格证而应付差事。实际上岗前培训对教师今后的工作非常有帮助，因此需要对岗前培训进行一些改革，吸引新教师积极进行职业培训。一方面岗前培训需要加强案例分析，多与教学实践联系，吸引新教师进行主动学习，改变授课方式，针对实际教学环节可能出现的问题，进行案例模拟；另一方面改变考核方式，加入实际案例，促进新教师对教学和科研工作的思考，加强新教师应对和处理教学和学生管理问题的能力。[3]

2. 进行教学观摩学习，做好教学准备工作

近年来，高校新进教师普遍都是博士学位的高学历人才。但高学历并不意味着对教师工作的胜任，要想把自己的知识有效地教授给学生并不是件容易的事情。笔者所在学院规定新进教师第一年不允许直接上讲台，而是根据将来的教学安排，有计划地向经验丰富的老教师进行全程听课学习，并同时进行备课工作，为第二年上讲台做好充分的准备工作。这样的安排可以使新教师在很大程度上避免因经验不足可能造成的教学失误，保障了教学质量，而且也是一种对学生负责任的态度。同时，也能使新教师有一个缓冲期，能弥补自身没有受过师范教育的不足。另一方面，新教师第一年没有教学上的负担，可以参加一些学院的辅助工作，进一步熟悉整个大的工作环境；还有较充裕的时间加入科研团队，初步介入新的课题或延续博士期间的科研工作，为今后的科研活动打下新的基础。

3. 建立青年教师班主任制度，促进青年教师成熟

目前一些高校让青年教师（博士、硕士）担任班主任，并将其与职称评定、业务考核挂钩。这一制度对于提高青年教师的教学和人际交往能力、改善班级管理，以及提高本科生的科研能力都有很大的帮助。

由于青年教师本身具有良好的专业知识素养，活跃于前沿研究领域、接触最新科研信息，容易给学生学习方法、专业知识方面的指导，在学生中树立榜样。青年教师担任班主任工作后，可以通过处理班级问题提高与学生交流、沟通的能力，有助于为教学管理能力的提高打下基础，了解和把握学生的思想状况和思维特点，从而在教学活动中有的放矢。另外，青年教师担任班主任可以通过组织协调班集体的活动，处理师生关系，解决同

学间的矛盾,提高自身组织协调能力。[4]

1. 加强教师间的专业交流,提升青年教师专业水平

大学教师各有专长,科研经历、经验和能力各不相同,不同的教师讲授同一门课程,效果也是各有千秋。加强教师间的交流,对促进教学、科研是很有帮助的。有些教师会主动听课,通过研究和分析同行授课,总结经验教训来弥补个人在专业上的不足。大量听课会占用教师个人时间,因此很多教师明知此举非常有利,但限于客观上的困难或主观上的惰性而不去做。如果建立合理的听课制度,特别是青年教师听课制度,设计加入教师相互学习的内容,对提高青年教师的专业水平将有很大帮助。如能通过制度保障(如折算计入工作量等)鼓励教师相互听课,加强相互的沟通与学习,能够比较好地弥补学校专业培训的不足,减少由于工科专业知识更新速度快造成的教师群体知识老旧,促进青年教师的快速成长。

另外,开展专业讲座也是有效提高青年教师专业水平的有效手段。定期邀请校内外专家为青年教师举办讲座,进行新技术介绍和专业技术交流,扩展青年教师的学术视野,有助于提高青年教师专业素养,营造良好的学术氛围。

针对工科青年教师的相对弱势地位,应该号召和鼓励老一辈专家教授积极扶持和帮助青年教师在教学科研上的发展,并在政策上有一定保障。应建设老中青的教学、科研梯队,形成老中青传帮带的优良风气。建立青年教师的导师制度,加强对青年教师的指导,这些都将促使青年教师早日成熟,成为高校的中坚力量。[5]

5. 改善青年教师的工资待遇,促使青年教师安心本职工作

针对工科青年教师的相对弱势地位以及所面临的经济压力,需要高校切实为青年教师营造一个良好的发展环境,在工资待遇以及教学、科研上予以扶持和倾斜,解决青年教师的后顾之忧。在当前,尤其应对青年教师在临时住房上进行政策保障,避免青年教师过早陷入购房的经济忧虑中去。对青年教师的工资可以设定一个下限,比如,对初到高校工作的硕士以上青年教师设定最低年薪,平时按月发放七八成,年终再根据其全年表现在其余未发的基础上进行浮动。实施最低年薪制,既能够体现高校青年教师在劳动力市场上的相对价值,从而保证高校对青年人才的吸引力和凝聚力,又能够充分调动青年教师的创新积极性和创新热情。[1]

6. 定期开展教学竞赛活动,调动青年教师主观能动性

高校应定期开展青年教师教学质量的竞赛活动,并对表现突出的青年教师进行表彰,尤其在职称评定和工资待遇上有所倾斜。这样会吸引青年教师主动进行教学改革,发挥主观能动性,积极参加教学竞赛活动,从而促进整个教师队伍的成长和学校教学质量的提升。并且,教学比赛活动本身就是一个很好的教学观摩学习机会。学校应该把这种教学竞赛纳入长效机制,并在全校造成一股强大的提高教育素质的声势,这对于要求

进步的青年教师是一种激励,对于不求上进的青年教师则是一种鞭策。这样的活动往往都能取得良好的效果,并且其长期影响是深远的。[6]

7. 鼓励社会实践,加强青年教师工程实践能力

国家越来越鼓励高校和社会企业、公司的合作,加强高校与外界的联系,使高校在实践中得到锻炼、在市场中受到检验,脱离理论的独岛、改变闭门造车的现状。大部分青年教师直接从学生进入教师角色,没有参加过相关专业的社会实践活动,不了解本专业在社会应用领域的现状,因此教学科研与实际脱节严重,培养出的学生缺乏本专业的社会适应性。工科专业的应用性非常强,工程技术发展迅速,使得高校实践环节的教育容易脱节。教师身处高校,很少有机会参与到工程实践中,无法得到锻炼、获取实践经验,因此无从应用到实际教学中去。为了克服这一弊端,中国传媒大学在全国二十个多个省市自治区创建了三十多个联合实习基地,包括电台、电视台、设备制造厂商,科研机构等。要求全校年龄在 35 岁以下且没有业界一年以上实践经历的工科青年教师,必须在校外挂职锻炼一年或不挂职锻炼半年,达到实习单位的要求后才能回校继续工作。我校已经把此项要求作为青年教师申请副高职称的必要条件。该项要求的提出,受到了广大青年教师的欢迎。有机会到第一线去锻炼,积累工程实践的经验,对每一位青年教师来说都是一次宝贵的机会。

本文从以上七个方面,对高校如何进行工科青年教师的培养进行了阐述。高校青年教师担负了重要的社会责任,只有培养出色的青年教师,才是高校未来的希望,高校才能有更加辉煌的明天。今天的青年教师就是明天的学科带头人,只有为青年教师营造良好的学习工作氛围,实施卓有成效的青年教师培养机制,才能有助于我国高校健康快速的发展。

参考文献

[1]梁虹.工科院校青年教师教育素质的现状分析和对策初探.重庆工学院学报,2003(1):122−123.

[2]石佳.高校青年教师的压力分析及策略研究.中国科教创新导刊,2007(23):130−131.

[3]苟湘,纪红旗.高校青年教师成长自我培养的路径探索.消费导刊,2008(2):185.

[4]黄敏,崔宝同.青年教师班主任制:一个利校、利生、利师的好措施.无锡教育学院学报,2005(2):23−24.

[5]石东新,杨盈昀.提高我校工科本科教学质量的对策探讨.改革与创新——"中国传媒大学教育教学改革与创新人才培养"论文集.中国传媒大学出版社,2008:170−176.

[6]张慧琴,苏铁熊,王红.高校青年外语教师发展中的问题及对策研究.高等教育与学术研究,2008(1):5−9.

青年教师主动融入团队提升综合能力

杨成　张宜春　牛亚青

（中国传媒大学信息工程学院数字媒体技术系）

摘　要　教师从胜任到优秀到卓越，都离不开一种可以称之为灵魂的东西，那就是团队精神。团队精神是每一个教师必须具备的职业精神，是集体和个人成长前进的推动器，是提升个人综合能力的重要基础。在实际工作和管理过程中，青年教师融入团队，要做到认同、参与团队的工作，要寻找团队合作的乐趣，要尊重团队的习惯和处事方法，要确定共同的目标，最大化相互之间的利益，同时要保持好的心态，宽以待人。

关键词　主动性　综合能力　以人为本　和谐共赢

一、引言

谁都知道，划亮一根火柴远远没有把多根火柴聚在一起划亮获得的光亮和热能大。教师作为高校的员工，有必要提升自己的参与意识，融入团队发挥集体力量，以此增强团队凝聚力，形成星火燎原之势，推动组织取得更大的效绩，也为个人综合素质的提升提供最佳的途径和良好的外部条件。

在登山过程中，登山队员之间以绳索相连，一旦其中一个人失足，其他运动员必须全力相救，否则，整个团队都无法继续前进。一个上千人的汽车装配厂，只要其中一组人不干工作，其产品就无法出厂，谁也不会购买没有轮子的汽车。[1]

高校建设同样需要团队精神，要求她的成员必须积极融入学科团队中去。团队精神是每一个教师必须具备的职业精神，是集体和个人成长前进的推动器，是提升个人综合能力的重要基础。每位教师作为学科建设的重要成员，学科的发展水平影响着教师的素质提升水平，教师在教学、科研、管理等方面为学科建设发展所做出的共同努力，也将最大限度地提升学科发展水平，从而最大化所有教师的共同利益，实现教师的社会价值。

二、调整心态，主动认识环境

刚刚毕业的博士、硕士，来到一个全新的环境，需要尽快地去适应。在这个过程中，首要的是调整好心态，在展示自我才能的同时，对环境要有一个清楚的认识。此时，对于心态的调适非常重要,"学习"是这个阶段最主要的任务。"态度决定一切",这句话不无道理,谦虚、积极的态度带来的收益远远要超过自大、消极。一位工作中的前辈也曾经深有感触地说过"心顺则人顺",调整好心态,主动去认识环境、适应环境,把压力转变成动力,是其人生取得成功的法宝。

同时,认识环境,实现青年教师个体与环境的结合,也是社会持续发展的客观规律,是个体能够被环境所接受、实现个体发展的必然要求。"适者生存",对于初来乍到的年轻人、对处于环境转变中的青年教师而言同样适用。能够很快适应环境、融入团队的人,也必然能够在工作中得到更多的支持,从而更快地提升能力、体现价值。

现在,国家、学校、学院的大环境是好的。国家强调"和谐社会"、"解放思想,开拓创新",学校强调"创新团队建设",各种校级项目、"382"人才工程等为充分发挥个人长处、加快成长,实现个体与集体的共同发展造就了良好的政策条件。学院更是从长远发展和学科建设的角度出发,鼓励青年教师在教学、科研等工作中进行创新,为青年教师的发展提供宽松、开放的发展环境。大环境是人性化的,和谐、可持续发展是我们共同的目标。

三、没有团队就没有个人

美国劳动部的一份报告指出:团队合作是一种劳动技能,应该在学校里受到更多的重视。不管对个人在工作职位上的成功,还是美国企业与国内外对手竞争的胜利,这项新技能的传授是很必要的。下面是某公司员工进行的一项体验:[2]

参加体验的队员被分成了一队和二队两个队。在一次野外活动中,两个队都碰上了相同的问题:一个队员不幸食物中毒。大家都知道在一个"池塘"中间有一杯解药,但是"池塘"里有猛兽,人不可能进入"池塘",唯一的工具是一段很长的绳子。于是两个队分别展开了行动。

"把绳子折叠成两根,队员们两边拉直,直接用绳子去夹住杯子!"有人提议。"可是绳子这么长,拉不直呀,说不定还会把药给打翻了!""看来还是要人进去!"

听到有队员提议让人进去,教练又给大家发难了:"这个'池塘'里的沼气很重,为了防止拿药的人的眼睛不被熏坏! 必须给他蒙上黑布!"

时间已经过了一半。有人建议:"把两根绳子平行,一个人坐一根,手再扶一根,两边用力拉直。"可是试了好几次,坐在绳子上的人都不能平衡。"干脆把绳子叠成三条平行线,人爬在上面过去拿应该能行。"受到刚才的办法的启发,队员们很快想到了这个办法。可是谁爬呢? 一个自称以前练过体操的女孩站了出来,在外面实验了两次以后,她顺利拿到"解药",一队一举成功。15分钟以后,二队也拿到了"解药"。

体验完后,每一个队员都发表了他们对此次体验的感受和意见:

一队认为:(1)个人的力量是渺小的,只有团队的力量才能获得成功,没有整个团队成员的努力,我们绝对取不了"解药"。(2)一个团队必须有一个统一的指挥。在我们的实验中,当我们的队员刚要接触到杯子的时候大家都激动,都在指挥,拿药的队员不知道听谁的,结果判断失误把杯子弄倒了。(3)把合适的人放到合适的位置上去。我们把力气大的都用来拉绳子,身材合适的人去拿"解药"。(4)下属应该审时度势提意见和建议。刚开始大家都在提意见,但是队长并没有采纳,只有在实验后提的意见才被采纳了。

二队认为:(1)在实验中要有所突破。我们是用一个人坐在绳子上取到"解药"的,原来我们也认为不行,但是摸索熟练后还是成功了。(2)个人目标和组织目标一致是成功的重要原因。我们都有拿到"解药"的共同心愿,这也是组织的目标,导致了我们朝着共同的方向努力。(3)成大事必须做细。开始我们的几次失败都是在细节上有问题,是每一个步骤才保证了我们最后一次的成功。

最后两个队一致认为:团队发展最终靠的是全体成员积极性、主动性、创造性的发挥,每个人充分展现自己的想法、贡献自己的力量,有团队才有个人。

如今,我们所面临的问题越来越复杂,也越来越多。对于一个高校和教师来说,在一个学科领域里取得重大突破,提升学科竞争力,增加行业话语权,提升教学质量和人才质量,取得最高的工作效率,都需要具有广泛基础的合作做保障。

四、积极主动融入团队

融入是一种双方的相互认可、相互接纳,并形成行为方式上的互补互动性和协调一致性。理性约制力强、感悟力好的人,融入得自然和谐、顺乎情理,被群体接受的程度就高,因此就可能会取得更多的发展条件和机遇。作为具有独立个性的个人,在团队这个大家庭里必须融入群体中去,才能促进自身发展。[3]

在实际工作和管理过程中,青年教师融入团队,要做到认同、参与团队的工作,要寻找团队合作的乐趣,要尊重团队的习惯和处事方法,要确定共同的目标,最大化相互之间的利益,同时要保持好的心态,宽以待人。具体来说,青年教师要积极主动地融入团队,至少需要从以下几个方面进行思考:

1. 主动适应环境,找到交点,是发展的前提

应在良好心态的引导下,分析个体的特长,了解团队的发展目标和团队在组织管理、处事方式等方面的特点,找到个体与团队之间的交点。无法适应环境,找不到相互之间的交点,往往会出现所谓"英雄无用武之地"的感慨。当然这个过程也不是一蹴而就的,需要不断地挖掘,不断地调整发展发向,以适应环境和团队的总体发展要求。

当初我们来到北京广播学院(今中国传媒大学),除了有一股热情外,对广电行业却属于门外汉,对广电行业的特点一无所知,对传媒特色更是把握不准。在这个阶段,通过与其他教师交流沟通,向老教师学习,向其他青年教师请教,才使得自己尽快发现自己的不足和优势,发现个人与团队的共同利益所在。

2. 融入团队,和谐共赢,是成功的要诀

任何人都不要单兵作战,任何时候都不崇尚"个人英雄主义"。一定要融入团队,个

人既需要团队的支撑,也需要为团队贡献力量。更不能只考虑个人利益,一定要以团队整体发展为重,各方面的和谐共赢应该是做任何事情的出发点。单兵作战和"个人英雄主义"必然导致最终的失败,也容易出现"怀才不遇"的问题,即使做了工作,有了成绩,也不会被大家认可。

青年教师往往比较有冲击力,但这也容易成为其发展的绊脚石。原因就在于没有充分考虑别人的利益,没有把团队放在第一位。就像一根指头与一个拳头的关系,五根手指相互配合,浑身上下的肌肉相互配合,眼观六路,耳听八方,才能打出一路精妙的拳法。

3. 增强核心凝聚力,尊重权威,是团队战斗力的基石

团队战斗力的基石是团队的凝聚力。凝聚力的形成,一方面要求团队的权威核心具有足够的学科魅力,另一方面,对作为团队成员的青年教师来说,要主动围绕团队目标,围绕团队权威核心,开展扎实有效的工作,逐步加深对团队内涵的理解。否则容易由于"局部认识"和"惯性思维"等因素,导致不适应"全局管理与部署"。

有战斗力的团队,一方面要保证个体的个性发挥、各抒己见,同时也要保证权威的决断和组织的统一管理。个体恃才自傲,听不进意见,不服从总体安排,更有甚者,团队成员之间互相拆台。这些将严重内耗团队力量,导致团队凝聚力下降,更无法有效地开展教学、科研工作。

现在学院已经初步形成了"调频同步广播"、"宽带信息网络"、"广播电视工程"等多个特色团队。学校"211"建设和"十一五"规划也更加强调团队建设,下大力气打造核心竞争团队,"382"人才工程、"111"引智计划等明显地体现出这一点。在面对行业内外竞争时,一个有凝聚力和战斗力的团队显然是实现科研与教学创新、取得重大技术突破的基础,也是学校这个大团队提升学科竞争力和行业话语权的重要基础。

4. 主动参与建设,开拓创新,是工作的重要任务

青年教师作为团队的重要成员和主要活力,要主动参与学科建设,为团队发展献计献力,不能消极等待。在这个过程中,更要注重创新思维,解放思想,围绕团队目标提出新方法、新思路,并扎实有效地实施。在参与建设的同时,要避免好高骛远,要从具体工作做起,认真完成任务。

国家科技创新大会、中长期发展规划等重要战略都把科技创新以及培养创新型人才作为重要内容,学校"211"二期、三期、"十一五"规划,也都围绕"创新"进行了重要的部署调整。青年教师应主动参与团队建设,开拓创新,将个人与团队的"交点"进一步引导到学校和国家的"焦点"上来,引导到打造有竞争力的科技创新团队、争取技术突破的道路上来。

5."以人为本",宽以待人,是可持续发展的关键

教师作为育人之师,不仅要在课堂上进行学术的教育,更重要的是一种做人准则的

教育。而这种做人的准则，应该成为教师自身必备的素质。具体来说就是"为人师表"应该成为青年教师的基本行为准则，"做人"要先于"做事"。在团队中也同样，宽以待人是团队和谐、可持续发展的关键。青年教师更要在实际工作中，努力做到"以人为本"，共同维护团队的和谐发展。

在信息工程学院这个大家庭中，每一位教师就是一位朋友，每一位教师都可以看做是自己学习的榜样。朋友之间需要互相帮助、互相支持，在竞争中更要体现协作，在团队的共同目标下，共同努力、共同进步。

五、结论

本文对个人的经历进行了思考，强调了融入团队的重要性。当然，不同的个体有不同的特点和经历，如何展示个人才能、充分提升价值和综合能力，各有各的不同，方式方法不能一概而论。经验还需要个体化的落实和思考，但是与环境形成良好互动却是共同的主题。通过主动融入团队，可以很快地发现科研、教学工作中的特点，学习基本的方式方法；发现科研、教学工作中的问题，提供解决思路和探讨途径；完善个性、品质，尽快成为成熟的、合格的青年教师，从而提升个人综合能力。

参考文献

[1]宁一.培养员工精神.地震出版社,2005.
[2]孙虹钢.要努力的工作更要聪明的工作.新华出版社,2006.
[3]邵丽颖.学会"做人"融入"老团队".青年报,2008.5.28.

谈青年教师融入科研团队与教师专业发展

白石磊

（中国传媒大学信息工程学院自动化系）

摘　要　教师专业发展是教师在教育实践中自觉形成专业理想、完善专业技能的历程，是通过各种方式促进教师在专业知识、专业能力和个性方面的成长，使教师能够胜任教学、研究、社会服务和管理等各项工作。教学和科研作为高校青年教师的两条工作主线，对教师自身的专业发展起着巨大的推动作用。本文针对高校青年教师专业发展过程中融入科研团队，以科研促进教学、以科研促进自身专业发展等问题进行了讨论，并谈了自己的感受。

关键词　青年教师　专业发展　教学　科研

近年来，随着学院的发展壮大，大量的青年教师充实到教学和科研岗位来。青年教师承载着学院未来的希望，其专业素质的高低对学院未来的发展有着重要影响。教师专业发展是教师在职业生涯过程中其内在专业结构不断丰富和完善的过程，它与教师的素质和学术水平以及培养的学生的质量直接相关。高校教师的专业发展是指通过各种方式促进教师在专业知识、专业能力和个性方面的成长，使教师能够胜任教学、研究、社会服务和管理等各项工作。高校教师的专业发展状况直接影响到高等教育的质量与信誉。当代学习型社会要求高校教师既要具备高深的专业知识和有效地进行知识增长、更新的能力，又要具备较高的专业素养和专业品质。

一、自我激励：教师专业发展的原动力

教师是专业发展的主体，教师本人的主动参与是专业发展最大的动力。教师专业发展最终依靠教师个人的主动性，来源于教师内在的自我更新激励。适度的外部刺激（如绩效考核、职称评聘、薪酬分配、奖惩措施等）是促进教师专业发展的必要力量，外部的刺激可以保证教师达到一般的要求，但却无法保证教师专业发展达到更高的境界，即教师专业的自主更新、自我发展。[1]因此，教师本人通过对自身专业的反思学会自我评价与定位、自我激励进而自我发展就显得至关重要。

目前青年教师多具有硕士、博士学位，思维活跃，专业基础深厚，善于接受新知识、发现新问题，且具有强烈的成就动机，强调个人价值的实现，这些因素都是青年教师专业成长的优势。但青年教师的专业发展是一个长期的过程，这个过程包含了外部环境的影响

与自身不懈的努力,其中自身的努力在专业发展中起着关键的作用。

在教师的专业发展中,自我发展需要和主观意识起着重要作用,这种需要和意识是教师自找专业发展的内在主观动力,它使得在教师专业发展过程中实施终身教育思想成为可能。教师将自己的专业发展看成是一种追求学科进步的职业本能心理,或者看成是一种能够实现自身专业价值的要求,它就会成为教师专业发展最内在、最本质的原动力,可以有效地调动其内在的自我激励的动机,自觉分析和解决其在教学和科研工作中存在的问题,明确进一步发展的方向,进而不断提高自身的业务能力和教学水平。

二、科研实践:教师专业发展的必然要求

在高校教师的专业发展过程中,学术研究的重要性不言而喻。教师既是教学主体,也是科研主体。科学研究是教师主体自我发展、知识结构完善、知识体系充实与更新的必要条件,可以有效地促进教学内容的更新、教学方法和手段的改进、教师教学理念的更新和发展。

科研实践包括教育科研与专业领域的科学研究。教育科研是将先进的教育思想和理念与教学实践相结合,进行教育改革与探索的实践活动。青年教师多是第一次就业的毕业生,虽然参加过短期的教师岗前培训,但教师的岗前培训仅仅能帮助教师取得职业准入资格,只是专业发展的起步,远远不能满足教师实际工作的需要。对于青年教师,首要任务就是在教学实践中熟悉与本学科领域有关的教学理论及文献资料,教、学并重,在教学过程中清晰地认识自己当前的发展阶段和水平,对教学理论及自身的教学实践不断地反思,不断提高教育素质、提高教学水平。[2]

专业领域的科学研究对教师专业发展意义重大。没有科研的支撑作用,老师便不能对学科的前沿、动态有及时和深入的掌握,长此以往将难免沦为传授呆板知识的教书匠,难以提高教学质量。只有通过科学研究,才能全面把握本学科的国内外学术动态,准确地认识自己所授课程在整个学科中的地位和课程内部的逻辑联系,并把科研中获得的新知识及科技新成就及时反映到教学中去。教学过程和科研过程实际上分别是继承已知和探索未知的过程。教师在专业知识领域从事教学工作,结合科研优化教学过程,把科研成果尽快地转化为教学内容并为教学服务,才能提高教师的教学和学术水平,丰富课堂教学,培养高水平的学生,并提升自身的研究能力和创新能力。[3]

三、融入科研团队:教师专业发展的有效途径

新入校的青年教师有不少是从校外引进的硕士、博士,每个人的教育背景、学科背景、科研经历、研究方向、志趣、专长等都不尽相同。进入新的工作岗位后,由于环境的改变和工作的需要,很多人不能继续自己原来的研究。面对新的甚至是陌生的环境和领域,大家难免感到迷茫和焦虑。对此,积极融入相应的科研团队中去,是迅速开展科研工

作、促进专业发展的一个有效途径。

　　高校科研团队是由以科技创新为目的，围绕共同目标，愿意为共同的科研目的相互承担责任的若干技能互补的科技研发人员组成的团队。[4]这要求学科队伍中的每位教师积极投身所处学科专业的发展，并在学科带头人的引领指导下，对个人的专业发展方向、研究方向进行分析，以实现教师个人专业和学校学科建设的共同进步。教师的自我发展和专业成长，可以在彼此的合作与对话、分享体会和经验中逐渐形成。

　　同时，青年教师也要虚心向其他老师请教，并结合我校和我院的特色，弥补某些专业知识的不足，不断完善知识结构。在科研选题和研究中，努力把自己的学科背景、专长与学科发展需要相结合，逐步明确自己的研究方向和目标，进而迅速融入科研工作中去。只有这样，才能不断提高自己的理论水平和科研能力，促进专业化水平的提高。

四、结束语

　　青年教师是高校中最活跃的发展主体，其发展水平影响着高校的发展与进步。教师的专业发展既是职业的要求、个体专业成长的需要，也是学校师资队伍建设的重要方面。青年教师应依据学院、学科发展的要求，在教育实践中有意识地促进教学与科研的协同，使自身的专业发展贯穿于其整个的教师职业生涯，让个体的发展与系、学院的发展实现同步。

参考文献

[1]宫诚.高校教师专业发展的条件和途径.淮北煤炭师范学院学报，2007(6)：167－171.

[2]吴俊，林美华.基于学科建设的高校教师专业发展.南通大学学报，2007(4)：37－39.

[3]李春光，孙朝霞.高校青年教师专业发展过程中教学与科研的协同关系.高等建筑教育，2007(2)：141－143.

[4]王怡然等.高校科研团队建设的内涵、特征及类型，西南交通大学学报，2007(3)：20－23.

浅谈教书与育人

许信玉

（中国传媒大学信息工程学院电子信息工程系）

摘　要　教书与育人是不可分割的一体，因此教学永远具有教育性。本文结合本人多年的教学体会，对如何处理好教书与育人的关系、爱护学生与严格要求的关系、言教与身教的关系等进行了阐述。

关键词　教书与育人　爱护学生与严格要求　言教与身教

一、引言

教书与育人是相辅相成的，是不可分割的一体，因此教学永远具有教育性。不论是否意识到这一点，一个教师只要站在讲台上就承担着这样的责任。高质量的高等教育仍然必须依靠教师的课堂技巧和激励作用。令人惊叹的高科技不能替代善于与学生交流并积极引导、激励学生努力学习的教师，不能替代教师的人格魅力、道德、思想。教师既要认真传授科学知识，又要注重思想教育，要把二者有机地结合起来并非易事。下面结合本人多年的教学实践，从三个方面谈体会。

二、处理好教书与育人的关系

对学生的教育寓于各个教学环节之中。课时结束，责任并未结束。除了课堂讲课之外，还有辅导答疑、批改作业、课外活动等环节，我们都应当把它作为对学生进行教育的重要机会和有力手段。在这些环节中，可以考查学生掌握知识的深度和广度、立场、观点和思想感情、智慧和才华，教师可以因势利导、循循善诱，培养他们独立思考、勇于创新、乐于奉献、敢于竞争的精神。教师对上述各个环节严肃认真的处理本身，就能给学生提供很好的示范，对培养学生的责任感、纪律性和职业道德大有裨益。

教学活动应建立在师生相互沟通的基础上，尤其是高等教育从精英教育转变为大众教育的今天。在教学过程中关注学生的态度、情绪、情感以及信念，对教师来说是非常重要的。掌握师生相互沟通的基本技巧，对于形成和谐的师生关系是必不可少的。师生关系除了表现在教学环节，还表现在师生平日的交往之中。通过交往、谈心，可以交流思想观点，增进师生感情。师生之间的交流内容广泛，大至对国内外形势、当前改革的看法及学术观点的交流,小至个人爱好志趣、追求向往、生活等等。友好的交谈,可以促进师生之间的相互信任,以诚相待,能够收到课堂上难以实现的良好效果。学生可以视教师为良师益友,寻求教师的指导与帮助。

三、处理好爱护学生与严格要求的关系

随着高等学校从不收取学费到收取学费,以及学费的逐步提高,我国教育已进入了市场,教育是一种消费的理念日益被人们所接受,越来越多的人愿意把自己的钱投入到教育消费中。面对这样的大环境,作为教育产品的生产者,我们应紧跟形式,树立教育服务理念,提高教学服务意识和服务质量,为学生提供优质的教育服务。学生是教师教育的对象,爱护学生就是正确处理教师职业关系中的主要矛盾,是实现教书育人目的的关键。教师对学生的爱护,最主要的是教给学生应有的科学知识和做人的道理。但是学生接受它并且转化为自己的东西,需要经历一个过程,因此要严格要求学生,通过严格要求,达到教书育人的目的。爱护之情体现在严格要求之中,不严格就体现不出爱护,迁就纵容学生,等于误人子弟。怎样把爱护和严格统一起来呢?我认为要做到以下三点。第一,就是亲近学生、熟悉学生,了解他们的优点长处、缺点弱点、爱好个性、思想特点等,做到心中有数。第二,就是要有明确的针对性,做到有的放矢。在讲授知识时,要了解学生的基础,明确从哪里做起点,最高要求应达到什么程度;在思想教育过程中,明确从哪些方面进行。第三,就是教育性要强,教好书是育好人的前提条件,所讲授的知识必须是正确的、有用的、先进的;所进行的思想教育应当是有说服力、感染力、鼓舞力的。

四、处理好言教与身教的关系

教师是学生的榜样,学生天然具有"向师性"。教师的穿着、仪表、风度、说话和思维方式等等,甚至一举一动无一不对学生产生影响。教师在教书育人中,既要言教,又要身教,身教重于言教。身教可以给学生提供一个活生生的榜样,使学生懂得应该怎样做,给学生留下深刻、难忘的印象。身教可以增强学生对教师所授知识的信念,加深学生对接受教育的感受,从而转化为他们的本领和技能。正确处理言教与身教的关系,要认真把握三点:

第一,言行一致,身体力行。凡是要求学生不做的,教师带头不做,如要求学生课堂关手机,教师首先做到;凡是要求学生做到的,教师必须率先做到,如要求学生作业书写美观整齐,教师在课堂书写板书要清晰、整齐。学生通过教师精心设计的板书,体会到教师在传授知识的同时也把自身严谨的科学态度、积极向上的敬业精神传授给了学生。

第二,学为人师,行为世范。教师职业的特点就是以人格来培养人格,以灵魂来塑造灵魂,这就决定了教师的言行要有很强的典范性,教师要用自己的人格魅力去影响、感染学生。教师对学生的影响将贯穿于学生受教育过程的始终,甚至可以说影响学生的一

生。作为教师要有一种为人师表的形象，以便让学生效仿。这种形象可概括为，坚持原则、作风正派，思想敏锐、品德高尚，治学严谨、谦虚好学，待人和气、文明礼貌，仪表端庄、朴素大方。这幅形象好像一面镜子，教师要经常对照检查自己，做一点积累一点，便会逐步形成自觉的行为。

第三，严于律己，勇于自责。"金无足赤"、"人无完人"，教师也会有缺点、失误和不足之处。教师做错了事，要敢于承认，善于改正。这样不但不降低威信，反而会提高威信。教师知错改错、勇于自责，也能给学生以具体生动的教育，让学生懂得事物具有双重性，以及错误一旦被认识和改正就可以转化为正确的客观真理。

五、结束语

教师要提高教书育人的自觉性，就要不断加强师德修养，提高自己的思想境界。师德修养的提高是一个自我教育、自我完善的过程，它包括自我认识、自我激励、自我提高三个环节。教师要成为教书育人的好榜样，不仅要有足够的理论认识，而且要有身体力行的勇气，要自觉约束自己，克服知与行的分离、感情与习惯的脱节，把良好的愿望转化为坚毅的决心，把知、行、情、意紧密结合起来，才能把教书育人的效果落实到实处。

图书在版编目(CIP)数据

探索与实践：中国传媒大学信息工程学院教学研究与改革论文集/刘剑波，史萍主编
  北京：中国传媒大学出版社，2010.5
ISBN 978-7-81127-916-0

Ⅰ.①探… Ⅱ.①刘… ②史… Ⅲ.①高等学校—教学研究—北京市—文集
②高等学校—教学改革—北京市—文集
Ⅳ.①G649.281-53

中国版本图书馆 CIP 数据核字（2010）第 084475 号

探索与实践： 中国传媒大学信息工程学院教学研究与改革论文集

主　　编	刘剑波　史　萍
责任编辑	李艳华
责任印制	范明懿
封面设计	魏　东
出 版 人	蔡　翔

出版发行 中国传媒大学出版社（原北京广播学院出版社）

社　　址	北京市朝阳区定福庄东街 1 号　邮编：100024
电　　话	86—10—65450528　65450532　传真：65779405
网　　址	http://www.cucp.com.cn
经　　销	全国新华书店
印　　刷	北京中科印刷有限公司
开　　本	787×1092mm　1/16
印　　张	17.75
版　　次	2010 年 9 月第 1 版　　2010 年 9 月第 1 次印刷
书　　号	ISBN 978-7-81127-916-0/G·916　定　价　49.00 元